U0830773

21 世纪全国本科院校电气信息类创新型应用人才培养规划教材

电文化——电气信息学科概论

主　编　高　心

副主编　彭良福　公　岷

参　编　徐利梅　王　玉

　　　　邵任泉　汪华章

北京大学出版社
PEKING UNIVERSITY PRESS

内 容 简 介

《电文化——电气信息学科概论》一书以电的发现为起源，介绍了电的发现和利用，从产业革命的机器时代，到全球电气化时代，再到以电为基础的数字化信息时代。它是一门涉及电气工程及其自动化、电子、通信、计算机等多学科的，集人文知识和专业知识为一体的，科普性、趣味性、知识性的通识选修课程。本书图文并茂、可读性强，人物事件丰富，励志故事感人，富有启发性。

电气工程学科是近代科学的“场”和古代中国的“气”经过近千年的融合和发展形成的，有着丰富的文化内涵和电学理论基础。了解“电气”一词的来源不仅有助于全面、准确地掌握它的意义和用法，而且有助于了解电气发展史、把握当代电气工程学科的现状和未来。

本书首次提出电文化概念，并在前言里系统阐述了电文化概念、发展历程及电类学科与人文学科的相互融合和渗透。通过学习本书，不但培养学生对专业的热爱和创新意识，使其树立正确的价值观和科学的逻辑思维方式，让学生通过学习在如何做人、做事、做学问等基本素质和专业修养方面得到一些收益，而且引导学生学习科学前辈实事求是的研究态度、敢于探索的理性思想和无畏攀登的献身精神。作为工科学生，可以以必修的方式来扩大知识面，拓宽视野，并且为后续专业基础课程做准备。作为文理科的学生，可以以选修的方式来了解电气信息世界的文化历史及神奇与奥妙，尤其是电子、电气技术和设备飞速发展的今天，不至于孤陋寡闻。本书的宗旨是培养更多人文底蕴深厚、素质高、心理健康的合格人才。

图书在版编目(CIP)数据

电文化：电气信息学科概论/高心主编. —北京：北京大学出版社，2013.5
(21世纪全国本科院校电气信息类创新型应用人才培养规划教材)
ISBN 978-7-301-22484-7

Ⅰ.①电… Ⅱ.①高… Ⅲ.①电子技术—高等学校—教材 ②信息技术—高等学校—教材 Ⅳ.①TN ②G202

中国版本图书馆CIP数据核字(2013)第092259号

书　　　名：电文化——电气信息学科概论
著作责任者：高　心　主编
策 划 编 辑：郑　双
责 任 编 辑：郑　双
标 准 书 号：ISBN 978-7-301-22484-7/TP·1285
出 版 发 行：北京大学出版社
地　　　址：北京市海淀区成府路205号　100871
网　　　址：http://www.pup.cn　新浪官方微博:@北京大学出版社
电 子 信 箱：pup_6@163.com
电　　　话：邮购部62752015　发行部62750672　编辑部62750667　出版部62754962
印　刷　者：北京宏伟双华印刷有限公司
经　销　者：新华书店
787毫米×1092毫米　16开本　16印张　362千字
2013年5月第1版　2015年3月第2次印刷
定　　　价：30.00元

未经许可，不得以任何方式复制或抄袭本书之部分或全部内容。

版权所有，侵权必究

举报电话：010-62752024　电子信箱：fd@pup.pku.edu.cn

开　　篇

科学不仅作为一种物质的力量推动着社会文明的发展，而且作为一种文化的力量推动着人类精神的进步。三次科技革命推动了社会生产力空前发展，使社会面貌发生了翻天覆地的变化。而科技革命的诞生与文化发展有着极其密切的联系。文化的传承中，无不包含着人文文化与科学文化、科学文化与物理文化、物理文化与电文化的历史传承过程。

一、人文文化与科学文化

人类社会的历史本质上是一部文化史、文明史。文化是指人类在自身发展过程中从事实践活动和精神活动的方式，以及由这些活动创造出来的物质和精神成果，包括形成的制度、规范和风俗习惯的总和。在西方，“文化”一词源于拉丁文 culture，原意为“耕作、培养、教育、发展、尊重”。在中国，“文化”一词古已有之。“文”本义是指各色交错的纹理，有文饰、文章之义。东汉许慎《说文解字》称：“文，错画也，象交文。”其引申为包括语言文字在内的各种象征符号，以及文物典章、礼仪制度等。“化”本义为变易、生成、造化，即所谓的“万物化生”，其引申义则为改造、教化、培育等。

科学是人类认识世界、探索未知的一种实践的和精神活动方式及其成果，构成了文化的重要部分。人文就是人类文化中的先进部分和核心部分，即先进的价值观及其规范。其集中体现为重视人、尊重人、关心人、爱护人。简而言之，人文即重视人的文化。文化基本上可分为人文文化与科学文化两种，它们在不同程度上的交叉与结合，形成了介于它们之间的各种文化。

“科学文化”的概念是英国人查尔斯·斯诺(1905—1980)最先提出的。科学文化是指社会大众对科学的需求和消费现象，是科学的思想意识、科学知识、科学方法、科学技术、科学实践活动、科学精神和科学行为等的大众化。一般把科学文化指作知识智力意义上的文化，首先，它是一种超越民族、地域的文化，是一种以科学技术为主要特征的、不断更新进步的泛世界文化。其次，它是以自然界为指向，基于严谨的科学知识、规范的科学方法、理性的科学思想而形成的文化体系。科学文化所追求的目标主要是研究、认识与掌握客观实际及其本质与规律，主要是求真，换言之，就是“是什么”。科学文化是“立世之基”，无科技发展，就无社会进步；无现代科技，就无现代文明。然而，科学技术是一把双刃剑，既能造福于民，也可造祸于民，科学文化本身不能保证科技发展的方向正确，而引导这一发展方向的是人文文化。全面的科学文化应包括器物层面、制度层面和观念层面 3 个方面。

人文文化主要是关于精神世界的，它所追求的目标主要是满足精神世界需要与社会需要的终极关怀，主要是求善，换言之，就是“应该是什么”。人文文化是“为人之本”，一切危害人与社会的认识与活动，必须制止与消除。然而，人文文化本身也不能保证其发展的基础正确，保证这一基础正确的是科学文化。

科学文化与人文文化同源于实践，同源于人脑，同源于人脑对实践的反映及对此反映的加工。因此，科学文化与人文文化的关系是人文主要为科学向导，科学主要为人文奠基。科学文化中含有人文文化，人文文化中含有科学文化。

文化至少蕴涵四个方面：知识、思维、方法与精神。知识是基础，是文化的载体，没有知识，就没有文化，就没有一切。人文知识是人文文化的载体，是精神世界的基础；人文思维是人之所以为人的关键，是人文文化发展的支撑；人文方法是人文知识、人文思维之所以得以实现的手段；而人文精神则是人文文化的精髓，是求善而至于至善的精神境界，并推动着人文知识、思维与方法等的发展。对于科学文化而言：科技知识是反映客观世界及其规律的，是一元的；科学思维主要是逻辑思维，这是正确思维的基础；科学方法主要是实证方法，这是事业成功的前提；科学精神则是科学文化的精髓，并推动科学知识、思维与方法等的发展。科学精神就是求真务实的人文精神。在科学文化与人文文化被人为地分离的时代，文化的蕴涵也往往被人为地分离：人们急功近利，往往只重视“有用”的知识与方法，轻视“无用”的知识与方法，忽视思维，鄙视精神，无视文化的整体。“天人合一”是我国一大优秀传统，是中华文化哲理中整体思想在世界观方面的完美体现。科学主要是讲客观世界，讲“天道”；人文主要是讲主观世界，讲“人道”，那么，两者交融就是“主客一体”、“天人合一”。

中国传统文化主流侧重于主张“天人合一”，强调尊重自然，遵循自然规律，追求人与自然的和谐。中国文化在中世纪非常繁荣，这要归因于受儒家思想影响的知识分子，他们有强烈的忧患意识，敢于投身于现实社会，投身于实践活动中，这导致了中国封建社会和文化的繁荣昌盛。但是随着西方文化的崛起，中国文化开始显得相对落后，其中一个原因是观念和思维方式的问题。

我们注意到，自然环境对人格塑造与文化传统影响巨大。由于东西方自然环境的不同，导致东西方思维方式的差异。西方文化的发源地古希腊和古罗马均处在半岛之上，多面临海，海上交通发达，航海贸易繁荣，这就使这些国家的社会模式变得开放。开放的社会模式，频繁的人来过往及变幻莫测、生生不息的海洋铸就了其开放勇敢、进取协作的民族特征。故西方人喜欢标新立异，革故鼎新，富于冒险精神和挑战勇气。在西方，也正是在这种自然环境下形成的文化传统养成了西方人的外向型人格。古希腊、古罗马的哲学家们从一开始就把目光投向自然，探求自然的奥秘，征服与主宰自然，做自然的主人。西方人特有的直面挑战、大胆追求、崇尚武力的精神品质和心理状态，体现出西方率直、豁达、刚硬的文化品格。

中华文明起源于黄河流域，三面连陆一面靠海的地理环境使中国几乎处于与世隔绝的状态，从而使自身文化保持很强的稳定性和历史延续性。这种独特的自然环境造就了中华民族独有的文化传统和社会心理。处在半封闭大陆环境中的人们日出而作，日落而息，造成了人与人之间关系的固定性与长久性。为了能够和睦相处下去，人们非常注重人情世故，也养成了谦虚谨慎、忍让含蓄的性格特征。因此，这种思维模式更多的是重人事而轻天道，重道德礼教而轻科技文化。

文化发展以科学发展为主题，是坚持科学发展的重要组成部分。当代中国，正深入推进文化体制改革，推动社会主义文化大发展大繁荣。大力弘扬我国优秀传统文化，全面提高人民思想道德素质和科学文化素质，是建设中华民族共有精神家园，实现中华民族伟大复兴的强大力量。

二、科学文化与物理文化

物理学是一种非常有用的科学知识，它具有广泛的应用。从科学的视角来看，物理学史记录和传递了物理学过去所走过的道路和所取得的成就；而从文化的视角来看，物理学史则表示了物理学的思想渊源及它的传递、发展和继承。物理学史建立的过程、物理学史上的科学家、物理学等构成人类非常重要的科学文化。作为一种文化现象的物理文化从属于科学文化，是科学文化的一个子系统。物理文化由四个基本要素构成：知识体系、观念形态、语言符号、社会组织。解世雄在《物理文化与教育》一书中对物理文化做了一个综合描述：物理文化是古代哲学家、近现代物理学家和物理工作者，历经数千年逐步创造的物理知识体系、观念形态、价值标准及约定俗成的工作方法的总和。换言之，物理文化是鲜活的文化，是由人和物构成的综合体。人是由经过系统学习、严格训练，掌握物理知识、物理方法，具有科学精神、科学行为准则的物理工作者和物理专业学习者，这是物理文化的活的载体；物是物理书籍、论文、物理知识软件、为研究物理规律而特别设计的物理仪器设备等物质载体，以及由人和物共同创造的物理环境。

物理文化是一种高品位的文化，它发源于西方，并从西方向全世界传播，逐渐成为全世界人民共有、共享的主流文化之一。物理文化是世界历代物理学家在创建物理学理论过程中，发现、创造和形成的物理思想、物理方法、物理概念、物理定律、物理语言符号、价值标准、科学精神、物理仪器设备及约定俗成的工作方法的总和。物理文化的内涵应是它的思想性、连续性和传承性。物理教育是实现物理文化延续和促进人的发展的基本工具。物理教育的基本任务之一是传递物理文化，以保证文化的连续性。因此，物理教育不应仅是传授物理知识的过程，还需要突出物理文化中的文化特征，重视对学生人文素养、科学素质、求是及科学探索创新等精神的培养与教育。物理文化的教育观就是要充分体现物理教育与人文教育的结合，这样才能显示出物理文化的魅力。

三、物理文化与电文化

物理学的整个发展可分为四个阶段：史前阶段(远古至 17 世纪初)、初创阶段(17 世纪初至 17 世纪末)、成熟阶段(17 世纪末至 19 世纪末)和革新阶段(20 世纪初至今)。从电和磁的最早认识，到经典物理学的建立和完善，再到相对论和量子理论，物理学的发展给科学技术、社会生产带来新面貌。其中，内燃机的发明和电力技术的广泛应用是第二次科技革命的主要标志，电磁学的建立又是电力技术诞生的最主要基石。电磁学发展的各个阶段，离不开古代哲学家、物理学家、数学家、科学家不断辛勤耕耘和艰苦努力。由此可见，电文化不但来源于物理文化，而且是物理文化的延伸和发展，进一步推动了能源、计算机、通信、电子、新材料等技术的应用，无疑对推动社会生产力的空前发展，并进一步引起世界经济结构和国际经济格局的变化起到了举足轻重的作用。

电文化概念的引入是基于以下三个方面的考虑：一是无论是对理工科学生还是对文科学生，通过电文化的学习，不仅能培养他们的理性思维和感性思维，还能培养他们的逻辑思维和形象思维，促进文理学科的交叉融合，提高学生的科学素养和人文精神；二是从各学科的形成和发展来看，一切与电相关学科是电气工程学科派生或再派生的，电气工程学科是各学科的基础；三是电气工程学科是近代科学的“场”和古代中国的“气”经过近千年的融合和发展形成的，有着丰富的文化内涵和电学理论基础。下面就这三个方面做一全面的阐述。

电气工程是研究电磁领域的客观规律及其应用的科学技术，是以电工科学中的理论和方法为基础而形成的工程技术。在我国，电气工程及其自动化专业主要研究电能的产生、传输、转换、控制、储存和利用。它具有很强的基础性和派生能力，这从中国电气工程高等教育百年来的发展历程中可以清楚地知道。如今的电子信息工程专业、通信工程专业、自动化专业、计算机科学与技术专业及生物医学工程专业都是从电气工程专业派生或再派生而形成的，这些专业统称为电子与信息类专业。电子与信息类专业是对电磁现象和以电为信息载体进行研究的专业，它们的母体是电气工程专业。电子与信息类和电气工程专业统称为电气信息类(简称电类)专业。因此，从学科划分的角度来讲，电子、电器和电力都属于电气工程学科，电气工程也就是电的工程。电子是指电气工程的弱电部分，主要研究信息的处理、变换；电力是电气工程的强电部分，主要研究电能的传输、变换；电器在工业领域特指各种机械或电子式的开关。

“电气工程”一词来源于日本，但深究其定义之内涵与外延者不多。其中的“气”字的解释，有的说是没有实际意思，仅是外文(electricity)的翻译。西方工业之初，动力机械均由单级往复式蒸汽机驱动，后来则有了电，故“电气”泛指工业动力。虽然现在此种蒸汽机已不复存在，但由于“电气”这个名词已经习惯使用，所以沿用下来，甚至以“电气”泛指电。事实上，综观科学发展史，“电气”中的“气”却蕴涵着丰富的历史文化现象和古代哲学思想。

物理学上有所谓的“场”的概念。1831 年，当法拉第以实验证实电磁感应现象时，首先以“力线”的观念来解释这种感应作用，他的“力线”及其相互关系的概念正是“场”概念的起始。遗憾的是法拉第数学基础较差，没有给出定量的数学表达式。二三十年后，麦克斯韦以他出色的数学工作总结出一组电磁场微分方程，变化的电场会产生磁场，变化的磁场又产生电场。电磁场是空间连续存在的物质形式之一，电磁场的存在使所谓的超距作用无效。这种观念自从赫兹于 1888 年以实验证实电磁波的存在开始，逐渐被人们所接受。古代中国人提出的“气”与“场”的概念有无类似之处？答案是肯定的。

在殷商甲骨文中已有“气”字，它就像现在的简体字一样，被书写成类似一股上升的气流。东汉许慎(54—149)《说文解字》说“气，云气也，象形。”所以，“气”字一开始就意味着人们对云雨、蒸发、水气和风气等生活现象的观察总结。《庄子·逍遥游》说“野马也，尘埃也，生物之以息相吹也”，这是在射进室内的一缕阳光中看到了大气尘埃如野马奔腾运动，从而想到了生物依靠气而蓬勃兴盛的景象。可见中国人几千年来都是通过“气”来解释物质世界的。基于人们对上述自然现象的观察，才得以产生元气论的思想。

元气论的本质有这样几点：一是气是精微的物质，世界万物是由气生化而成的。二是虚空即气，指出精微的气充满宇宙。北宋哲学家张载(1020—1077)首先提出“太虚即气”的学说，主张“气”是充满宇宙的实体，太虚或虚空与物质性的气是相同的概念。“虚空”这一概念既指空间又指物质，强调的是它的物质性，不是绝对的“无”或“空”。三是气无间隙，强调气是一种连续形态的精细物质。这和古希腊原子论有着根本不同。后者认为，物质是由原子和虚空(这里的“虚空”指空间是绝对的空虚无物)组成的。四是气有阴阳二体，赋予了气的内部有两种不同的属性，造成了元气运动变化、聚散生成的内在动力，亦即元气内部含有的阴阳二气的交感作用。张载在其著《正蒙·参两篇》中说“一物两体，气也。”两体也称“二端”。因此“二端，故有感；本一，故能合。”“二端”在同一物中发生了交感作用。这些元气特性的论述，很容易令人们想到，磁体的两极及其两极彼此感应作用的思想，用气的观念解释了电和磁的现象。五是“气化流行，生生不息”，强调气在宇宙中永无止息地运动，并在运动中产生新的物质。可见，中国古代的元气论和近代科学的场有着极为相似的思想观念：都以连续形态存在，都不容许有绝对真空和超距作用，都有使自己与物体之间存在某种内在联系，即不仅与物体发生相互转化和相互作用，而且是物体之间相互作用的中介。

东汉王充(27—97)用“气”解释电和磁的吸引现象：“顿牟掇芥，慈石引针，皆以其真是，不假也类。他类肖似，不能掇取者，何也？气性异，殊不能相感动也。”东晋郭璞(276—324)“磁石吸铁，琥珀取芥，气有潜通，数亦冥会，物之相投，出乎意外。”宋代俞琰“神与气合，隔阂相通，犹如磁石之吸铁也。”从中国古代人对电磁现象的解释中，确实体现了元气这种思辨性物质具有场的特性。明末清初著名的军事理论家、天文学家和数学家揭暄(1613—1695)和游艺共同绘制了一张“昊天一气浑沦旋转图”载于《天经或问后集》中，如图0.1所示。该图以斜齿轮的弧线表示元气的作用方向，图中“天之外”(最外圈)的作用方向与“天之内”的方向相反。以“天之内”而论，这个元气作用方向正好符合右手螺旋法则，即认为“不动”的“地”是一根垂直于纸面的导线，其电流向人的眼睛方向流来，以右手握导线并以拇指指示电流的方向，则其余4指所示方向符合图中元气的作用方向。值得注意的是，图0.1中的元气图像恰似垂直于磁体或垂直于电流的平面上所产生的磁力线图，如图0.2所示，这磁力线图正是载着电流的导线所产生的磁场。当然，在揭暄生活的那个年代，并不知道电与磁力相互作用的规律，他们只是一种哲学思辨猜测，但其中必有其某种经验知识的基础。或许，元气论本身就隐含了后来才被科学家发现的有关场的概念。明末清初至1840年鸦片战争以后，是中西文化与科学交流的两个重要时期，而当科学的物质性的场概念传播到中国时，中国人很容易地将它接受下来，这也就不足为奇了。从1840年直到清末，来华教士和中国学者合作翻译了较多的电磁学著作。其中，《电气通标》、《电学》、《电学纲目》中涉及“电”的术语的翻译，都译成“电气”，如“摩电气”即摩擦起电，“伏打电气”即伏达电堆产生的化学电，“热电气”即温差电现象，“吸铁电气”即磁体运动感生电。《电气通标》是一部叙述有线电报原理的书籍，该书的主要内容在1851年来华美国传教士Mac Gowan(1814—1893)译述的中文书籍《博物通书》中就有详细介绍，这也许是最早出现汉语术语“电气”的文献。由此可见，“电气”一词极有可能是来华传教士为便于介绍有线电报机，宣传西方文化，而与中国学者共同创造出来的一个中西合璧的汉语术语。

通过以上分析，所谓“电气”就是电性质的气，不是气体的“气”，而是一种极细微的物质实体。现在要解释电气中“气”的由来就清楚了，同时也很好地解释了本书为什么要用“电文化”作为书名。电文化也就是电气文化。

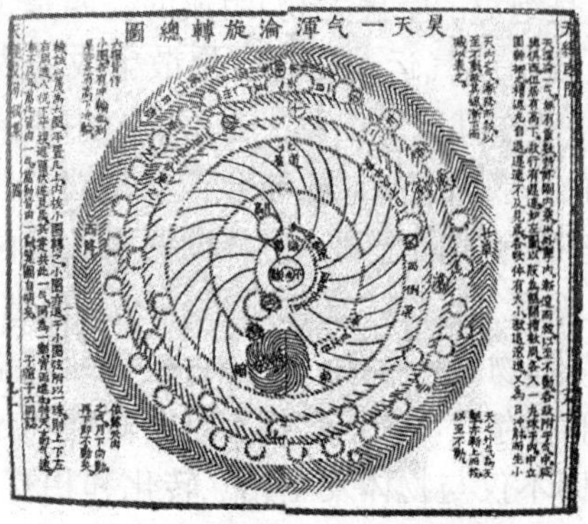

图 0.1　昊天一气浑沦旋转图

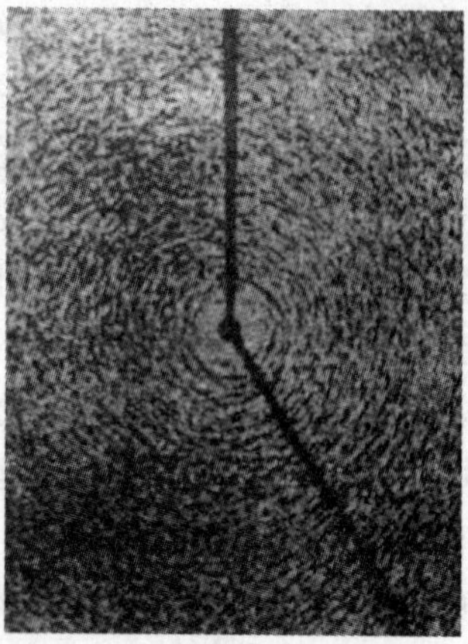

图 0.2　垂直于电流的平面上的磁力线分布图

电气发展史是电气工程学科的重要组成部分，蕴涵着丰富的精神文化财富。作为一种文化现象的电文化应从属于物理文化，是物理文化的一个子系统。电文化是古代哲学家，物理学家，数学家，科学家和电气、电子、自动化、通信工程技术人员，历经数千年逐步创造的电气信息类学科知识体系、观念形态、语言符号、价值标准及研究方法总和。也就是说，电文化涉及电气信息类学科下的电气工程及其自动化、电子信息工程、自动化、通信工程、生物医学工程等专业的专业知识、专业思想、学习和研究方法、各种仪器设备、科学与人文精神及科学行为准则。专业知识和各种仪器设备是电文化的载体；专业思想和逻辑思维是电文化发展的支撑，是正确思维的基础；学习和研究方法是专业知识、专业思想和思维得以实现的手段；人文精神是尊重为电文化发展而不懈奋斗的人的价值，尤其是尊重人作为精神存在的价值和对人类遗留下来的电文化现象的高度珍视；科学精神是电文化的精髓，并推动着电气信息类学科专业知识、思想与方法等的发展。

学习电文化，了解电文化，就是要阐明电类学科与人文学科的相互融合。学生通过学习电气发展史，可以从中受到教益，得到启示，开阔眼界，吸取前人的经验和教训，引导学生学习前辈实事求是的研究态度、敢于探索的理性思想和无畏攀登的献身精神，激发学生的专业自豪感和对专业的热爱，树立正确的价值观和科学的逻辑思维方式，这也是其他专业课程所不能替代的。因此，在大一学生刚进学校阶段学习“电文化——电气信息类学科概论”课程是非常及时和有意义的。

学习“电文化——电气信息类学科概论”课程，还会帮助学生全面、系统地了解电气信息类学科各专业人才的培养目标、培养方式、课程体系、教学计划、教学内容、教学方法、专业方向、各专业未来发展趋势等。这样既便于学生了解各相关专业，在选择专业时，可选择更适合自己的专业，减少盲目性；又便于学生尽早了解专业，以便制定大学4年间的学习规划和毕业后的职业规划。另外，通过对“电文化——电气信息类学科概论”课程的系统学习，还可使大一学生了解基础理论课程(如高等数学、大学物理、电路理论、电磁场理论、模电和数电等)对后续专业课程学习的重要性，更好地为后续专业基础课程和专业课程的学习打下基础并做好准备。

近年来，国内许多高校十分重视提高学生的人文素养和科学素质，开设了诸如“电气工程导论”、“电气工程概论”等通识选修课程。但这些课程更多的是作为从电工基础知识过渡到电气专业知识的专业基础课程。本书的目的是要探索电类学科与人文学科在文化层面上的相互融合，让学生通过学习，在如何做人、做事、做学问等基本素质和专业修养方面受益。

本书开篇、第一、二、十一章由高心教授编写，第三章由彭良福教授、公岷副教授共同编写，第四、十四章由彭良福教授编写，第五章、第九章由王玉同志编写，第六、七章由徐利梅同志编写，第八、十章由邵仕泉同志编写，第十二章由汪华章副教授编写，第十三章由公岷副教授编写。全书由高心教授统稿并担任主编。

本书参考了众多网站提供的人物和示例图片以及相关资料，除尽量标明出处以外，难免有无法查到或遗漏之处，在此衷心地感谢Google、百度、网易、新浪、搜狐等网站提供的各种信息和资源。

本书在编写过程中，得到了西南民族大学教务处和电气信息工程学院领导及教师的大力支持，北京大学出版社的编辑同志也为本书出版做出了很大努力，在此一并致谢。

由于编者知识水平所限，而这类书籍又要求具有严格的科学性、真实性和准确性，因此难免有不妥之处，恳请读者批评指正。

编 者

2013年2月于成都

目　录

上篇

电文化的建立及发展

第1章

电的起源

内容提要

在现代社会中，各行各业都离不开电，社会生活的方方面面也都有电的应用。人们对电应该是再熟悉不过了，虽然看不见它、摸不着它，但是经常会利用它并感受它带来的便利，更会有人感叹、探究电的奇妙。那么，电到底是什么？它怎样产生的？又是如何被人类认识并利用来为人类造福的？本章将按照电的发现历程去认识它、了解它。在此过程中，我们还会学习和了解对科学研究和人类社会产生重大影响的著名实验及科学家为科学研究不顾个人安危的献身精神和感人轶事。

名言警句

诚实和勤勉，应该成为你永久的伴侣。

——本杰明·富兰克林

第一节　人类对电现象的早期认识

电是一种自然界客观存在的物理现象，也是一种形式的能量。自然界或生命活动中有各种电现象，如静电、电鳗、电鲶、电鳐、摩擦起电、人体电流、闪电雷电、脑电波、激光、北极光等。人类对电与电能的认识是在长期实践活动中，不断发展、逐步深化的，经历了一条漫长而曲折的道路。人类对电现象的初步认识非常久远。公元前6世纪，希腊自然哲学家和科学家泰勒斯(前624—前546)最早发现并记载了摩擦过的琥珀能吸引轻小物体。但是，古代欧洲人对摩擦起电的认识长期停留于此，而中国人从汉代起却有了许多发现。在我国东汉时期，王充在《论衡·乱龙篇》中所提到的“顿牟缀芥，慈石引针”，就说明了摩擦琥珀能吸引轻小物体，这是人类对摩擦起电现象的最早的认识和描述。古代中国人虽然不将人工摩擦的起电现象看作电，但从古代文明开始起，他们便将天空闪电认作电现象。中国人的“电”概念是从雷电开始的。

打雷和闪电是自然界中最为显著的电现象，从远古起就引起了原始人类的注意。人类出现在地球上时，便对雷电产生了好奇和敬畏。一道闪电划过森林，劈倒大树，引起熊熊大火，人类第一次感受到了食物被烤熟后的美味，并被电的强悍所征服。雷声轰鸣则是人类听到自然界的最强音。我国自古以来在语言、文字中就出现了对自然中雷电现象的描绘，如称“雷公电母”、“电闪雷鸣”、“春雷滚滚”、“雷电交加”、“天走银蛇”等。早在3000多年前的殷商时期，甲骨文中就有了“雷”字，西周金文中有“电”字。西周初期，在青铜器上就已经出现加“雨”字偏旁的“电”字。图1.1中第Ⅰ、Ⅱ行为甲骨文“雷”；第Ⅲ行为金文“雷”；第Ⅳ行为许慎《说文解字》书写的古文“雷”；第Ⅴ行A、B、C、D为金文“电”，E为《说文解字》书写的古文“电”，F为篆体。

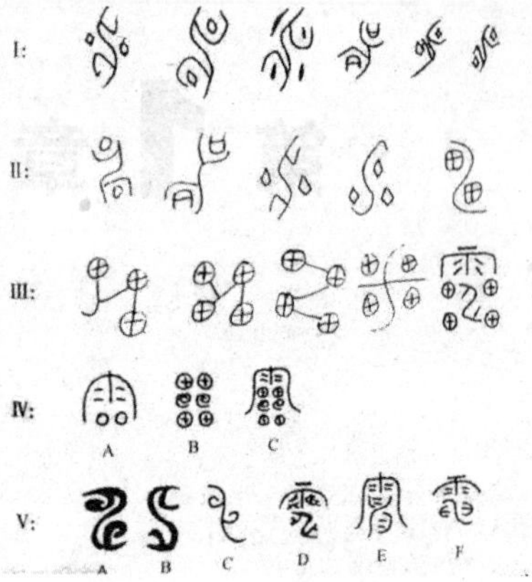

图1.1 “雷”、“电”的演化
(摘自《物理文化与物理学史》)

在其后的古代典籍中，关于雷电及其灾害的记述十分丰富，其中尤以明代张居正(1525—1582)关于球形闪电的记载最为精彩。他在细致入微地观察的基础上，详细地记述了闪电火球的大小、形状、颜色、出现的时间等，留下了可靠而宝贵的文字资料。

在细致观察的同时，人们也在探讨雷电的成因。《淮南子·坠形训》认为：“阴阳相薄为雷，激扬为电”，即雷电是阴阳两气对立的产物。王充也持类似看法：“云雨至则雷电击”，提出云与雷电之间的关系。明代刘基(1311—1375)说得更为明确：“雷者，天气之郁而激而发也。阳气困于阴，必迫，迫极而迸，迸而声为雷，光为电”。可见，当时已有人认识到雷电是同一自然现象的不同表现。

我国古人还通过仔细观察，准确地记述了雷电对不同物质的作用。《南齐书》中有对雷击的详细记述：“雷震会稽山阴恒山保林寺，刹上四破，电火烧塔下佛面，而窗户不异也”，即强大的放电电流通过佛面的金属膜，金属被融化；而窗户为木制，仍保持原样。沈括(1031—1095)在《梦溪笔谈》中对类似现象叙述更为详尽：“内侍李舜举家，曾为暴雷所震。其堂之西室，雷火自窗间出，赫然出檐。人以为堂屋已焚，皆出避之。及雷止，其舍宛然。墙壁窗纸皆黔。有一木格，其中杂贮诸器，其漆器银者，银悉熔流在地，漆器曾不焦灼。有一宝刀，极坚钢(刚)，就刀室中熔为汁，而室亦俨然。人必谓火当先焚草木，然后流金石。今乃金石皆铄，而草木无一毁者，非人情所测也。”其实，只因漆器、刀室是绝缘体，宝刀、银是导体，才有这一现象发生。

在我国，摩擦起电现象的记述颇丰，其常用材料早期多为琥珀及玳瑁。早在西汉，《春秋纬》中就载有“瑇瑁(玳瑁)吸喏(细小物体)”。《论衡·乱龙篇》中也有“顿牟掇芥”，这里的“顿牟”实为“玳瑁”，这是因为王充是会稽上虞(今属浙江)人，他家乡方言将“玳瑁”读为“顿牟”。玳瑁是一种类似龟的海生爬行动物，是一种极好的绝缘体。琥珀是一种透明松树脂化石，早在殷商时代就被人们当作装饰品。但是，就琥珀的静电现象而言，《吴书》记载了三国时期吴国的虞翻(164—233)说出与此相关的琥珀特性。少年虞翻听闻“琥珀不取腐芥”。“腐芥”指潮湿的草芥，因含水分，已成为导体，所以不被带电琥珀吸引。琥珀价格昂贵，常有人鱼目混珠。南朝陶弘景(456－536)不仅讲明了松脂与琥珀的关系，就其物理特性还写到“惟以手心摩热拾芥为真”，以此作为识别真假琥珀的诀窍。实际上，南北朝的雷敩在《雷公炮炙论》中就已涉及琥珀静电的摩擦过程。他说：

“琥珀如血色，以布拭热，吸得芥子者，真也。”他一改别人以手与琥珀摩擦为以布与琥珀摩擦，有可能使琥珀的静电吸引力大大增加，就能将比芥草重的芥子吸起。西晋张华(232—300)记述了用漆木梳梳头和脱毛皮或丝绸质料的衣服摩擦起电引起的放电及发声现象：“今人梳头脱著衣时，有随梳解结有光者，亦有咤声”。张华如此之早的发现并记述这两个静电现象是令人惊叹的。在西方，直到17世纪时才由玻意耳(1627—1691)和牛顿(1642—1727)发现假发的静电现象、丝绸衣服的静电闪光和爆裂声。唐代段成式(803—863)还记述了摩擦猫皮的起电现象：“猫，黑者暗中逆循其毛，即若火星”。在西方，也是在17世纪，德国的盖利克(1602—1686)才最早用猫皮做摩擦起电实验。

摩擦起电、静电吸引也有具体的应用例子。据宋代的张邦基(生卒年不祥)《墨庄漫录》记载：“孔雀毛著龙脑则相缀。禁中以翠羽作帚，每幸诸阁，掷龙脑以辟秽。过则以翠羽扫之，皆聚，无有遗者”。“龙脑”与樟脑类似，属树脂。用孔雀毛扎成扫帚可将龙脑粉末吸引在其身上。关于摩擦起电的记载还有很多，只不过古代中国人并未从这些实验和观察中得到“电”的概念。

近代电学正是在对雷电及摩擦起电的大量记载和认识的基础上发展起来的，我国古代学者对电的研究，大大地丰富了人们对电的认识。当把摩擦物质经过加工使之成为有目的性的实验材料时，表明古代电学蒙昧时期的结束。

现实生活中，自然界还存在其他形式的电，如在生物体内普遍存在的生物电。生物电是1786年由意大利生物学家伽伐尼(1737—1798)首先发现的。

人体任何一个细微的活动都与生物电有关。外界的刺激、心脏跳动、肌肉收缩、眼睛开闭、大脑思维等，都伴随着生物电的产生和变化。例如，心脏跳动时会产生1～2mV的电压，眼睛开闭产生5～6mV的电压，读书或思考问题时大脑产生0.2～1mV的电压。正常人的心脏、肌肉、视网膜、大脑等的生物电变化都是很有规律的。因此，将患者的心电图、肌电图、视网膜电图、脑电图等与健康人做比较，就可以发现疾病所在。

在其他动物中，有不少生物的电流、电压相当大。在世界一些大洋的沿岸，有一种体形较大的海鸟——军舰鸟，它有着高超的飞行技术，能在飞鱼落水前的一刹那叼住飞鱼，从不失手。研究发现军舰鸟的“电细胞”非常发达，其视网膜与脑细胞组织构成了一套功能齐全的“生物电路”，它的视网膜是一种比人类现有的任何雷达都要先进百倍的“生物雷达”，脑细胞组织则是一部无与伦比的“生物电脑”。

还有一些鱼类有专门的发电器官。例如，广布于热带和亚热带近海的电鲶能产生100V电压，足可以把一些小鱼击死；非洲尼罗河中的电鲶，电压有400～500V；南美洲亚马孙河及奥里诺科河中的电鳗，形似泥鳅、黄鳝，身长2m，能产生瞬间电流2A，电压800V，足可以把牛马甚至人击毙在水中。

植物体内同样有电，例如，捕蝇草捕捉叶子上的昆虫；含羞草的叶片受到刺激后，立即产生电流，电流沿着叶柄以14mm/s的速度传到叶片底座上的小球状器官，引起球状器官的活动，而它的活动又带动叶片活动，使得叶片闭合，不久，电流消失，叶片就恢复原状。这些都生物电的作用。

此外，还有一些生物包括细菌、植物、动物都能把化学能转化为电能，发光而不发热。特别是海洋生物，据统计，虾类中70%的品种和个体、鱼类中70%的品种和95%的个体，都能发光。

自然界和生物体内的电现象都是由自由离子和自由电子的运动引起的。任何物质都由原子组合而成，而原子的基本结构为质子、中子及电子。科学家们将质子定义为正电，中子不带电，电子带负电。在正常状况下，一个原子的质子数量与电子数量相同，正负电平衡，所以对外表现为不带电的现象。但是由于外界作用，如摩擦或以各种能量(如动能、位能、热能、化学能等)的形式作用，会使原子的正负电不平衡。各种物质的原子核对电子的束缚能力不同，因而物质得失电子的本领也不同，这就造成了摩擦起电等各种带电现象。金属的外层电子容易丢失，这些从原子内跑出来的电子被称为自由电子，所以金属容易导电。绝缘体内的电子受到原子核的束缚，不容易成为自由电子，所以它不容易导电。但是利用强电力作用、高温等方法可以使一部分电子摆脱原子核的束缚，成为自由电子，于是绝缘体变成了导体。在日常生活中所说的摩擦实质上就是一种不断接触与分离的过程。有些情况下不摩擦也能产生静电，如感应静电起电、热电和压电起电、亥姆霍兹层、喷射起电等。任何两个不同材质的物体只要接触后分离就能产生静电，流动的空气也能产生静电，因为空气也是由原子组合而成的。所以可以这么说：在人们生活的任何时间、任何地点都有可能产生静电。

第二节　静电、放电现象及实验

一、静电发展历程

早在公元前585年，古希腊哲学家泰勒斯，已经发现了摩擦过的琥珀能吸引碎草等轻小物体。不过，古代欧洲人对摩擦起电的认识仅此而已。西汉末年，有关于“玳瑁吸啫”及“矛端生火”的记载，即金属制的矛的尖端放电的记载。晋朝(公元三世纪)还有关于摩擦起电引起放电现象的记载：“今人梳头，解著衣，有随梳解结，有光者，亦有声。”

1. 奠定近代电学实验基础的实验仪器——起电机和莱顿瓶

1269年，P. 佩雷格里尼在《论磁体的信》中引入磁极的概念，得出“异性相吸，同性相斥”的原理，他是最早对磁现象进行系统观察的西方人。但在对电现象的早期研究中，最早进行系统研究的首推英国著名的医生、物理学家威廉·吉尔伯特(1544—1603)。吉尔伯特用观察、实验方法科学地研究了磁与电的现象，并把多年的研究成果写成名著《论磁》，于1600年在伦敦出版。在吉尔伯特的名著中，叙述了他对电现象的研究内容。他研究了十几种物质，发现它们中的大多数被摩擦后，同琥珀、玛瑙被摩擦后相似，可以吸引轻小的物体。他首先指出，这是与磁现象有本质区别的另一类现象，他第一个称电吸引的原因为电力。他认识到这是一种物质普遍具有的现象，因此根据希腊文“琥珀”引入“电(electric)”一词，并且把像琥珀这样经过摩擦后能吸引轻小物体的物体称为“带电体”。吉尔伯特还发明了第一只验电器。吉尔伯特是用实验方法探索自然界和从理论上解释自然界结合的范例。吉尔伯特是实验科学研究的开拓者之一。

1660年，德国物理学家和工程师盖利克(1602—1686)发明了第一台摩擦起电机，如图1.2所示，他用硫磺制成形如地球仪的可转动物体，每一次旋转都产生一些静电并储存在硫磺球里，以便演示连续放电实验。这也许是历史上最简陋的起电机了，但它具有非凡的意义。盖利克的摩擦起电机经过不断改进，在静电实验中起着非常重要的作用。他发现了静电感应现象，即一个小物体只要靠近带电物体，那么它也会带电。此外，他还发现了同性电荷相排斥的现象。

图 1.2 盖利克的摩擦起电机
（摘自百度文库存）

1705 年，英国科学家 F. 豪克斯比（1688—1763）对摩擦起电机做了一个改进，他用玻璃球代替硫磺球改革了盖利克的起电机，制成第一台大功率静电起电机，能够得到比较强的电火花，并进行辉光放电实验。到 19 世纪，这种摩擦起电机为感应起电机取代。1709 年，豪克斯比制出了棉线验电器，是静电测量的最早探索者。

1720 年，英国物理学家 S. 格雷（1670—1736 年）发表了《关于一些新电学实验的说明》后，获得英国皇家学会第一枚科普利奖章。他最先将静电学作为一门独立的学科加以研究。1729 年，格雷发现导体和绝缘体的区别。他将摩擦过的玻璃管的电状态传到了这个管子的塞柱上，如果把带有骨制小球的棍子插入塞柱，电可以传到小球上。他和朋友惠勒通过实验，把电传到 765 英尺远的地方。格雷的静电传输实验也许是在近代科学技术史上最早架设输电线路的实验。正是在为了进行这一实验而进行的各种传输材料的选择中，格雷发现了导体与绝缘体的差别，他发现丝线不导电，而与丝线同样粗细的铜线却具有很好的导电性能。格雷因此成为第一个用铜线制作导线的人。

1734 年，法国电学家 C. F. 杜菲（1698—1739）重复了格雷的实验，发表了重要论文《论电》，提出二元电液理论（区分正、负电荷），主张存在两种电，即将琥珀上所带的电命名为“松脂电（负电）”，将玻璃上所带的电命名为“玻璃电（正电）”，并总结出静电学第一个基本原理——同性相斥，异性相吸，还总结出物体带电的 3 种方式：摩擦带电，传导带电、感应带电。杜菲的发现是继格雷之后早期实验静电学发展史上又一显著进步。

由于格雷和杜菲等人的努力，到了 18 世纪 40 年代初，人们对于静电的知识日益丰富起来，自 1660 年发明盖利克起电机以来，经过 80 余年的积累和发展，早期静电学终于初具实验与理论基础。

1739 年，英籍法国人 J. T. 德萨居利埃在格雷去世后继续研究格雷的导电体与绝缘体的发现。他把物质分为两大类，分别命名为非导体或电介质、导体或非电介质。因此他也获得英国皇家学会科普利奖章。

盖利克起电机发明后，人们已可在起电机上产生一定的可供实验用的电荷，但在起电机上产生的电荷，除电荷量不大以外，更主要的是不能储存下来，因而不便于对电进行更进一步的研究。人们开始探索，能否研制出某种电器，它能像储存水那样，把起电机上产生的电荷储存起来。到了 18 世纪 40 年代中期，人们终于发明了这种电容器——莱顿瓶。

1745 年，德国学者 E. G. von 克莱斯特（1700—1748）用酒精或水银储存电荷，当瓶内充电过量时，金属杆上端就会产生光锥，这是最早的电晕放电试验，但并未用于电学研究。同年，俄国 Г. В. 利赫曼发明静电计，这是第一架电学测量仪器。

1746 年，荷兰莱顿大学的教授穆欣布罗克（1692—1761）在做电学实验时，无意中把一个带了电的钉子掉进玻璃瓶里。他以为过不了多久，铁钉上所带的电就会很容易跑掉，一段时间后，他想把钉子取出来，但当他一只手拿起桌上的瓶子，另一只手刚碰到钉子时，突然感到有一种电击式的振动。这到底是铁钉上的电没有跑掉呢，还是自己的神经过敏呢？为了探究原因，他又按照刚才的样子重复了好几次实验，而每次的实验结果都和第一次一样，于是他非常高兴地得到一个结论：把带电的物体放在玻璃瓶子里，电就不会跑掉，这样就可把电储存起来。穆欣布罗克的发现，使电学史上第一个保存电荷的容器诞生了。由于它是在莱顿城发明的，所以被称为莱顿瓶。穆欣布罗克在发明莱顿瓶后说："我劝我自己无论如何也不要再重复这个实验了，(我的)手和全身受了这种我不能说出的可怕方式的突然打击。"莱顿瓶和我们今天的电容器相同。莱顿瓶很快在欧洲引起了强烈反响，电学家们不仅利用它们做了大量的实验，而且做了大量的示范表演，有人用它来点燃酒精和火药。其中，最壮观的是法国人诺莱特在巴黎一座大教堂前所做的表演，诺莱特邀请了路易十五的皇室成员临场观看莱顿瓶的表演，他让 700 名修道士手拉手排成一行，队伍全长达 900 英尺(约 275m)。然后，诺莱特让排头修道士用手握住莱顿瓶，让排尾的握瓶的引线，一瞬间，700 名修道士，因受电击几乎同时跳起来，在场的人无不为之目瞪口呆，诺莱特以令人信服的证据向人们展示了电的巨大威力。英国电学家沃森(1715—1787 年)爵士等人用了一根 12.276 英尺长的电线使莱顿瓶放电，以测量电的传导速度，他们得出的结论是电是瞬时传输的，沃森在他的实验基础上发表了《电的性质与特征》这一论著。不过在那个时代，对电现象的研究是出于对自然"怪"现象的兴趣，只是为了消遣和取乐。然而这些在消遣和娱乐中做出的研究奠定了人们对电磁现象做深入研究的基础。

有了起电机和莱顿瓶这两种电学实验仪器，近代电学的发展才逐渐加快了步伐。这两种仪器的发明，不仅直接奠定了近代电学的实验基础，更重要的是，它们使人们进一步认识到，科学的发展与进步不仅有赖于理论思维的发展，更有赖于实验技术的发展。没有实验技术本身的发展与进步，科学技术的发展与进步是不可能的。

2. 富兰克林的风筝实验和避雷针

沃森的《电的性质与特征》一书于 1746 年在英国发表之后，莱顿瓶实验在英国引起了越来越多的人们的兴趣。当时，一个名为斯宾士的英国学者前往北美殖民地讲学，他讲学的主要内容是当时电学领域内那些引人注目的最新发现，而他的主要演示仪器除了盖利克起电机之外，就是刚传入英国不久的莱顿瓶。他在波士顿等地讲学，他的讲演及其莱顿瓶实验引起了波士顿一些人的极大兴趣，其中一个就是后来成为近代电学的伟大奠基者之一的本杰明·富兰克林(图 1.3)。

图 1.3 本杰明·富兰克林

(摘自百度文库存)

1746 年，英国物理学家柯林森，通过邮寄向美国费城的本杰明· 富兰克林(1706—1790)赠送了一只莱顿瓶，并在信中向他介绍了使用方法，这直接导致了 1752 年富兰克林著名的费城实验(风筝实验)。1752 年 7 月，一个电闪雷鸣的上午，他将一个风筝放到空中，风筝下有一根铁丝，铁丝下拴一根麻绳，麻绳的下端拴丝线，绳线接触处拴了一把钥匙。同时他还把从云端“吸取”的电荷收集在莱顿瓶中，并进行其他实验。实验发现：麻绳上的纤维向四周直立，犹如“怒发冲冠”，铜钥匙可以给莱顿瓶充电，与摩擦电性质完全相同。富兰克林的工作揭开了雷电的奥秘，统一了“天电”和“地电”，震惊了科学界。经过实验证明，天电与地电有12点相同：①发光；②光的颜色相同；③光的路线是弯曲的；④时间都很短促；⑤皆能由金属传导；⑥都发出响声；⑦可在水中发生；⑧可使物体分裂；⑨能杀伤动物；⑩能熔化金属；⑪能引起燃烧；⑫都发出硫磺味。他不仅断定天电与地电性质相同，是同一种电，而且还认为它们都是因为摩擦而产生的，从而提出了云层因相对运动而发生摩擦起电的假说。

富兰克林的实验，对早期的近代电学发展产生了深远的影响，因为费城实验不仅使人们认识到天上和地上的电是同一种东西，还使人们认识到开发和利用电的伟大前景。费城实验的结果告诉人们，既然天上和地上的电是同一种东西，雷电有如此巨大的威力，而人类已能在摩擦起电机上产生电，一旦人类能找到更有效的生产电的途径，也就会获得如同雷电一样威力无比的能量，从这个意义上来说，费城实验是近代电学史上的一场思想上和观念上的革命。如果说，在富兰克林以前，人们还把电学实验作为一种魔术活动的话，那么自富兰克林以后，人们已经开始把电学作为一门真正的科学，并由此开始寻找能更有效生产电的途径。

富兰克林还利用莱顿瓶做了大量的静电学实验，他发现两个带有不同性质电荷的带电体，相互接触后可以呈现中性。根据这种相消性和数学上的正负数的概念，他把两种不同性质的电荷分别称为“正电”和“负电”，并进一步得出结论：①正电和负电在本质上不应有什么差别；②摩擦起电过程中，总是形成等量异种电荷；③摩擦起电过程中，一方失去的电荷与另一方得到的电荷在数量上相等。1747年，富兰克林首先发现尖端导体放电现象。同年，他又提出了一元电流体的假说和电荷守恒定律。

富兰克林认为，一个或多个物体可以获得另一个物体散失的“电火”，电荷的正和负必须等量出现。“电火”既不能产生，也不会消灭。电不是摩擦“创造”出来的，只是从一个物体转移到另一个物体，并且在任何一个绝缘体系里总电量是不会变化的，这是电荷守恒定律的最早表述。在这次实验中，富兰克林首创了用“－e”表示甲的电荷，用“＋e”表示乙的电荷。这是电学史上第一次用数学上的正负概念来说明两种电荷的性质。

过去，人们只知道有“玻璃电”、“橡胶电”、“松香电”等，自从富兰克林提出正电、负电的概念以后，人们发现，无论哪一种电都可以归结为正电或者负电。于是就规定，用丝绸摩擦过的玻璃棒所带的电为正电，用毛皮摩擦过的橡胶棒所带的电为负电。

在研究雷电成因的同时，富兰克林于1753年发明了制伏天电的一根钢针——避雷针。1782年，仅费城一处，采用避雷针就达400多处。他为了使这项新发明能更快地推广到世界各地，拒绝了政府授予他避雷针的专利权，这种科学观和态度是值得钦佩的。富兰克林对人类社会的这一重大贡献，人们是不会忘记的。

1751年，俄国物理学家Г. В. 利赫曼发现静电感应现象。1753年，他在做大气电实验时不幸中电身亡，为科学献身。

1767年，英国著名物理学家J. 普里斯特利发表了《电学的历史和现状》。该文被认为是18世纪最好的电学教材，也是科学史上的第一部电学史。

自富兰克林以后，电学已在自身的发展中逐渐产生活力，但人们所用的主要电学实验仪器，仍是盖利克起电机和莱顿瓶。由于在实验仪器上未取得大的进展，同时由于利赫曼的牺牲，因此在此后的最初十余年内，电学领域是相当沉寂的。在经过一段时间的沉寂后，电学最先在英国活跃起来。

3.18 世纪后期的著名实验

18 世纪后期开始了电荷相互作用的定量研究。英国物理学家贝内特发明了验电器，这种仪器一直沿用到现在，它可以近似地测量一个物体上所带的电量。为说明空间中两点电荷之间的电力(磁力)，需提到另一位物理学家和化学家亨利·卡文迪什(1731—1810)。卡文迪什毕生致力于科学研究，从事实验研究达 50 年之久。他在化学、热学、电学、万有引力等方面进行了许多成功的实验研究，但很少发表。一个世纪后，麦克斯韦(图 1.4)整理了他的实验论文，并于 1879 年出版了《尊敬的亨利·卡文迪什的电学研究》一书，此后人们才知道卡文迪什做了许多电学实验。麦克斯韦说："这些论文证明卡文迪什几乎预料到电学上所有的伟大事实，这些伟大的事实后来通过库仑和法国哲学家们的著作而闻名于科学界。"

图 1.4　麦克斯韦

(摘自百度百科)

早在库仑之前，卡文迪什已经研究了电荷在导体上的分布问题。1777 年，他向皇家学会提出报告说："电的吸引力和排斥力很可能反比于电荷间距离的平方，如果是这样的话，那么物体中多余的电几乎全部堆积在紧靠物体表面的地方，而且这些电紧紧地压在一起，物体的其余部分处于中性状态。"他还通过实验证明了电荷之间的作用力。卡文迪什还早于法拉第用实验证明了电容器的电容取决于两极板之间的物质。他最早建立了"电势"的概念，指出导体两端的电势与通过它的电流成正比(欧姆定律在 1827 年才确定)。当时还无法测量电流强度，据说他勇敢地用自己的身体当作测量仪器，以从手指到手臂各处感到的电振动来估计电流的强弱。

在科学史上有一场有名的"蛙腿论战"，正是这场论战，导致了伏打电堆的发明和电生理学的建立，在科学史上一直传为佳话。1780 年，意大利波罗那大学著名生物学家伽伐尼(1737—1798)解剖青蛙时，发现了电痉挛，他认为这是青蛙体内存在的一种"神经电流体"引起的。但伽伐尼对蛙腿痉挛这一现象做出了错误的因果分析：生物电是蛙腿痉挛的原因。其实，伽伐尼忽视了一个重要的细节：只有当他用不同的金属接触时，如用铜钩戳穿蛙腿而接触到铁板时，蛙腿才会发生痉挛，如图 1.5 所示。

而找到蛙腿痉挛真正原因的是意大利著名物理学家伏特(1745—1827)。伏特经过多次实验得出结论：不同金属的接触电位差引起电流，而青蛙肌肉仅是通电导体而已。伏特通过"蛙腿论战"不但证明了金属接触电的存在，还受伽伐尼的启发发明了人类最早的化学电池，即伏打电堆(用不同金属圆片和浸过盐水的湿纸片交替叠加成一个高高的圆柱，并从圆柱两端引出电流)，如图 1.6 所示，使人类的电学研究从摩擦起电的"静电"时代跃迁到"动电"时代，从而导致了以后电化学、电磁学等一系列重大科学的发现和发明。人们为了表彰他，用他的姓氏命名了电压的单位。而伽伐尼在接受了伏特的异议后，经过更加严密的实验，很快修正了自己的解释，并从实验中获得了动物体内确实存在动物电的新证据，从而为一门全新的学科——电生理学的建立奠定了基础。

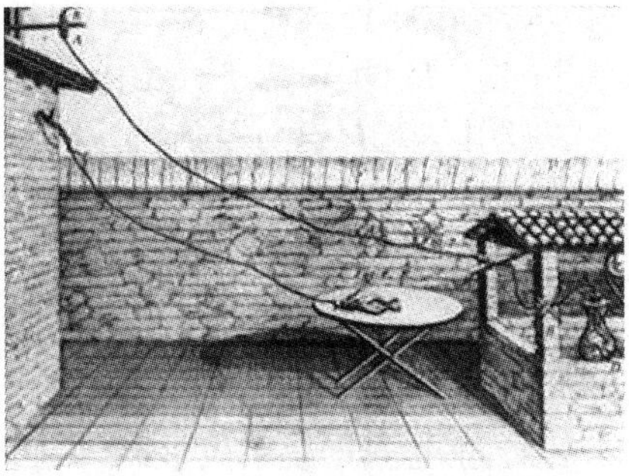

图 1.5 伽伐尼的青蛙实验

（摘自百度图片）

图 1.6 伏打电堆

（摘自百度图片）

从“蛙腿论战”我们得到一些重要的启示：电磁学研究中的物理思想方法的重要性。科学理论的形成离不开科学思想的指导和科学方法的应用，科学方法是我们学习中打开学科大门的钥匙，是未来从事各项工作的“武器”。在物理学的发展史上，科学的思想方法包括分析与综合法、类比法、定性定量分析法、比较分析法、归纳法和穆勒五法等。例如，英国物理学家汤姆生(1856—1940)对静电力分布和热流分布及电现象和弹性现象进行的类比研究，有力地支持了法拉第通过“力线”表达出来的近距作用观点，为麦克思韦建立电磁场理论的工作提供了极为重要的暗示、联想和启迪。

穆勒五法是判明因果关系的归纳法，它包括契合法、差异法、契合差异并用法等。“蛙腿论战”中的伽伐尼之所以失去了重要发现的机会，正是因为他误用了契合法。他只抱着存在生物电的传统观念，而忽视了检验蛙腿痉挛是不是生物电引起的。而从思维方法的角度看，伏特对伽伐尼实验进行了正确的因果分析。此外，差异法是发现光电效应现象的最好实例。错误应用差异法而悔恨的是美国科学家、回转加速器的发明者劳伦斯(1901—1958)。由于实验设计上的缺陷，与本来可以属于自己的人工放射性这一伟大发现失之交臂。获得此殊荣的却是实验条件十分落后的居里夫妇。从此例可以看出，尽管条件很差，有了正确的思想方法也能获得优异的成果。

电磁学告诉我们，科学研究中“没有量化，就不可能深化”。英国物理学家贝内特发明的验电器和库仑发明的扭秤就揭示了许多定量的静电规律。1785 年，法国物理学家库仑(1736—1806)发明了扭秤，推导出著名的库仑定律，并将这一定律推广到磁力测量上。扭秤实验直接测定了两个静止点电荷的相互作用力与它们之间的距离二次方成反比，与它们的电量乘积成正比。纽秤实验是在细金属丝下悬挂一根秤杆，它的一端有一小球 A，另一端有平衡体 P，在 A 旁还置有另一个与它一样大小的固定小球 B。为了研究带电体之间的作用力，先使 A、B 各带一定的电荷，这时秤杆会因 A 端受力而偏转。转动悬丝上端的旋钮，使小球回到原来的位置。这时悬丝的扭力矩等于施于小球 A 上电力的力矩。如果悬丝的扭力矩与扭转角度之间的关系已事先校准、标定，则由旋钮上指针转过的角度读数和已知的秤杆长度，可以得知在此距离下 A、B 之间的作用力。该实验得出了电的引力和斥力都遵守平方反比规律，库仑于 1785 年在法国科学院发表论文，提出了著名的库仑定律。

库仑定律的建立使电磁学进入了定量的研究，使电磁学真正成为一门科学，为静电学奠定了科学基础。在库仑定律的发现和验证过程中，离不开德国柏林科学院院士爱皮努斯(1724—1802)的假设——电荷之间的斥力和吸力随带电物体的距离的减小而增大；离不开富兰克林的空罐实验(也称冰桶实验)对电力规律的重要启示；离不开德国化学家普利斯特利(1733－1804，氧气的发现者)的猜测——电的吸引与万有引力服从同一定律，即平方反比关系；离不开苏格兰物理学家和发明家罗比逊(1739—1805)的实验——通过作用在一个小球上电力和重力平衡的实验，在实验误差范围内，第一次直接测定了两个电荷的相互作用力与距离二次方成反比；也离不开卡文迪什的实验，该实验推算出电力与其距离的二次方成反比，他的这一实验是近代精确验证电力定律的雏形。

1786 年，贝内特提出金叶静电计的结构，由此静电测量技术发展到 18 世纪最为完善的程度。

由上述内容可知，在 1800 年以前，静电学只是一个与技术无缘的“静”电学年代。在伽伐尼发现“动物电”之后，“静”电变成了“动”电，但电流不稳定、不持续。而 1799 年伏特发明的伏打电堆才真正揭开了电学研究中的新的一页，“动”电时代来到了。

二、静电放电及防静电措施

在日常生活中，我们用梳子梳理头发的时候，常常会发现头发在高压静电场力的作用下形成射线状，并且梳子可以将碎纸屑吸引起来；我们在每天夜晚脱衣服的时候，也常常会发现一种闪光效应，听到噼里啪啦的闪光声响；当我们触摸猫或狗的皮毛时，会受到微量的“电击”。这就是我们常说的“电”现象。有很多种物体在运动中，都可生成两边的端点带有正负电荷的电场效应，当电荷量聚集达到数万伏的高压时，它就会向四周的其他物体产生电荷放电，这就是物体的摩擦起电状态。静电现象包括许多大自然中的实例，如塑胶袋与手之间的吸引、电子元器件制造过程中的损毁、影印机的运作原理等。

1. 静电放电试验

当充有电荷的物体靠近或接触一个导体时，电荷就要发生转移，这就是静电放电现象。静电放电会导致电子设备的误动作和电路的损坏。静电放电发生得非常快，因此放电电流的上升沿很陡，具体数值取决于放电回路的电感。

根据静电放电对设备造成危害的机理，静电放电试验也有两种：一种是直接放电试验，另一种是感应场试验。

1）直接放电试验

这种试验模拟了在实际环境中，导电物体与设备接触时发生的静电放电现象。按照标准的要求，设备上能够被触及的部位都要做这个试验。当在某个部位发生静电放电时，静电放电电流直接经过设备流向大地，具体采取什么路径取决于设备的结构。直接放电试验又分为接触放电和非接触放电。在接触放电试验中，放电针直接与受试设备接触。在非接触放电试验中，放电针不直接与受试设备接触，而通过火花放电。非接触放电模拟了实际环境中的情况，因为在实际环境中，带电物体都是逐渐接近设备的。

2）感应放电试验

这种试验不是直接在受试设备上放电。而是在附近的接地金属板上放电，当发生放电时，金属板附近会产生电磁场，试验的目的是观察设备是否会受到这个电磁场的影响。这个试验模拟了受试设备附近的一个设备发生静电放电的情况。

2. 放电现象类型

带电物体失去电荷的现象称为放电，常见的放电现象有以下几种。

1）接地放电

地球是良好的导体，由于它特别大，所以能够接受大量电荷而不明显地改变地球的电势，这就如同从海洋中抽水或向海洋中放水，并不能明显改变海平面的高度一样。如果用导线将带电导体与地球相连，则电荷将从带电体流向地球，直到导体带电特别少为止，此时可以认为它不再带电。如果导体带正电，则实际上是自由电子从大地流向导体，这等效于正电荷从导体流向大地。生产中和实际生活中往往要避免电荷的积累，这时接地是一项有效措施。

2）尖端放电

通常情况下空气是不导电的，但是如果电场特别强，那么空气分子中的正负电荷受到方向相反的强电场力的作用，有可能被“撕”开，这个现象称为空气的电离。由于电离后的空气中有了可以自由移动的电荷，因此空气可以导电。空气电离后产生的负电荷就是电子，失去电子的原子带正电，称为正离子。

图 1.7 尖端放电现象
（摘自光谷教育教研网）

由于同种电荷相互排斥，因此导体上的静电荷总是分布在表面上，并且一般说来分布是不均匀的，导体尖端的电荷特别密集，所以尖端附近空气中的电场特别强，使得空气中残存的少量离子加速运动。这些高速运动的离子撞击空气分子，使更多的分子电离，这时空气成为导体，于是发生了尖端放电现象(图 1.7)。

尖端放电在技术上有重要意义。高压输电导线和高压设备的金属元器件，表面要很光滑，就是为了避免因尖端放电而损失电能或造成事故。

3)火花放电

当高压带电体与导体靠得很近时，强大的电场会使它们之间的空气瞬间电离，电荷通过电离的空气形成电流。由于电流特别大，产生大量的热，因此使空气发声发光，产生电火花。这种放电现象称为火花放电。火花放电主要原因是电子碰撞，还有火花本身的辐射。

火花放电在生活中经常会遇到。例如，干燥的冬天，身穿毛衣和化纤衣服，长时间走路之后，由于摩擦，身体上会积累静电荷。这时如果手指靠近金属物品，就会感到手上有针刺般的疼痛感。这就是火花放电引起的。如果事先拿一把钥匙，让钥匙的尖端靠近其他金属体，就会避免疼痛。如果在光线较暗的地方试验，则在钥匙尖端靠近金属体的时候，不但会听到响声，还会看到火花。

图 1.8 闪电
（摘自百度图片）

在一些工厂或实验室里，存在大量易燃气体，此时工作人员要穿一种特制的鞋，这种鞋的导电性能很好，能够将电荷导入大地，避免电荷在人体上的积累，以免由于火花放电两引起火灾。

4）闪电

带电云层之间或带电云层和地面之间发生强烈放电时，会产生耀眼的闪光和巨响，这就是闪电，如图 1.8 所示。闪电的放电电流可以高达几十万安培，会使建筑物遭受严重损坏，即雷击。为了避免雷击，人们设计了避雷针。避雷针是针状金属物，安装在建筑物的顶端，用粗导线与埋在地下的金属板相连，以保持与大地的良好接触。当带电云层接近时，大地中的异种电荷被吸引到避雷针的尖端，并由于尖端放电而释放到空气中，与云层中的电荷中和，达到避雷的目的。

闪电也有积极的意义：闪电产生的高温使空气中的氮和氧化合，随雨水降至地面形成硝酸盐，这些硝酸盐是天然的氮肥；闪电过程中产生的臭氧，能保护地球上的生命免受过量紫外线伤害；原始生命起源于有机物分子，有一种生命起源学说把最初有机物分子的产生也归功于闪电。

此外，还有辉光放电(由于电子碰撞而形成的)、弧光放电(强电流通过时产生的高温造成的热电子的发射)、电晕放电(很强电场的作用造成的场致电离或碰撞电离)。在放电电流很强时，辉光放电可以变成弧光放电。当电源的功率很大时，火花放电可以变成弧光放电。

3. 静电放电危害和防静电措施

物质是由原子组成的，原子中有不带电的中子、带正电的质子和带负电的电子。正常状况下，一个原子的质子与电子数量相同，正负平衡，所以对外表现出不带电的特征。但是，当两个物体相互摩擦时，产生的热量提升了电子能级，使不活泼的电子变成很容易逃逸的活泼电子，这样的电子很快就会从一个物体转移到另一个物体中去，使两个本来处于中性的物体变为带电的物体，这就是“摩擦起电”现象。摩擦起电过程中，电子转移的数量和转移的速度，不仅与材料的性能差异有关，也与现场温度和湿度有关。秋冬季节，由于空气湿度降低，分子间的黏滞力减小，运动速度加快，因此很容易产生静电。我们在地板上走动、旋转转椅、开关抽屉、拿取纸笔、移动鼠标等都会产生静电，从而使我们身体和衣服上充满静电。除此之外，用电设备中还有“感应生电”和“容性生电”等静电成因。设备、电路、金属与非金属结构之间即使不发生接触，也会通过上述两种方式产生静电。

静电放电是大家熟知的电磁兼容问题，它可使电子设备失灵或损坏。当半导体器件单独放置或装入电路模块时，即使没有加电，也可能造成这些器件的永久性损坏。对静电放电敏感的元器件被称为静电放电敏感元器件。

如果一个元器件的两个针脚或更多针脚之间的电压超过元器件介质的击穿强度，则会对元器件造成损坏。这是MOS(场效应管)器件出现故障的最主要原因。氧化层越薄，元器件对静电放电的敏感性越大。故障通常表现为元器件本身对电源有一定阻值的短路现象。对于双极性元器件，损坏一般发生在薄氧化层隔开的已进行金属喷镀的有源半导体区域，因此会产生泄漏严重的路径。

另一种故障是由于节点的温度超过半导体硅的熔点(1415℃)所引起的。静电放电脉冲的能量可以使局部地方发热，因此出现这种机理的故障。即使电压低于介质的击穿电压，也会发生这种故障，如NPN型三极管发射极与基极间的击穿会使电流增益急剧降低。

元器件受到静电放电的影响后，也可能不立即出现功能性的损坏。这些可能潜在损坏的元器件通常被称为“跛脚”，一旦加以使用，将会对以后发生的静电放电或传导性瞬态表现出更高的敏感性。要密切注意元器件在不易察觉的放电电压下发生的损坏。人体有感觉的静电放电电压为3000～5000V，然而，元器件发生损坏时的电压仅为几百伏。

静电放电对计算机的损害，其严重程度与静电电压的高低和能量的大小有关。如果能量较小，则只能将元器件击穿，电压消失后，元器件性能仍能恢复到原始状态。如果能量较大，则在击穿后会形成大电流对元器件造成永久性损害，如晶体管器件结电阻降低、漏电流增大，薄膜电阻器局部介质击穿而发生阻值漂移等。静电放电的危害有一定偶然性，不一定每次都造成元器件彻底报废，多数情况下仅表现为稳定性降低。对于静电给电子元器件造成的种种伤害，人们往往认为是元器件老化，而没有想到是静电放电的危害。

静电放电损害的严重程度还与元器件对静电的敏感度有关。如今计算机的CPU、存储器芯片和主板上的南桥、北桥芯片等超大规模集成电路广泛采用CMOS(互补金属氧化物半导体)材料，CMOS器件具有集成度高、成本低、速度快、能耗低的优点，因此使用范围很广。然而，CMOS器件的一个致命的弱点是静电敏感度高，很容易被静电放电击穿。

芯片制造工艺按摩尔定律不断进步，低电压、微功耗、高集成度技术给我们带来更新的产品，而静电放电对计算机的危害性也随之增长，可以说静电放电对摩尔定律继续有效将会是一个障碍，这是业界不愿面对但又不得不面对的严重问题。在电子行业中，防静电技术已经成为一个热门技术，防静电产品的研发和制造已经发展为一个独立的产业。

静电放电防护是一个系统工程，在设计和制造阶段，可从以下3个方面着手：一是要防止计算机本身因产生强静电感应而自我损伤，如增加屏蔽和隔离措施、通过增大PCB接地面积改善电荷泄漏通路等；二是要选择静电放电特性好的芯片，不同厂家的同一种芯片性能也会有所不同，在芯片说明中一般都会提及；三是增设静电放电保护电路，抵御外来静电。

静电放电会因静电火花点燃某些易燃物体而发生爆炸。漆黑的夜晚，人们脱尼龙、毛料衣服时，会发出火花和噼里叭啦的响声，这对人体基本无害。但在手术台上，电火花会引起麻醉剂的爆炸，伤害医生和病人；在煤矿中则会引起瓦斯爆炸，导致工人死伤，矿井报废。因此必须防止静电放电。防止产生静电的措施一般都是降低流速和流量，改造起电强烈的工艺环节，采用起电较少的设备材料等。最简单又最可靠的办法是用导线把设备接地，这样可以把电荷引入大地，避免静电积累。细心的乘客大概会发现：在飞机的两侧翼尖及飞机的尾部都装有放电刷，飞机着陆时，为了防止乘客下飞机时被电击，飞机起落架上大都使用特制的接地轮胎或接地线，以泄放掉飞机在空中所产生的静电荷。我们还可以经常看到油罐车的尾部拖着一条铁链，这就是车的接地线。适当增加工作环境的湿度，让电荷可以随时放出，也可以有效地消除静电。这就是潮湿的天气里不容易做好静电试验的原理。科研人员研究的抗静电剂，能很好地消除绝缘体内部的静电。

静电放电的危害是在20世纪70年代开始认识到的，这是由于新技术的发展导致元器件对静电放电的损坏越来越敏感。静电放电造成的损失每年可达到几百万美元以上。因此，许多大型的元器件和设备制造厂引进专业技术以减小生产环境中的静电积累，从而使产品合格率和可靠性提高了许多。用户根据自己的经验也懂得了防治静电放电危害的重要性。

当然，静电放电也是有用的，如荧光灯的辉光启动器就利用了火花放电原理。闭合荧光灯的电键时，电压使辉光启动器的玻璃管中的氖气放电，放电生热使玻璃管中动片受热膨胀与静片接通，在这一过程中发出闪光和咔嚓声。待动片与静片断开时，高电压又使灯管中的水银蒸气放电，荧光灯发光。

第三节　电的早期利用

雷电是地球上常见的一种自然现象。整个地球表面平均每秒有 100 多次闪电。闪电的中心温度可以高达 25000℃，并在 1‰～1/10s 之内释放出几百万至上亿焦耳的能量。一次长距离的闪电要经历 50 次左右的转折才能落到地面上，在空中留下了一条蜿蜒的轨迹。闪电时电流值可以达 10000A，给地球带来 5 C 电量。闪电的形状有树枝状、条状、片状、串珠状和球状。其中以罕见的球状闪电最引起科学家们的兴趣。19 世纪有人做过 1000 多次闪电观测记录，发现：这种球状闪电直径大多为 10～20cm，但也有小于 1cm，大至 10m 的；颜色各种各样，最常见的是红、橙、黄 3 种；闪电沿着弯折的路径飘忽不定，移动速度比较慢，存在的时间为 1～5s；球状闪电在消失的时候会发生猛烈的爆炸，具有很大的破坏力。

避雷针的发明是电早期利用的为数不多的例子。避雷针是一种防止直接雷击的装置。它的作用是将高空的雷电引向自身，使之泄入大地，从而保护建筑物。近 200 年来，避雷针已在全世界广泛应用。

据史料记载，最早发明避雷针应是我国古代劳动人民。据《淮南子》记载，我国早在三国和南北朝(公元三世纪至六世纪)时代的建筑物就已有“避雷室”的设置。唐代《炙毂子》一书记载了这样一件事：汉朝时柏梁殿遭到火灾，一位巫师建议，将一块鱼尾形状的铜瓦放在层顶上，就可以防止雷电所引起的天火。屋顶上所设置的鱼尾形状的瓦饰，实际上兼作避雷之用，可认为是现代避雷针的雏形。中国古代的避雷针，一般以龙头为装饰，龙嘴里有避雷针头。宋代及以后建成的高大殿宇，常有“雷公柱”等设施，起到了避雷作用。清代康熙年间，法国传教士、旅行家戴马甘兰曾到我国游历；回国后，他于 1688 年(清康熙二十七年)撰写出版了一本游记《中国新事》。其中记载着：中国屋脊两头，都有一个仰起的龙头，龙口吐出曲折的金属舌头，伸向天空，舌根连接一根细的铁丝，直通地下。这种奇妙的装置，在发生雷电的时候就会有大作用，若雷电击中了屋宇，电流就会从龙舌沿线径行至地底，避免雷电击毁建筑物。由此可见，中国古代建筑物上的避雷装置与近现代的避雷针何其相似。

避雷针又名防雷针，是用来避免建筑物等遭受雷击的装置。在高大建筑物顶端安装一根金属棒，用金属线与埋在地下的一块金属板连接起来，利用金属棒的尖端放电，使云层所带的电和地上的电逐渐中和，从而不会引发事故。在雷雨天，高楼上空出现带电云层时，避雷针和高楼顶部都被感应上大量电荷，由于避雷针针头是尖的，因此静电感应时，导体尖端总是聚集了最多的电荷。这样，避雷针就聚集了大部分电荷。避雷针又与这些带电云层形成了一个电容器，由于它较尖，即这个电容器的两极板正对面积很小，电容也就很小，因此它所能容纳的电荷很少。而它又聚集了大部分电荷，所以当云层上电荷较多时，避雷针与云层之间的空气就很容易被击穿，成为导体。这样，带电云层与避雷针形成通路，而避雷针又是接地的，避雷针就可以把云层上的电荷导入大地，使其不对高层建筑构成危害，保证了建筑物的安全。

近现代避雷针是谁发明的，又是如何在全世界得到广泛应用的？

长期以来，人们普遍认为避雷针是美国科学家富兰克林发明的，但许多文献资料中却未指明他是如何发明的，即使有的文献资料提到，也众说不一。不仅如此，有些科技史、物理学书籍记载富兰克林是最早提出此设计建议的人或设想者，发明者和首次应用者是捷克牧师、博物学家迪维什(1696—1763)。例如，日本汤浅光朝编的《科学文化史年表》内记载着避雷针是富兰克林于1750年发明的。而日本伊俊太郎等编撰的《科学技术史词典》中的“避雷针”词条的相关解释中，却说富兰克林于1750年提出设计避雷针，写信告之英国友人。1752年法国科学院的达利巴德(1703—1779)制成、安装了避雷针，并引雷成功。同年，富兰克林在费城安装了避雷针。

美国科学史学家卡里约(1859—1930)所著《物理学史》对上述词典的达利巴德制成避雷针并引雷之说做了较详尽的描述，从中可知达利巴德并未制成、安装避雷针，仅是在1759年5月10日，在靠近巴黎的马利进行过如下高空引雷实验：将1根高40英尺、底部绝缘的铁杆竖立在小桌上，当出现雷云时，经过训练的信鸽嘴含黄铜丝飞近铁竿，随后出现了电火花并发出“噼啪”声。达利巴德说：“富兰克林的设想已不是猜测，它在这里已变成事实”。一个星期后，巴黎的德洛尔以99英尺的铁杆重复了这样的实验。可是富兰克林认为达利巴德和德洛尔在巴黎的引雷实验中铁杆并未伸入云层，不相信铁杆是由于高空闪电而带电的，因而他在费城郊区冒着生命危险做了闻名世界的费城风筝实验，才证实了雷电确实是一种电现象。至于《科学技术史》中提到富兰克林于1752年在费城安装避雷针之说，似不可信。因此，最为可信的史实应该是：富兰克林最早(1750年)提出避雷针的设想(建议)，并于风筝实验后的次年(1753年)发明避雷针(图1.9)；捷克迪维什于1754年发明避雷针并安装使用。

图1.9 避雷针

(摘自百度百科)

富兰克林为了推广避雷针的使用，专门写了《怎样使房屋等免遭雷电的袭击》的文章。文章发表后，美国的各个城市马上开始安装避雷针。但避雷针在最初发明与推广应用时，教会曾把它视为不祥之物，并说安装上富兰克林的避雷针，不但不能避雷，反而会引起上帝的震怒而遭到雷击。但是在费城等地，拒绝安置避雷针的一些高大教堂在大雷雨时相继遭受雷击。而比教堂更高的建筑物由于已装上避雷针，在大雷雨时却安然无恙。

避雷针传入法国后，法国皇家科学院院长诺雷等人开始时反对使用避雷针，圣奥梅尔的居民甚至对当地安装了避雷装置的人提出控告，因为他们害怕这种亵渎行为。后来又认为圆头避雷针比富兰克林的尖头避雷针好。但法国人仍然选用富兰克林的尖头避雷针。据说当时的法国人把富兰克林看作苏格拉底的化身，富兰克林成了人们崇拜的偶像。

避雷针传入英国后，英国人也曾广泛采用富兰克林的尖头避雷针。但美国独立战争爆发后，富兰克林的尖头避雷针在英国人眼中似乎成了将要诞生的美国的象征。据说英国当时的国王乔治二世出于对美国革命的盛怒，曾下令把英国全部建筑物上的避雷针的尖头换成圆头，以示与作为美国象征的尖头避雷针的势不两立，这是避雷针应用史上一件有趣的事情。

由于避雷针已在费城等地发挥作用，因此传到北美各地，随后又传入欧洲，后来才进入亚洲。

避雷针是早期电学研究中的第一项具有重大应用价值的技术成果，它不仅使人类免受“雷公”的肆虐之苦，而且也使雷电和上帝脱离了关系。

在电的早期利用中，穆欣布罗克在发明莱顿瓶之前，最先发现了电震现象，当时一些医学家认为电震现象可能成为一种新的医疗手段——电疗，正是在这一目的的指导下，穆欣布罗克独立地发明了电容器。自从发明了莱顿瓶，物理学家纷纷将莱顿瓶进行改装，以便使用更加方便，于是便出现了蓄电器。蓄电器是收集电的装置，我们拆开微型收音机或电子部件时，会发现里面有一对相对薄的金属板，这就是蓄电器。

1800 年，电学的另一个重要的发展是意大利物理学家伏特发明了电池，并用铜片、浸盐水的纸片、锌片依次重叠起来，创制出最早的获得连续电流的伏打电堆，在这之前，电学实验只能用摩擦起电机的莱顿瓶进行，而它们只能提供短暂的电流。伏打电池的发明，第一次把化学能转变为电能，从而揭示了电学与化学之间的联系，推动了电学与化学之间的相互渗透，并正式宣告了电学与化学的交互作用产生的一门新兴边缘学科——电化学的诞生。1802 年，俄国 V. V. 彼得罗夫用伏打电堆研究放电现象。他使用多达 2100 单元的电堆，发现了电弧，并指出电弧的发光和产生的高温将在照明及加热中得到应用，俄国物理学家观察到电弧可发出极刺眼的白色亮光，能把黑暗的地方照得非常清楚，由此发明了弧光灯。

第四节　科学家轶事

在电的早期研究中，涌现了许多对促进人类社会发展与进步起着巨大推动作用的科学家，甚至不乏为科学献身的科学家。他们的发现、发明和创造，是人类智慧的结晶。他们当中有古希腊时期的思想家、科学家、哲学家泰勒斯，英国著名的医生、物理学家威廉·吉尔伯特，18 世纪美国最伟大的科学家、发明家本杰明·富兰克林，法国工程师、物理学家查利·奥古斯丁·库仑等。

图 1.10　泰勒斯
(摘自百度百科)

一、泰勒斯

1. 简介

泰勒斯(约公元前 624—公元前 546)是希腊第一位科学家和自然哲学家。他生于希腊繁荣的港口城市米利都，出身贵族，对于数学和天文学有较大的成就，同时他还是工程师和商人，如图 1.10 所示。据说泰勒斯曾游历古埃及经商，在那里学习了古埃及的几何学知识，曾利用日影来测量金字塔的高度，研究了土地丈量术，创立了初等几何学，数学上的泰勒斯定理以他命名。他去过美索不达米亚，在那里学习了古巴比伦人的天文学知识，奠定了希腊天文学的基础。相传他曾预测过一次日全食(公元前 585 年)。他确认的小熊座被指出有助于航海事业。同时，他是第一个将一年的长度修定为 365 日的希腊人。

他也曾估量太阳及月球的大小。泰勒斯试图借助经验观察和理性思维来解释世界。他提出了水的本原说，即“万物源于水又复归于水”，是希腊第一个提出“什么是万物本原”这个哲学问题的人。

泰勒斯首创理性主义精神、唯物主义传统和普遍性原则，是理性主义的开端。他认为自然界不是神创造的，而是永恒运动和发展着的物质。他对希腊哲学产生了重要的影响，被称为“哲学史上第一人”。但他又是一个多神论者，认为世间充斥神灵。阿那克西曼德(公元前 610—公元前 546)据说是他的学生，传说毕达哥拉斯(公元前 580—公元前 500)早年也拜访过泰勒斯，并听从了他的劝告，前往埃及做研究。

2. 数学方面的贡献

泰勒斯在数学方面划时代的贡献是引入了命题证明的思想。它标志着人们对客观事物的认识从经验上升到理论，这在数学史上是一次不寻常的飞跃。在数学中引入逻辑证明的重要意义在于：保证了命题的正确性；揭示各定理之间的内在联系，使数学构成了一个严密的体系，为进一步发展打下基础；使数学命题具有充分的说服力，令人深信不疑。他曾发现不少平面几何学的定理，诸如“直径把圆周一分为二”、“三角形两等边对等角”、“两条直线相交、对顶角相等”、“三角形两角及其夹边已知，此三角形完全确定”、“半圆所对的圆周角是直角”等，这些定理虽然简单，而且古埃及、古巴比伦人也许早已知道，但是，泰勒斯把它们整理成了一般性的命题，论证了它们的严格性，并在实践中广泛应用。

他可以利用一根标杆，测量、推算出金字塔的高度。据说，一年春天，泰勒斯来到古埃及，人们想试探一下他的能力，就问他是否能测量出金字塔的高度。泰勒斯很有把握地说可以，但有一个条件——法老必须在场。第二天，法老如约而至，金字塔周围也聚集了不少围观的老百姓。泰勒斯来到金字塔前，阳光把他的影子投在地面上。每过一会儿，他就让别人测量他影子的长度，当测量值与他的身高完全吻合时，他立刻将大金字塔在地面的投影处做一个记号，然后再丈量金字塔底到投影尖顶的距离。这样，他就测量出了金字塔确切的高度。在法老的请求下，他向大家讲解了如何从“影长等于身长”推到“塔影等于塔高”的原理，也就是今天所说的相似三角形定理。在科学上，他倡导理性，不满足于直观的、感性的、特殊的认识，崇尚抽象的理性的一般的知识。例如，等腰三角形的两底角相等，并不是指我们所能画出的、个别的等腰三角形，而应该是指“所有的”等腰三角形。这就需要论证、推理，才能确保数学命题的正确性，才能使数学具有理论上的严密性和应用上的广泛性。泰勒斯的积极倡导，为毕达哥拉斯创立理性的数学奠定了基础。

泰勒斯在天文学、数学、哲学等方面都有着巨大的建树。他所提出的理论、定理一直沿用至今，为后世的科学的发展奠定了基础，被后人誉为人类历史上最早的科学家，他无愧于“科学之祖”的称号。

3. 主要哲学思想

泰勒斯的哲学观点用一句话来总结就是“水生万物，万物复归于水”，他认为世界本原是水。古希腊七贤每人都有一句特别有名的格言，而他的格言就是“水是最好的”。

泰勒斯向古埃及人学习观察洪水，很有心得。他仔细阅读了尼罗河每年涨退的记录，还亲自查看水退后的现象。他发现每次洪水退后，不但留下肥沃的淤泥，还在淤泥里留下无数微小的胚芽和幼虫。他把这一现象与古埃及人原有的关于神造宇宙的神话结合起来，便得出万物由水生成的结论。

对泰勒斯来说，水是世界初始的基本元素。古埃及的祭司宣称大地是从海底升上来的，泰勒斯则认为地球就漂在水上。

泰勒斯还有一个很重要的观点就是“万物有灵”。根据这一观点，即使是石头也是有灵魂的生物。泰勒斯向他哲学上的对立方毕达哥拉斯反复强调：整个宇宙都是有生命的，而又正是灵魂才使一切生机盎然。这一说法在当时非常流行。

泰勒斯曾用磁石和琥珀做实验，发现这两种物体对其他物体有吸引力，便认为它们内部有生命力，只是其生命力是肉眼看不见的。由此，泰勒斯得出结论：任何一块石头，尽管看上去冰冷坚硬、毫无生气，但也有灵魂蕴涵其中。直到公元前300年，斯多葛学派哲学家还用泰勒斯的实验来证实世间万物因有生命而相互吸引。

4. 趣闻轶事

1）橄榄的故事

泰勒斯是一个商人，可是他不好好经商，不好好赚钱，总去探索些在别人看来没用事情，所以他很穷，赚不到钱；他有一点钱就去旅行，所以有人说哲学家是那些没用的、赚不到钱的、很穷的人。有一年，泰勒斯运用他掌握的知识赚了一笔钱，当然这个说法可能是杜撰的。他知道那一年雅典人的橄榄会丰收，所以租下了全村所有的榨橄榄的机器，乘机抬高价格，赚了一笔钱，以此来证明哲学家是有智慧的人，有更重要的事情要做，他有更乐于追求的东西要去追求，而如果他想赚钱的话，他是可以比别人赚得更多的。

2）只顾天空不看脚下的天文学家

有一天晚上，泰勒斯走在旷野之间，抬头看着天空中的满天星斗，预言第二天会下雨，正当他预言第二天会下雨的时候，没注意脚下有一个坑，因此掉进那个坑里差点摔个半死。于是人们认为哲学家是只知道天上的事情，而不知道脚下发生什么事情的人。但是2000年以后，德国哲学家黑格尔说，一个民族只有那些关注天空的人，这个民族才有希望。如果一个民族只是关心眼下脚下的事情，这个民族是没有未来的。而泰勒斯就是标志着希腊智慧的第一人。

图1.11　威廉·吉尔伯特

(摘自维基百科)

二、吉尔伯特

1. 简介

威廉·吉尔伯特(1540—1603)是英国著名的医生、物理学家，如图1.11所示。1540年5月24日，他生于英国科尔切斯特，1569年获得剑桥大学医学博士学位。吉尔伯特开始时研究化学，1580年前后开始对磁学和电学发生兴趣。1600年他出版的《论磁》是物理学史上第一部系统阐述磁学的科学专著。伽利略称它“伟大到令人妒忌的程度”。1601年他在王宫担任女王伊丽莎白一世的医生。1603年，吉尔伯特在伦敦逝世。

2. 科学成就

吉尔伯特的工作是实验和学术知识结合的典范，是用实验方法探索自然界和从理论上解释自然界结合的范例。吉尔伯特是实验科学研究的开拓者之一，为电磁学和引力理论奠定了基础。但是吉尔伯特没有能够避免旧学术传统的影响。虽然他的理论是建立在实验上面的，但仍然属于思辨性质。正如弗兰西斯·培根指出的，吉尔伯特没有用他的假说来指导进一步的实验，他在完成其实验以后提出其理论，但并没有打算进一步做一些实验来证实其理论。

吉尔伯特在科学方面的兴趣远远超出了医学范围。在化学和天文学方面有渊博的知识，但他研究的主要领域还是物理学。他用观察、实验方法科学地研究了磁与电的现象，并把多年的研究成果，写成名著《论磁》，于1600年在伦敦出版。

《论磁》共有6卷，书中的所有结论都是建立在观察与实验基础上的。著作中记录了磁石的吸引与排斥；磁针指向南北等性质；烧热的磁铁磁性消失；用铁片遮住磁石，它的磁性将减弱。他研究了磁针与球形磁体间的相互作用，发现磁针在球形磁体上的指向和磁针在地面上不同位置的指向相仿，还发现了球形磁体的极，并断定地球本身是一个大磁体，提出了磁轴、磁子午线等概念。总之，在磁现象的研究方面，吉尔伯特的成就是光辉的，贡献是巨大的，因此被后人誉为“磁学之父”。

在吉尔伯特的名著中，也叙述了他对电现象的研究内容。他研究了十几种物质，发现大多数物质被摩擦后，同琥珀、玛瑙被摩擦后相似，可以吸引轻小的物体。他首先指出，这是与磁现象有本质区别的另一类现象；他首先称电吸引的原因为电力。

吉尔伯特制成了第一台验电器，并用它证明了离带电体越近，吸引力越大，还指出电引力沿直线方向；带电体被加热或放在潮湿的空气中，它的吸引能力就会消失。

对电子的本质，吉尔伯特也试图加以解释，他认为存在一种“电液体”，带电体吸引其他物体时，“电液”就从带电体流向被吸引的物体；他还认为，带电体被加热时电性消失的原因是“电波”蒸发了……在吉尔伯特时代，他提出的概念，说明电是真正的物质，这有特殊的意义。吉尔伯特的名字总是放在静电学研究之首。

吉尔伯特对近代物理学的重大贡献还在于他提出了质量、力等新概念。在《论磁》中，吉尔伯特说，一个均匀磁石的磁力强度与其质量成正比，这大概是历史上第一次独立于重量而提到质量，通过“磁力”这一特殊的力，吉尔伯特揭示了自然界中某种普遍存在的力的相互作用。

可叹的是，吉尔伯特的名著《论磁》直到19世纪末还很少为人了解，他的其他作品、先进的科学思想在英国也很少有人知道。因为他的作品都是仅用拉丁文出版的。1889年成立了吉尔伯特俱乐部，到1900年根据汤姆生的倡议，才出版了吉尔伯特名著的英译本。

3. 趣闻轶事

1)“小地球”实验

吉尔伯特在王宫做了一系列科学实验，最有名的就是所谓的“小地球”实验。他用一块天然磁石磨制成一个大磁石球，用小铁丝制成小磁针放在磁石球上面，结果发现这根小磁针的全部行为和指南针在地球上的行为十分相似。吉尔伯特把这个大磁石球称为“小地球”。由此，他提出一个假设：地球是一个巨大的磁石，它的两极位于地理北极和地理南极附近。这个假设后来经德国数学家高斯(1777—1855)从数学上加以论证和完善，至今仍是地磁理论的典型概念。

2）用实验来证明

据说吉尔伯特很善于和别人争论学术问题，且常常用实验来证明，把人驳得哑口无言。当时，很多科学家分不清磁作用和电作用。例如，意大利科学家波尔塔(1538—1615)说，与金刚石摩擦过的铁能指向北方，就像它在磁石上摩擦过一样。吉尔伯特指出这是不可能的。他随即用金刚石和一些铁棒、铁丝当众做了实验，令人信服地证明，当用软木塞托住跟金刚石摩擦过的铁棒使它浮在水面上的时候，根本就不会发生波尔塔所讲的效应。

三、富兰克林

1. 简介

本杰明·富兰克林是18世纪美国最伟大的科学家和发明家，著名的政治家、外交家、哲学家、文学家、航海家及美国独立战争的伟大领袖。他从小对科学十分向往，勤奋好学，掌握了意大利、西班牙等多种外语和广泛的自然科学知识。由于天赋和勤奋，终于使自己成为举世瞩目的伟大科学家和发明家。

他一生最真实的写照是他自己说过的一句话：“诚实和勤勉，应该成为你永久的伴侣”。本杰明·富兰克林是美国历史上第一位享有国际声誉的科学家和发明家。他最卓越的贡献发生在电学史上。为了对电进行探索，他冒着生命危险，把“天电”引入莱顿瓶，成功地证实了闪电的特性；为了深入探讨电运动的规律，创造的许多专用名词，如正电、负电、导电体、电池、充电、放电等，这些已成为世界通用的词汇。他提出了电荷不能创生、也不能消灭的思想，为电荷守恒定律的发展奠定了理论基础。他提出了避雷针的设想，由此而制造的避雷针，避免了雷击灾难，破除了人们对雷电的迷信。

他对科学的贡献不仅在静电学方面，他研究范围极广。在数学上，他创造了8次和16次幻方，这两个幻方性质特殊，变化复杂，至今仍为学者称道。在热学方面，他改良了取暖的炉子，能够节省3/4的燃料。在光学方面，他发明了老年人用的双焦距眼镜，既能看清楚近处又能看清楚远处的事物；还发现了颜色不同，对太阳光吸收和反射能力不同的现象。他先后掌握了法文、意大利文、西班牙文及拉丁文。他是美国第一位学者、第一位哲学家、第一位驻外大使。他发明了摇椅、路灯、避雷针。他发现了墨西哥湾的海流，绘制暴风雨推移图，最先解释清楚北极光。此外，富兰克林在气象、地质、声学及海洋航行等方面的研究也取得了不少成就。

2. 美德

富兰克林在他的自传里写道：“我的目的是养成所有美德的习惯”；“最好在一个时期内集中精力掌握其中的一种美德。当我掌握了一种美德后，就开始注意另外一种，这样下去，直到我掌握了13种为止。因为先获得的一些美德可以便利其他美德的培养”。

富兰克林的13种美德如下。

(1) 节制。食不过饱，饮酒不醉。

(2) 寡言。言必于人于己有益，避免无益的聊天。

(3) 生活秩序。每一样东西应有一定的安放地方，每件日常事务当有一定的时间去做。

(4) 决心。当做必做，决心要做的事应坚持不懈。

(5) 俭朴。用钱必须于人或于己有益，换言之，切忌浪费。

(6) 勤勉。不浪费时间；每时每刻做些有用的事，戒掉一切不必要的行动。

(7) 诚恳。不欺骗人，思想要纯洁公正，说话也要如此。

(8) 公正。不做损人利己的事，不要忘记履行对人有益而又是自己应尽的义务。

(9) 适度。避免极端，人若给自己应得的处罚，自己当容忍之。

(10) 清洁。身体、衣服和住所力求清洁。

(11) 镇静。勿因小事或普通的、不可避免的事故而惊慌失措。

(12) 贞节。除了为了健康或生育后代，不乱行房事，切戒性事过度，无规律和技巧会伤害身体或损害自己或他人的安宁或名誉。

(13) 谦虚。仿效苏格拉底。

3. 科学成就

富兰克林是一位精明能干的商人，同时又是一位极度慷慨的科学家。他在发明高效取暖炉后，拒绝申请专利，并且声称发明应该为公众利益服务。富兰克林的乐善好施出于他的集体天性和宗教信仰，善待人类是他认为最神圣的事情。他有许多发明，如静电发生器、古玻璃琴等，其中最重要的发明是避雷针，这是他广泛实验后的成果。富兰克林精心设计了避雷针的大小、地面设备的类型及如何将其与建筑物连接，直到今天避雷针仍基本保持了他当年的设计。

18世纪40年代，富兰克林在电学理论上取得了突破。当时的人们知道莱顿瓶，知道怎样将电储存在莱顿瓶里，知道会产生电击，但不知道电到底是什么，电击又是如何发生的。富兰克林试图通过实验确立电力的工作原理，寻找存储电力和应用电力的方法。他最早提出了电流的理论，认为电会沿着导体从正极流动到负极。他创造的许多专业词汇直到今天我们还在使用，如正电、负电、电池等。

而富兰克林最大的成就在于，他相信闪电现象实际上是另一种源自莱顿瓶的电火花，只是在形式上更猛烈而已。为了证明这个理论，他用风筝和钥匙进行实验。富兰克林具有一种将基本原理转化成简单实验的天赋。他先是制作了两张表格，列出了电和闪电的各自的特征，然后进行比较，发现二者很相像，于是开始实验。富兰克林认为，要证明闪电理论的唯一方法是在教堂尖顶上竖一根导体，只是教堂的最高点仍然不够高。1752年夏季，在大空乌云密布时，富兰克林和儿子做了一只风筝放到空中。很快富兰克林就注意到牵引风筝的线绳开始分裂，这说明有电荷产生。于是他在牵引线上挂了一把钥匙，摩擦指关节后与钥匙接触，结果火花出现了，这证明闪电实际上就是大量的静电，如图1.12所示。富兰克林的理论后

图1.12　富兰克林捕捉雷电

(摘自百度百科)

来被法国人证实，奠定了他的科学家地位。从此，人类历史上诞生了一句名言，描绘他的这一成就，“他从天空抓到了雷电，从专制统治者手中夺回了权力。”

1753年，俄国著名电学家利赫曼为了验证富兰克林的实验，不幸被雷电击死，这是做电实验以来的第一个牺牲者。血的代价，使许多人对雷电试验产生了戒心和恐惧。但富兰克林在死亡的威胁面前没有退缩，经过多次试验，他制成了一根实用的避雷针。他把几米长的铁杆，用绝缘材料固定在屋顶，铁杆上紧拴着一根粗导线，一直通到地下。当雷电袭击房子的时候，它就沿着金属杆通过导线直达大地，从而使房屋建筑完好无损。1754年，避雷针开始应用，但有些人认为这是一个不祥的东西，违反天意会带来旱灾，因此就在夜里偷偷地把避雷针拆了。然而，科学终于将战胜愚昧。一场带有雷电的狂风过后，大教堂着火了；而装有避雷针的高层房屋却平安无事。事实教育了人们，使人们相信了科学。

富兰克林电学著作和论文有《电的实验与观测》、《对于导电物质的性质与效应的见解和推测》、《在美国费城所进行的关于电的实验与观测》、《论闪电与静电的同一性》等。

4. 励志故事

(1) 富兰克林有一个习惯，每天晚上都把一天的情形重新回想一遍。他发现他有13个很严重的错误，下面是其中的3项：浪费时间，为小事烦恼，和别人争论冲突。聪明的富兰克林发现，除非他能够减少这类错误，否则不可能有什么成就。所以他一个星期选出一项缺点来改正，然后把每一天的情况做成记录。在下个星期，他再选择另一个坏习惯，准备好后努力改正。这个习惯持续了两年多。后来，他成为美国历史上最受人敬爱也最具影响力的人之一。

(2) 为了加强自己对时间的管理，富兰克林总是把每天的作息时间安排成一个表，规定自己在何时工作，在何时休息，在何时进行文艺活动，或者在何时做其他事情。下面就是他运筹一天的作息时间表。

清晨：5时至7时。起床、洗漱、祷告；规划白天的事务并下决心；读书和进修；早餐。在这段时间里，他向自己提出一个很有意义的问题：“我这一天将做些什么有益的事?”

上午：8时至11时。工作，切实执行制订好的一天的工作计划。

中午：12时至1时。读书，或查视账目；吃午饭。

下午：2时至5时。工作，把未做好的工作迅速完成，对已做好的工作进行仔细检查，有错误的地方立即改正。

晚上：6时至9时。整理杂物，把用过的东西放置原处；晚餐、音乐、娱乐或聊天；每天的反省。在这段时间里，他向自己提出一个能帮助自己反省的问题：“我今天做了些什么有益的事?”

夜间：10时至4时。睡眠，好好地睡眠。

一生中有一天，一天中有一生。时间最不偏私，给任何人每天的时间都是24小时，但是在每个人手里的价值却大不相同。凡是较有成就的人，都有一个共同的特点：格外珍惜和充分利用时间，也总是用好每一天的时间勤奋工作。

四、库仑

1. 简介

库仑(1736—1806)是法国物理学家、工程师，是18世纪最著名的物理学家之一，如图1.13所示。他在物理学的研究工作中，做出了卓越的贡献，是一位学识渊博的科学家，特别是在力学和电磁学方面的成就尤为突出。

图1.13 库仑
(摘自互动百科)

库仑家庭很富有，在青少年时期就受到了良好的教育。中学毕业后，他就读于巴黎军事工程学院。离校后，他进入皇家军事工程队任工程师，先后在西印狄兹、埃克斯岛、瑟堡等地服役多年。这时库仑就已开始从事科学研究工作，他把主要精力放在研究工程力学和静力学问题上。他在军队里从事了多年的军事建筑工作，为他1773年发表的有关材料强度的论文积累了资料。在这篇论文里，库仑提出了计算物体上应力和应变分布的方法，这种方法是结构工程的理论基础，一直沿用到现在。法国大革命时期，库仑辞去一切职务，到布卢瓦致力于科学研究。在法皇执政统治期间，库仑回到巴黎成为新建的研究院成员。1777年库仑开始研究静电磁力和问题。当时法国科学院悬赏征求改良航海指南针中磁针的问题。库仑认为磁针支架在轴上，必然会带来摩擦，提出用细头发丝或丝线悬挂磁针。在研究中，他发现线扭转时的扭力和针转过的角度成比例关系，从而可利用这种装置测出静电力和磁力的大小，这导致他发明扭秤，也因而确立了弹性扭转定律。他根据1779年对摩擦力进行的分析，提出有关润滑剂的科学理论，于1781年发现了摩擦力与压力的关系，表述出摩擦定律、滚动定律和滑动定律，设计出水下作业的沉箱法等理论。

1782年，他当选为法国科学院院士。为了保持较好的科学实验条件，他仍在军队中服务，但他的名字在科学界已为人所共知。

2. 科学成就

1784—1785年间，库仑在进行电力和磁力实验过程中，创造了精密测量法，即“库仑扭秤法”，这是他的重要贡献之一。由于有了这一精密的仪器和测量手段，因此总结出了著名的库仑定律。库仑定律使电磁学的研究从定性进入定量阶段，是电磁学史上一块重要的里程碑。1785—1789年，他给我们留下了不少宝贵的著作，其中最主要的有《电气与磁性》一书，共7卷。

为了纪念库仑的功绩，以他的名字命名了电量的单位，1C=1A·s。

库仑不仅在力学和电学上做出了重大的贡献，作为一名工程师，他还在工程方面做出过重要的贡献。他曾设计了一种水下作业法。这种作业法类似于现代的沉箱，它是应用在桥梁等水下建筑施工中的一种很重要的方法。他首次提出了主动土压力和被动土压力的概念及其计算方法(即库仑土压理论)，该方法被认为是古典土力学的基础，因此他也被称为“土力学之始祖”。

推荐阅读

1. 厚宇德．物理文化与物理学史．成都：西南交通大学出版社，2004.

2. 关于电的“起源”与应用．http：//www. doc88. com/p-744820904247. html.

3. 倪光炯．物理与文化．河池师专学报(自然科学版)，2001(04)：1—7.

4. 第一个抓住雷电的人——富兰克林．中国知网 wuxizazhi. cnki. net 世界发明，2002(09)：32.

5. 南湖．静电复印机——漫长的发明历程．世界发明，2002(09)：33.

第 2 章

电磁现象及早期电磁理论

内容提要

在中国古代，人们通过对静电和静磁现象的长期观察和实践，已有了初步的认识，特别是磁性指南性质的研究属当时先进行列。指南针的发明应用被世人称为“四大发明”之一。另外，人们对于磁力的大小、性质也有某些正确的看法。指南针的发明，在磁性指南器具的发展史上是具有关键意义的一步，在电磁学的发展史上占据着一定的地位。近代电磁学的真正发展是在 18 世纪 40 年代以后。特别是 19 世纪上半叶，电磁学才得以长足的进步，并涌现出许许多多杰出的数学家和物理学家，他们为科学技术的发展做出了突出的贡献，建立了不朽的功勋。

名言警句

把简单的事情考虑得很复杂，可以发现新领域；把复杂的现象看得很简单，可以发现新定律。

——牛顿

名言警句

许多人错失机会，是因为机会伪装了起来，扮成了“辛苦的工作”。大多数人失去工作，是因为这些工作披着“辛勤”的外衣。

——爱迪生

第一节　电磁现象的早期研究和利用

我国古代在磁现象的发现和应用方面都处于世界的前列。磁现象的发现比较容易，远在春秋时期，古人在冶铁、寻找矿石的过程中，很容易遇到这种吸铁的石头，即磁石，如图 2.1 所示。因而，磁性的发现比静电早的多。

一、奇妙的磁石

关于磁石的最早记载见于在公元前 4 世纪左右成书的《管子·地数》：“上有慈石者，下有铜金”。公元前 3 世纪成书的《吕氏春秋·季秋纪·精通篇》里有“慈石召铁，或引之也”的记载。古人为什么用“慈善”的“慈”来记载磁石呢？汉代高诱在注《吕氏春秋》中回答了这个问题：“石，铁之母也。以有慈石，故能引其子，石之不慈者，亦不能引也”，即比喻成慈爱的母亲对子女的吸引。可见，将“磁石”写为“慈石”是古代人将物体人化和情化的结果。但奇怪的是，居住在欧亚大陆另一端的法国人也是用类似的名称来称号磁石的，因为法文“aimant”这个词也有“吸引”和“慈爱”的意思。

图 2.1　磁石
（摘自医药网）

古代人发现磁石能够吸引铁之后，为了判别磁石的好坏，或者磁性之强弱，试图给出某种定量关系。例如，南朝宋时期雷敩著的《雷公炮炙论》中写到：“真慈石一片，四面吸铁一斤者，此名延年砂；四面来只吸铁八两者，号曰续采石；四面只吸铁五两以来者，号曰慈石”，即他按照磁性的强弱分别命名磁铁矿并把磁石分为了 3 类。梁代陶弘景在《名医别录》采取另一种方法来测定磁性的强弱：“今南方亦有好者，能悬吸针，作虚连三、四为佳”。这是先让磁铁吸针，再以针吸针，一直虚连下去，自然吸引的针越多，磁性越强。陶弘景不仅提出了磁性有强弱之分，而且指出了测量方法，这可能是世界上有关磁力测量的最早记载。宋代苏颂(1020—1101)在《本草图经》说：“能吸铁，虚连十数针，或一二斤刀铁回转不落者尤良”。从这些磁石吸引性的实验描述来看，一方面古人十分关注磁性的强弱，并且在不同的时代都进行过仔细的定量研究，表明原始磁铁矿的磁感应强度是相当大的；另一方面，“虚连”诸多铁针，表明人们已发现磁感应现象。由此可见，古代人清楚地认识磁铁的吸铁性，同时又将磁铁的吸铁性与第一章讨论的琥珀、玳瑁摩擦后所产生的静电吸引性相提并论，这不仅表明古代人以物质的吸引特性将其分类的思想，而且具有电和磁是统一的思想萌芽。

磁石的应用涉及医疗、建筑、战争与生产等多方面。《史记》中有用“五石散”内服治病的记载，磁石就是五石之一。相传魏晋时代的文人都很喜欢服这种药，这种药可以祛风湿、通关节、养肾脏、消肿胀，但药性燥热，常常使皮肤发干、发痒。晋代有用磁石吸出体内铁针的病案。到了宋代，有人把磁石放在耳内，口含铁块，因而治愈耳聋。《名医别录》和《本草纲目》记载了磁化水、磁化酒、磁化枕等现代所谓的磁疗法。

磁石也可应用于生产，如陶瓷制造、炼丹术等。可以说，本草药物学和炼丹著作中都大量记载了古代电与磁的知识。

在战争方面，古代典籍中还记载了一些磁石吸铁和同性相斥的应用事例。

离古城西安南郊 15km 有一处地方叫阿房村，在那里可以看到一大片用黄土夯筑而成的台基：周长 31m，高 20m。当地人称它郿坞岭，是秦代著名宫苑阿房宫的遗址。当年这里是“五步一楼，十步一阁；廊腰缦回，檐牙高啄”，如今只见碧天黄土，满目荒凉。

相传公元前 221 年秦王嬴政并吞六国，统一了中原。他觉得自己功盖三皇，威遏五帝，称自己为始皇帝，就是历史上大家熟悉的秦始皇。秦始皇好大喜功，穷奢极欲，命人将和氏璧刻成玉玺，传千秋万代。他又嫌咸阳的皇宫太小，选定渭南上林苑建造宫殿。据

《史记》记载：为了建造宫殿和陵墓，动员的民工就达70万。关中的石料，楚、荆等地的木材千里迢迢地运回咸阳。以至当时流传“蜀山兀，阿房出”的民谣。

《吕氏春秋》一书中有磁石召铁之说，其中记载只要用磁石筑门，刀刃被磁石门吸引，刺客即会暴露兵器而被擒拿。“什么是慈石”？臣答：“慈石好比铁的母亲，儿子见了母亲就迎向慈母”。“哪里去找慈石”？臣答：“古书管子上曰：‘上有慈石，下有铜金’。所以在铜、金矿的山上即可找寻到慈石”。听到这里秦始皇说：“好吧！用慈石来筑北门，外杂人都要从北门入宫”。

可是秦始皇的磁石门并没有阻挡住秦王朝灭亡的命运。秦始皇死后不久，陈胜、吴广领导的农民起义揭竿而起，项羽率领的大军冲进了阿房宫。一场大火烧了整整3个多月才渐渐熄灭，阿房宫成了一堆瓦砾。不过据历史记载，那座用磁石筑成的北门倒幸免于难，留了下来。

还有一个流传很广的故事，出自《晋书·马隆传》。这个故事说的是晋代的时候，西北地区的少数民族羌族，不时骚扰陇西、酒泉一带的边境，晋朝大将马隆奉旨带兵出征。由于羌人身披铁甲，剽悍异常，一开战马隆接连打了几个败仗。后来马隆想出了一条妙计：在一条崎岖狭窄的山道两旁垒放了许多磁性很强的磁石。交锋时，他先派少数散兵诱敌，且战且退，把羌人引到这条小道上来。由于羌兵身披铁甲，受到磁石的吸引力，动作迟缓。此时埋伏在两旁山峦上，穿着皮革战服的马隆精锐部队冲杀下来，舞动刀枪、行动敏捷，吓得羌兵以为有神灵相助，丧失了斗志，全军溃败(即“夹道累慈石，贼负铁铠，行不得前，隆卒悉被犀甲，无所留碍，贼以为神”)。从此马隆在羌人的心目中成了“战神”。由此可见，“夹道累慈石”在这场战争中起了重要作用。

无独有偶，西方也流传着许多有关磁石的神奇传说。相传第一个发现天然磁石的是古希腊时代的一位牧羊人，他的名字是玛格乃斯。一天他把羊群赶到艾达山坡放牧，忽然，他拿着的铁棍和钉了铁钉的靴子都被山石吸住了。这件事传开来，引起了古希腊“七贤”之一的泰勒斯的注意。他派学生从那里找来了一些石头，仔细研究。泰勒斯本来就认为万物都充满了灵魂，所以他就用灵魂来解释这种磁石吸铁现象。他还给石头取了名字，叫玛格乃脱(Magnet)，这是按矿石产地的地名“Magnesia”的读音转化而来的，现在英文中就用单词“Magnet”作为磁石。与之巧合的是，古代中国人也以磁铁矿出产地命名地名、山名，如“磁州”、“磁山”。

事实上，地球是一个大磁体，它的两个极分别在接近地理南极和地理北极的地方。因此地球表面的磁体自由转动时，就会因磁体同性相斥、异性相吸的性质指示南北。这个道理古人虽不太明白，但这类现象他们很清楚。

二、指南针的发明

认识磁性吸铁较容易，但懂得磁性指南很难。我们的祖先大约在战国时代就发现了磁体的指极性。成书于公元前3世纪的战国末年《韩非子·有度》记载：“夫人臣之侵其主也，如地形焉，即渐以往，使人主失端，东西易面而不自知。故先王立司南以端朝夕”。“端朝夕”就是寻找、识别东西南北之方向的意思。这里最早提到“司南”一词。

司南就是指南的意思，是指南针问世之前最古老的磁性指向器，它以磁体的指磁性为依据，如图 2.2 所示。《鬼谷子·谋篇》中说："郑子取王，必载司南，为其不惑也"，这里再一次提到"司南"。这两处所说的司南目前还没有足够的理由断定为磁性指南器具。我国最早的磁性指南记载在东汉王充的《论衡·是应篇》里，王充写到："司南之杓，投之于地，其柢指南"。其大意是司南为勺形，将它投放在占卜用的光滑地盘中，轻轻拨动之后，其勺柄指向南方。这段文字讲出了"司南"的形状、使用方法及它的指极性。国内大多数学者认为，这是我国磁性指南的首次记载。在我国河南南阳东汉墓出土的石刻上，有司南杓的图形与此互相佐证。古代人将第一个磁性指向器制成勺形，也许与人们长期以来的天象观察有关。晴朗之夜，仰望北天宿，可见似勺的北斗七星。北斗星是人们在夜间找方向、识星座的标志之一。《史记·天官书》就表明了古代人对北斗星的重视。因此，仿照北斗星，将司南做成了勺状。

图 2.2　司南

（摘自华夏科技网）

由汉至唐的几百年中，磁性指南器具没有重大突破。直到宋代，有关指南针的文献突然丰富起来，可以说是磁性指南器发展的黄金时代。1044 年出版的曾公亮《武经总要》中提出了指南车和指南鱼的制作和使用方法。记载中提到："若遇天景噎霾，夜色暝黑，又不能辨方向，则当纵老马前行，令识道路。或出指南车或指南鱼，以辨所向。指南车世法不传。鱼法以薄铁叶剪裁，长二寸，阔五分，首尾锐如鱼形，置炭火中烧之，候通赤，以铁钤钤鱼首出火，以尾正对子位，蘸水盆中。没尾数分则止。以密器收之。用时置水碗于无风处，平放鱼在水面令浮，其首常南向午也"。指南鱼如图 2.3 所示。在整个制作过程中，可以感到其设计之精密，并包含丰富的近代磁学思想，这里极为清晰地论述了热退磁现象的应用。将"薄铁叶"烧至通红时，炉温超过居里点(约 700℃)，磁畴排列完全混乱。再用水冷却，即淬火急冷，磁畴排列又重新恢复。其"尾正对子位(北方)"，这相当于铁片是在地磁的南北极方向冷却的。冷却后的铁片磁畴就都顺着地磁场方向排列，从而使铁片产生了磁性。将铁片"没尾数分"，是让铁片不与地面平行放置，而是斜插入水盆中，意味着将铁片完全沿着地磁场方向磁化，从而提高铁片的磁化强度。这说明人们已经意识到，地球有磁倾角存在。对这一点的认识，要比欧洲整整早 400 年，一直到 1492 年，哥伦布(1451—1506)才发现磁倾角。而指南鱼的制造，是人类第一次给出的用地球磁场进行人工磁化的方法。在欧洲，直到 1600 年英国的吉尔伯特才懂得用地磁场使铁片人工磁化。从司南到指南鱼，无疑是一个重大进步。

图 2.3　指南鱼

（摘自 2museum. cdstm. cn）

指南针的发明，在磁性指南器具的发展史上是具有关键意义的一步。在《武经总要》以后不久，宋代科学家沈括(1031—1095)的《梦溪笔谈》对指南针的制造、安装方法和磁偏角做了详细的记述："方家以磁石磨针锋，则能指南，然常微偏东，不全南也。水浮多荡摇，指爪及碗唇上皆可为之，运转尤速，但坚滑易坠，不若缕悬为最善。其法为取新纩中独茧缕，以芥子许蜡，缀于针腰，无风处悬之，则针常指南。其中有磨而指北者。予家指南、北者皆有之。磁石之指南，犹柏之指西，莫可原其理”。图 2.4 所示即为早期指南针。在补卷中又载：“以磁石磨针锋，则锐处常指南，亦有指北者，恐石性亦不同，如夏至鹿角解，冬至麋角解，南北相反，理应有异，未深考耳”。这里需说明的是“方家”是指不在儒之列，而深于某种道术之人。从这两段文字记载看，人们此时又发现了一种人工磁化的方法“以磁石磨针锋”，即用天然磁石来磁化。在 19 世纪电磁铁出现之前，几乎所有的指南针都是这样制造的。指南针安装方法常有水浮法、指甲法与碗唇法，但沈括认为最佳的方法是缕悬法。1777 年，法国科学家库仑提出了以丝悬指南针的方法，获得法国科学院船用罗盘最佳设计方案头等奖，正是在他之前 600 多年沈括(图 2.5)所描述的方法。

图 2.4 早期指南针

（摘自互动百科）

图 2.5 沈括

（摘自科学月刊全文资料库）

在西方，有关指南针的文献记载是在 12 世纪末和 13 世纪初。恩格斯《自然辩证法》说：“磁针从阿拉伯人传到欧洲人手中是在 1180 年左右。”欧洲直到 1200 年，法国皇帝弗雷德里克一世的宫廷乐师古约特才用磁石摩擦铁针制成磁针，制作了水浮指南针，比我国晚了 100 多年。沈括记述的“常微偏东，不全南也”，说的是磁针的南北指向与地球的南北方向并不完全一致，这是由于地磁偏角所致的。所谓地磁偏角是地理南北极与地磁南北极位置之差。据专家考证：当时沈括居住的镇江一带磁偏角很小，只有 3～4 度，他能够敏锐地观察出来，全赖于其科学家的品质和精神。但据资料表明，沈括并不是最早发现地磁偏角的人。在沈括之前大约 40 年，北宋司天监的杨维德撰《茔原总录》，其中有一段话：“客主之取，宜匡四正以无差。当取丙午针，与其正处，中而格之，取方直之正也”，意思是说要定四方的方向，必须取丙午方向的针，等到针摆动停止时，中而格之，才能得到正确的方向。这里用丙午针定南北和沈括所说“微偏东”，都说明人们已经认识到地磁偏角的存在。地磁偏角的发现是中国古代科学的一大成就。

沈括在《梦溪笔谈》中虽然记载了存在磁偏角，但是这个偏角多大，当时并没有进行定量的研究。意大利的航海家哥伦布于 1492 年在海上航行时，发现罗盘上的指针并不是指向北极星，而是向西偏 5～6 度。在陆地上最早对磁偏角进行定量测定的是德国天体物理学家哈特曼。他在 1544 年 3 月 4 日给友人的一封信中指出：“磁针指北端稍向东偏 9 度左右”，并且还发现磁针并不保持水平，其中一端向下倾斜。他在信中向友人表示，磁针向下方倾斜的原因还不十分清楚。

磁倾角的大小是由罗盘制造者、英国地质学家罗伯特·诺曼测定的。他在 1581 年出版的《新奇的吸引力》小册子中，介绍了他实验的结果。他自制了一个简易的磁倾角测试仪，并于1576年测得伦敦的磁倾角为71°50′。他还发现悬浮在水面上的穿在软木上的磁针，尽管方向上发生偏转，但只是在原位置并不产生移动。于是，他断定使磁针发生偏转的力，不是移动力而是一种定向力，即现在所说的力矩。地磁的另一个要素——强度的测定要稍晚些，是由法国天文学家和数学家博达于1776年利用磁针振动法测得的。图2.6所示为现代指南针。

图2.6　现代指南针

（摘自昵图网）

我国指南针的发明，开创了磁性导航的先河。将指南针用于导航的最早记载出自于宋代朱彧的《萍洲可谈》，朱彧是沈括的晚辈姻亲。书中写到：“舟师识地理，夜则观星，昼则观日，阴晦观指南针”。只在阴天时用指南针，说明当时指南针导航尚不普及。但几十年后情况就大不一样了，如南宋赵汝适《诸蕃志》中载：“渺茫无际，天水一色，舟舶往来，惟以指南针为则，昼夜守视唯谨，毫厘之差，生死系焉”。“毫厘之差”可能有两种解释：一是指南针在当时已是缺一不可的导航仪器，航海时要万分小心谨慎，不能有任何闪失；二是文中虽仅述及指南针，但从“毫厘之差”一语可见，应为罗盘，因为只有指南针加刻度盘才不致有“少差”之险。

把指南针配上固定的方位盘就是罗盘，如图2.7所示。这种东西大约出现在南宋，其方位盘是24向，圆形，当时被称为“地螺”。宋末元初时已经不但有水浮的“水针”，而且有了用一个支轴的尖端支在磁针的中部使其旋转的“旱针”（或“干针”）。南宋时，陈元靓在《事林广记》中记述了将指南龟支在钉尖上，由水浮改为支撑，对于指南仪器这是在结构上的一次较大改进，为将指南针用于航海提供了便利条件，也因此才有明代的郑和下西洋，远洋航行到非洲东海岸之壮举。大约在12世纪末到13世纪初，我国的指南针经阿拉伯传入欧洲，才使欧洲出现了旱罗盘，大约在明代隆庆年间(1567—1572)旱罗盘再经日本传到中国。西方关于指南针航海的记载在1207年英国纳肯(1157—1217)的《论器具》中。

图2.7　罗盘

（摘自艺粹网）

遗憾的是，关于磁的认识尽管极为丰富，但关于磁现象的本质及解释，往往很含糊，缺乏深入细致的研究。就连被称为“中国科学史上的坐标”的沈括，对磁现象也认为：“莫可原其理”，“未深考耳”，致使在我国历史上，一直未能产生可与英国吉尔伯特《论磁》相媲美的著作。

指南针与火药、造纸、印刷术是中国古代对世界文明做出巨大贡献的四大发明。无产阶级革命导师卡尔·马克思在《机器、自然力和科学的应用》一文中，给予了深刻精辟的评价：“火药、罗盘和印刷术——这是预兆资产阶级社会到来的3项伟大发明。火药把骑士阶层炸得粉碎；罗盘打开了世界市场并建立了殖民地；而印刷术却变成宗教的工具，并且一般地说变成科学复兴的手段，变成创造精神发展的必要前提的最强大的推动力”。

三、其他磁现象

1. 生物磁

我们都知道信鸽有种惊人的远距离辨认方向的本领。据资料记载，早在古埃及第五王朝的时候(约公元前2500～前2350年)就有人把鸽子训练成快速而可靠的通信工具即信鸽，如图 2.8 所示。一直到无线电发明并得到广泛应用的第二次世界大战期间，信鸽仍在通信战线上占有一席之地。在过去很长的一段时间里，人们把信鸽的这种高超的认路本领归结于它的视力和记忆力。一直到 20 世纪才有人想到，鸽子会不会是依赖地磁场来判别方向的？后来这种设想就被实验所证实。科学家把几百只训练有素的信鸽分成两组。在一组信鸽的翅膀下缚了一块小磁铁，而在另一组信鸽的翅膀下缚了大小相同的铜块，然后把它们带到离鸽舍数十至数百千米的地方，逐批放飞。结果绝大部分缚铜块的信鸽飞回鸽舍，而缚着磁铁的信鸽却全部飞散了。原来磁铁的磁场扰乱了信鸽体内的“小罗盘“，把它们弄得晕头转向了。近年来科学家在解剖信鸽时，在信鸽的头部找到了许多具有强磁性的 Fe_3O_4 颗粒。美国麻省理工学院的法兰克尔说：“这些磁性细胞排列成一定形状、一定长度，组成了对‘地磁场’十分敏感的‘磁罗盘’”。现在我们已经知道，除信鸽之外，一些候鸟，如食米鸟、燕鸥，它们的头部也有丰富的磁性颗粒，并依赖它们在南北半球之间做长距离迁徙，因而它们从来不迷失方向。

图 2.8　信鸽

（摘自互动百科）

有兴趣的读者只要留意，就可以观察到蜜蜂、苍蝇等昆虫在起飞或降落的时候往往愿意取南、北方向(即地磁方向)。如果在蜂巢的四周放上几块磁铁，出外觅食的工蜂就会找不到自己的蜂巢。如果把磁铁放进蜂巢里，可以发现蜜蜂回巢后一反常态，连舞蹈的姿势都与平时大相径庭。

20 世纪 80 年代初科学家还发现了一种“磁性细菌”，它们生长在盐碱沼泽地的沉积泥里，总是顺着地磁场磁力线的方向向北运动。当科学家用外加磁场来影响它时，细菌就会随之改变行进的方向。麻省理工学院的理查德教授发现，这种细菌体内含的磁铁成分比一般细菌高 10 倍。在电子显微镜下，细菌体内的磁性小颗粒，有规则地排成列，每一列长 $0.5\mu m$，犹如一串珠子，行列的前端指向地磁 S 极，另一端位于鞭毛，鞭毛摆动时，细菌就向北方前进。方位很准，以至大家都叫它“活的指南针“。现代科学告诉我们：“自然界里的生物并不像人们以前认为的仅仅是化学的集合体，而是闪烁着电磁火花的生命体。分子生物学研究表明：生物体内的大多数分子和原子都具有一定的磁性。例如，人具有心磁、脑磁、肌磁等，甚至人头部的毛囊也会产生自己的毛囊磁场。珀杜大学的贾菲博士说：“毛囊磁场是皮肤电流活动的自然泄漏。”当然，人体所产生的磁场很弱，大约只有地磁场的十万分之一至十亿分之一，并且当人睡眠的时候，所产生的脑磁场达到最大值。正由于生物细胞本身的电磁结构，因此它们对外界电磁场的变化会引起相当敏感的反应是理所当然的。科学家们还发现，长期生活在几万伏至几十万伏高压输电线附近地区的人，很容易激动，容易疲劳，大脑的效率低，在青年人中患白血病和淋巴瘤的比例也比一般人高。有人将猴子放在 70000Oe(奥斯特，磁场强度单位，非法定，1Oe≈79.58A/m)的强磁场中 1h，猴子的心率会降低。而家鼠在弱磁场的环境里生理功能也会不正常，繁殖的后代容易生肿瘤。然而许多植物(如番茄等)在磁场的影响下，种子会提早萌芽，提前开花结果。春蚕在这样的环境里会提前进入成熟期，所结的茧也比较大。总之，磁场对生物的影响已引起了越来越多的研究者的兴趣。

2. 极光

极光源于宇宙中的高能荷电粒子，它们在地磁场作用下折向南北极地区，与高空中的气体分子、原子碰撞，使分子、原子激发而发光，如图2.9所示。我国研究人员在历代古籍中早已发现极光的记载，自公元前2000—公元1751年，有关极光记载达474次。在公元1—10世纪的180余次记载中，有确切日期的达140次之多。在西方最早记载极光的当推亚里士多德，他称极光为“天上的裂缝”。“极光”这一名称，始于法国哲学家伽桑迪。

图 2.9 极光

（摘自《北京科技报》）

3. 太阳黑子

太阳黑子也是一种磁现象。太阳黑子是太阳表面因温度相对较低而显得“黑”的局部区域。黑子本身并不黑，之所以看得黑是因为比起光球来，它的温度要低一、二千摄氏度，在更加明亮的光球衬托下，它就成为看起来没有什么亮光的暗黑的黑子了，如图2.10所示。太阳黑子很少单独活动，常常成群出现。中国是世界上最先发现黑子的国家，根据我国研究人员搜集与整理，自公元前165—公元1643年(明崇祯十六年)史书中观测黑子记录为127次。这些古代观测资料为今人研究太阳活动提供了极为珍贵、翔实可靠的资料。

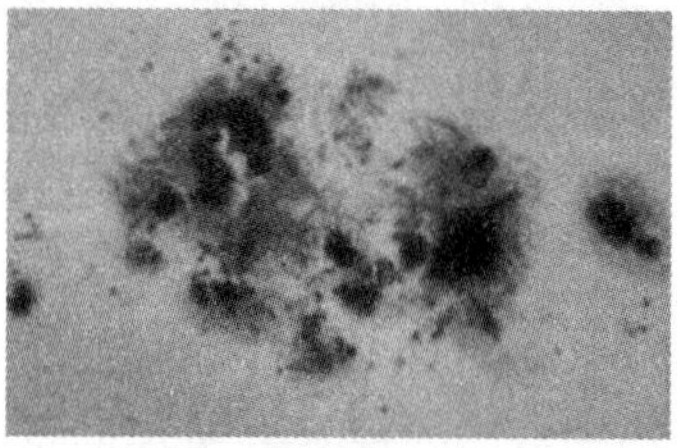

图 2.10 太阳黑子

（摘自互动百科）

四、电磁学理论的研究

电磁学是研究电、磁和电磁相互作用现象及其规律和应用的物理学分支学科。根据近代物理学的观点，磁的现象是由运动电荷所产生的，因而在电学的范围内必然不同程度地包含磁学的内容。这样，电磁学和电学的内容就很难截然划分开，而“电学”有时也就作为“电磁学”的简称。由于历史的原因(最早，磁曾被认为是与电独立无关的现象)，同时也由于磁学本身的发展和应用，如近代磁性材料和磁学技术的发展，新的磁效应和磁现象的发现和应用等，使得磁学的内容不断扩大，而磁学实际上也就作为一门和电学相平行的学科来研究。

电磁学从原来互相独立的两门科学(电学、磁学)发展成为物理学中一个完整的分支学科，主要是基于两个重要的实验发现，即电的流动产生磁效应，而变化的磁场则产生电效应。这两个实验现象，加上麦克斯韦关于变化电场产生磁场的假设，奠定了电磁学的整个理论体系，发展了对现代文明起重大影响的电工和电子技术。

自意大利科学家伏打发明伏打电堆，为获得持续的恒定电流提供了可能以来，使那个时代的科学家充分研究了电流的各种效应及其规律，同时也给电磁学的发展开辟了新的研究领域。在这方面，以奥斯特为开端，终于使电的研究从神秘王国进入了实用阶段。长期以来，磁现象与电现象是被分别进行研究的，特别是吉尔伯特对磁现象与电现象进行深入分析对比后，断言电与磁是两种截然不同的现象，没有什么一致性。之后，许多科学家都认为电与磁没有什么联系，库仑也曾断言，电与磁是两种完全不同的实体，它们不可能相互作用或转化。但是电与磁是否有一定联系的疑问一直萦绕在一些有志探索电和磁的科学家的心头。奥斯特就是其中的一位。

图 2.11 汉斯·奥斯特

(摘自有道词典)

丹麦物理学家奥斯特(1777－1851)是康德哲学思想的信奉者，如图 2.11 所示，深受康德等人关于各种自然力相互转化的哲学思想的影响，奥斯特坚信客观世界的各种力具有统一性，并开始对电、磁的统一性进行研究。1751 年，富兰克林用莱顿瓶放电的办法使钢针磁化，这对奥斯特启发很大，他认识到电向磁转化不是可能和不可能的问题，而是如何实现的问题，电与磁转化的条件才是问题的关键。奥斯特根据电流通过直径较小的导线会发热的现象推测：如果通电导线的直径进一步缩小，那么导线就会发光；如果直径进一步缩小到一定程度，就会产生磁效应。但奥斯特沿着这条思路并未发现电向磁的转化现象。奥斯特没有因此灰心，仍在不断实验，不断思索。他分析后发现以往实验都是在电流方向上寻找电流的磁效应，结果都失败了，猜想电流对磁体的作用不是纵向的，而是一种横向力，于是奥斯特继续进行新的探索。1820 年 4 月的一天晚上，奥斯特在为精通哲学及具备相当多物理知识的学者讲课时，突然有了“灵感”，在讲课结束时说：“让我把通电导线与磁针平行放置来试试看!”于是，他在一个小伽伐尼电池的两极之间接上一根很细的铂丝，在铂丝正下方放置一个磁针，然后接通电源，小磁针微微地跳动，转到与铂丝垂直的方向。小磁针的摆动，对听课的听众来说并没什么，但对奥斯特来说极其重要，他终于看到了多年来盼望出现的现象。他又改变电流方向，发现小磁针向相反方向偏转，说明电流方向与磁针的转动之间有某种联系。

奥斯特为了进一步弄清楚电流对磁针的作用，于 1820 年 4 月到 7 月，花费了 3 个月的时间，做了 60 多个实验，他把磁针放在导线的上方、下方，考察了电流对磁针作用的方向；把磁针放在距导线不同距离外，考察电流对磁针作用的强弱；把玻璃、金属、木头、石头、瓦片、松脂、水等放在磁针与导线之间，考察电流对磁针的影响……。奥斯特于 1820 年 7 月 21 日发表了名为《关于磁针上电流碰撞的实验》的论文，这篇论文仅用 4 页纸，十分简洁地报告了他的实验，向科学界宣布了“电流的磁效应”，轰动了整个欧洲。1820 年 7 月 21 日，它作为电磁学发展史上一个划时代的日子被载入史册，它揭开了电磁学的序幕，标志着电磁学时代的到来。

奥斯特当时把电流对磁体的作用称为“电流碰撞”，他总结出了两个特点：一是电流碰撞存在于载流导线的周围；二是电流碰撞沿着螺纹方向垂直于导线的螺纹线传播。奥斯特实验证实了电流所产生的磁力的横向作用，他 20 年前的信念，终于靠自己的实验证实了。

过去人们常把奥斯特的电流磁效应看作纯偶然事件，这是不公允的。从发现的方式看，它的确带有偶然性。但这只是形式，发现的偶然性只在发现的方式上说才是正确的。若从实质上看，任何偶然性的发现背后都有一段研究和思考的过程，奥斯特的偶然发现也是如此。所以，当他用一根白金丝把伏打电堆的两极连接起来实现了磁针偏转时，奥斯特的激动就可以理解了。这个结果是对他 10 多年努力的最好回答，也是当时整个科学发展的必然产物。奥斯特发现电流的磁效应建立了电与磁的联系。发现电流的磁效应意义重大，这是因为它第一个揭示了电与磁之间的内在联系；为电流计、电报和电机的发明制造开辟了道路；为电磁场理论的发展奠定了基础。

奥斯特的偶然发现说明，偶然和意外只对有准备的头脑起作用。正如拉格朗日在类似的情况下说到牛顿一样：“这种意外只降临到那些有资格得到它的人头上”。这种资格就是丰富的知识、丰富的想象力、敏锐的判断力及长时间的不断思考。

1820年7月，法国《化学与物理学年鉴》上发表了奥斯特发现电流磁效应的论文，轰动了整个欧洲。1820年8月，法国著名的天文学家和物理学家阿喇果(1786—1853)在瑞士听到了奥期特发现电流磁效应的消息，敏锐地感到这一发现的重要性。他9月初赶回巴黎，并于9月11日在法国科学院每周科学学会的例会上，报告了奥斯特的发现。他在报告中详细地描述了奥期特发现电流磁效应的实验。阿喇果的报告使科学院的院士们大为震惊。

以“敏感和最能接受他人成果”而著称的法国物理学家和数学家安培(1775－1836)听到这一消息后，第二天就重复了奥斯特的实验。经过一周的夜以继日的工作后，他发现了电流间也存在着相互作用力，然后提出了一个完整的定量理论，并于1820年9月18日、9月25日和10月9日在法国科学院会议上连续宣读了三篇重要论文，在1820年12月4日，他又提出了著名的安培定律，1827年发表了名著《从实验导出的关于电动力学现象的数学理论》，为电动力学的产生奠定了基础。人们为纪念他，将电流强度的单位定义为“安培”。安培最主要的成就是1820—1827年对电磁作用的研究。安培将他的研究综合在《电动力学现象的数学理论》一书中，成为电磁学史上一部重要的经典论著。麦克斯韦称赞安培的工作是科学上最光辉的成就之一，还把安培誉为“电磁学中的牛顿”如图2.12所示。

图2.12　安培

(摘自互动百科)

著名的安培定律基于4个实验和1个假设。4个实验是电流反向，作用力也反向；证明磁作用的方向性；研究作用力的方向性；检验作用力与电流及距离的关系。1个假设是两个电流元之间的相互作用力沿它们的连线方向。在上述4个实验和1证明个假设的基础上，安培推出了电流元之间相互作用力的公式，可以看出，电流元之间的相互作用的数学形式类似于电荷之间相互作用的库仑定律。

1821年，安培提出了著名的分子电流的假设，认为构成磁体的分子内部存在一种环形电流——分子电流。由于分子电流的存在，每个磁分子成为小磁体，两侧相当于两个磁极。通常情况下磁体分子的分子电流取向是杂乱无章的，它们产生的磁场互相抵消，对外不显磁性。当外界磁场作用后，分子电流的取向大致相同，分子间相邻的电流作用抵消，而表面部分未抵消，它们的效果显示出宏观磁性。

1820年奥斯特发现电流磁效应后，许多物理学家便试图寻找它的逆效应，提出了磁能否产生电，磁能否对电作用的问题。1822年，法国物理学家阿喇果和德国科学家洪堡(1769－1859)在测量格林尼治附近小山的磁场强度时，偶然发现磁针附近的金属物对磁针的振动有阻尼作用。1824 年，阿喇果根据这个现象做了铜盘实验，发现转动的铜盘会带动上方自由悬挂的磁针旋转，但磁针的旋转与铜盘不同步，稍滞后一些。他考虑可能存在逆效应，即旋转的铜盘能带动附近的磁针转动，实验证明有此效应，他从而获得了 1825 年度的科普利奖，并命名此盘为阿喇果盘。电磁阻尼和电磁驱动是最早发现的电磁感应现象，但由于没有直接表现为感应电流，当时未能予以说明。

铜盘实验震动了欧洲的物理学家，谁也无法解释这个现象。法拉第在他著名的《电学实验研究》一书的第 2 节中，称誉它为“非凡的实验”，在第 4 节中表示他的电磁感应实验是“完满解释阿喇果现象的钥匙”，并把长达 69 节的第 4 章命名为“阿喇果磁现象的解释”，可见这一实验影响之深远。

纵观电磁理论的发展(1785—1824 年)，我们知道，库仑总结出静电相互作用的规律并通过实验对磁力进行了测量。但库仑和他同时代的许多物理学家都认为：虽然磁力与电力在距离关系上有相似性，但并无同一性。奥斯特经过 20 多年对电力、磁力及化学亲和力等的广泛研究，终于在 1820 年 4 月发现了电流的磁效应。短短 5 个月后，安培就发现两根通电的导线之间也存在相互作用力，并于同年 12 月发现了安培定律。安培进而用“分子电流”假说解释磁体的磁性，呈现出宏观磁化电流，正是宏观磁化电流使之产生宏观磁性。从奥斯特发现电流磁效应(1820 年 4 月)到安培发现电流相互作用的规律(1820 年 9 月)，前后只相差 5 个月；安培提出磁性的“分子电流假说”，比 1897 年英国物理学家汤姆生发现电子，以及后来发现物质的原子和分子电结构，早了 70 多年。

第二节　法拉第电磁感应定律

电磁感应又称磁电感应现象，是指放在变化的磁通量中的导体会产生电动势。此电动势称为感应电动势或感生电动势，此感应电动势正比于磁通量的变化率。若将此导体闭合成一回路，则该电动势会驱使电子流动，形成感应电流或感生电流。

1821 年，英国物理学家法拉第(1791—1867)开始电磁学的研究，如图 2.13 所示。当时英国的皇家学会会长沃拉斯顿在获知奥斯特的发现之后，提出了“电磁转动”的思想，认为通电螺线管会使附近的导线绕其轴转动，但他的实验没有成功。法拉第在得知这一实验后，于 1821 年 9 月设计了电磁旋转实验。当接通电源时，发现左侧的容器里磁棒绕着固定导线缓慢地做圆周运动；而右侧导线绕固定磁棒转动。实际上，这就是最早的旋转电动机的雏形。1822 年，英国物理学家巴罗运用相同的原理，制成了著名的“巴罗轮”，实际上就是一台直流电动机。从 1824—1828 年，法拉第做了无数次电磁效应实验，收集了各种电磁实验的资料，经仔细分析思考，他认为既然有电流对磁、磁对磁、电流对电流的相互作用，那么为什么没有磁对电的作用呢？于是他确信“由电能产生磁，由磁也能产生电”。他本着这种信念，在发现电磁感应现象之前 6 年的日记中就写下了他的光辉思想：“磁能转化为电”，并使用了“感应”这个词，可见他对于电磁感

图 2.13　法拉第
(摘自维基百科)

应的存在是坚信不疑的。为此，法拉第坚持了长达10余年的苦心实验研究，日复一日地实验、思考、总结和改进。起初，法拉第也简单地认为用强磁铁靠近导线，导线中就会产生稳定的电流，或者在一根导线里通以强电流，则在邻近的导线中也会产生稳定的电流，他做了大量的试验，但均以“毫无结果”而告终。

法拉第经过10年的试验—失败—再试验—再失败，于1831年夏又重新回到磁产生电流这一课题上来，终于取得了突破性的进展。1831年8月29日，法拉第发现了电磁感应的第一个效应，即以一个电流产生另一个电流。圆环实验是在软铁环两侧分别绕两个线圈，其中一个线圈为闭合回路，在导线下端附近平行放置一个磁针；另一个线圈与电池组相连，接通开关，形成有电源的闭合回路。实验发现，合上开关，磁针偏转；切断开关，磁针反向偏转，这表明在无电池组的线圈中出现了感应电流。这就是法拉第第一次成功地观察到的电磁感应现象。圆环实验使法拉第立刻意识到，电磁感应是一种短暂效应，而奥斯特发现的电流磁效应却是一种稳定效应，在他的思想中，电磁感应似乎也应当是一种稳定效应，所以在发现电磁感应是短暂效应后，他在日记中就突出地记录了这一点。然后他做了几十个实验，最终认识到感应现象的暂态性，提出只有在变化时，静止导线中电流才能在另一根静止导线中感应出电流；而导线中的稳恒电系统不可能在另一根静止导线中感应出电流。1831年11月24日，法拉第写了一篇论文，向英国皇家学会报告了整个实验情况，他把可以产生感应电流的情形概括为5类：①变化着的电流；②变化着的磁场；③运动的稳恒电流；④运动的磁铁；⑤在磁场中运动的导体。他正确地指出感应电流与原电流的变化有关，而与原电流本身无关。法拉第把上述现象正式定名为“电磁感应”。

从思维方法的角度看，法拉第总结的电磁感应定律使用了契合差异并用法，即凡有电磁感应现象出现的场合，都存在磁通量变化的情况；凡无电磁感应现象出现的场合，都无磁通量变化的情况。因此，磁通量的变化是产生感生电流的原因。

“磁力线”是法拉第为了对磁体和螺线管之间的相对运动产生感应电流的现象进行解释而提出的一个概念。但是他很快就把这个概念扩大到伏打电感应的情况，认为电流的变化也会引起磁力线的变化，因而磁力线也就成了对“电紧张态”(一旦导线受到伏打电流或磁的感应，就显示一种特殊状态)做定量描述的一个工具。磁力线的多少表示这种状态的强弱，磁力线数量的变化表示这种状态的变化。通过磁力线即可把电磁感应和磁电感应统一起来。“磁力线”概念的提出成为他发展自己的力场理论的立足点。1832年，他又提出“电力线”概念。法拉第的力线概念有物理实在的性质，只是由于他的数学水平有限，无法把他从类比引发的丰富的想象提高到定量理论。

电磁感应规律一直到1851年才最后建立。当时在磁产生电方面进行探索的并不只有法拉第一个人，在瑞士、美国和俄国都有人在进行这方面的研究。瑞士物理学家科拉顿曾企图用磁铁在线圈中获得电流，他用一个线圈与一个检流计连接成一个闭合回路，为了使磁铁不影响检流计中的小磁针，特意将检流计放在隔壁的房间里。科拉顿在一房间里用磁铁棒在线圈中不断地插入与拔出，然后又跑到另一个房间里去观察检流计，但每次都得到零结果，最终没有发现电磁感应现象。科拉顿的实验装置设计的完全正确，他已经跨进了发现电磁感应定律的大门。但遗憾的是，他与安培一样，没有想到暂态现象。

美国的物理学家亨利(1797—1878)早在1827年就进行了电磁感应的实验，如图2.14所示。他用纱包铜线在一个铁心上绕了两层，然后在铜线中通电，发现铁芯上仅仅3 kg的铁片居然吸起了300 kg的物体。强电磁铁的制成，为改进发电机打下了基础。1830年8月，亨利在电磁铁两极中间放置一根绕有导线的条形软铁棒，然后把条形铁棒上的导线连接到检流计上，形成闭合回路。他观察到，当电磁铁的导线接通的时候，检流计指针向一方偏转后回到零；当导线断开的时候，指针向另一方偏转后回到零。这就是亨利发现的电磁感应现象。他把这个实验发现总结在《螺旋状长导线内的电气自感》一文中，因此，从时间上说亨利先于法拉第独立地发现了电磁感应现象，但他没有公开发表这一结果，为此他十分后悔与沮丧。亨利以此为开端，终于发现了自感现象，1832年亨利在论文《在长螺线管中的电自感》中还公布了自己的另一个新发现：一只线圈的电流不仅能在另一只线圈中感应出电流，而且也能在自身中感应出电流。在这个线圈中实际观测到的电流则为原电流的许多倍，这种现象称为自感。

图2.14　亨利
(摘自科技中国)

1842年，亨利在实验室里安装了一个火花隙装置，在30多英尺处放了一个线圈来接收能量，线圈和检流计相接，形成回路。当火花隙装置的电火花闪过的时候，和线圈相接的检流计指针就发生偏转。这个实验的成功，实际上实现了无线电波的传播。亨利的实验虽然比赫兹的实验早了40多年，但是当时的人们包括亨利自己在内，还认识不到这个实验的重要性。亨利实际上是电报的发明者，但是，不重名利的亨利没有申请专利权。这样，发明电报的荣誉就落到莫尔斯的头上。当然，莫尔斯发明的由点、划组成的“莫尔斯电码”是他对电报的独特贡献。此外，亨利还发明了继电器、无感绕组等，还改进了一种原始的变压器。亨利的贡献很多，只是当时没有立即发表，因此他失去了许多发明的专利权和发现的优先权。但是亨利仍然为公认的著名物理学家，尤其是在电磁学的独创性研究方面。为了纪念他，电感的国际单位以“亨利”命名。

图2.15　楞次
(摘自维基百科)

1832年，俄国物理学家楞次(1804—1865)获悉法拉第发现电磁感应现象后，立即重复了法拉第、安培、奥斯特等人所描述的实验，做了许多新实验，并取得了成果，如图2.15所示。1833年楞次发表了《关于动电感应引起的伽伐尼电流的方向的决定》，宣布了著名的楞次定律：感应电流的方向总是使它产生的磁场与产生它的原磁场的变化方向相反。

由此可见，在法拉第同时代，有不少物理学家对电磁感应现象做了多方面的研究，也取得了不少成功，但就其规模、时间与深入的程度、取得的成果而言，都不及法拉第，因此人们把发现电磁感应定律的主要功绩归功于法拉第是恰当的。电磁感应定律也称为法拉第电磁感应定律。

电磁感应定律精巧的实验和深刻的洞察力推动了电磁学前进。电磁感应规律的发现，对人类社会有着划时代的贡献。

因为电磁感应规律的发现，使人类得到了打开电能宝库的金钥匙，使后来发明发电机、电动机、变压器，以及交流电的利用等成为可能；电磁感应现象的发现，使机械能可变为电能，使现代社会能得到廉价的电能。今天，人类社会进入电气时代，与电感感应的发现是分不开的。

第三节　数学家在电磁学理论中的贡献

电磁现象首先是从力学效应开始的。库仑定律揭示了电荷间的静电作用力与它们之间的距离的平方成反比。安培等人又发现电流元之间的作用力也符合平方反比关系，提出了安培环路定律。这与牛顿万有引力定律十分类似，泊松、高斯等人仿照引力理论，对电磁现象也引入了各种场矢量，如电场强度、电通量密度(电位移矢量)、磁场强度、磁通密度等，并将这些量表示为空间坐标的函数。但是当时对这些量仅是为了描述方便而提出的数学方法，实际上认为电荷之间或电流之间的物理作用是超距作用。但法拉第认为场是真实的物理存在，电力或磁力是经过场中的力线逐步传递的，最终才作用到电荷或电流上。他在 1831 年发现了著名的电磁感应定律，并用磁力线的模型对定律成功地进行了阐述。麦克斯韦继承并发展了法拉第的这些思想，仿照流体力学中的方法，采用严格的数学形式，将电磁场的基本定律归结为 4 个微分方程，人们称之为麦克斯韦方程组。静电场、恒定磁场及导体中的恒定电流的电场，也包括在麦克斯韦方程中，只是作为不随时间变化的特例而已。

因此，数学是解决电磁理论问题的有力工具，在电磁理论中占有极其重要的地位，并发挥积极的作用。电磁场理论赋予数理方程以物理意义并在给定的初始条件、边界条件下使数理方程的解得以确定。下面介绍沿着数学发展的历史轨迹看一下数学家在电磁理论发展中的突出贡献及数学在电磁理论中的地位和作用。

早期电磁理论建立了 3 个基本方程组，即在库仑定律的基础上，引入电场强度这一基本物理量，用矢量分析方法推导出静电场的基本方程。由媒质特性给出欧姆定律的微分形式，从而引入恒定电场的概念，进而给出焦耳定律的微分形式，在电荷守恒定律的数学描述——电流连续性方程的基础上，推导恒定电场的散度；在电源电动势的基础上，推导恒定电场的旋度；归纳出导体内恒定电场的基本方程。在介绍基本的实验定律——安培定律的基础上，引入磁感应强度的概念，利用矢量分析方法推导出的恒定磁场的基本方程。这 3 个基本方程组涉及笛卡儿、牛顿、欧拉、傅里叶、高斯、泊松、拉格朗日、拉普拉斯、柯西、格林等著名数学家和物理学家的突出贡献。而这些贡献又离不开“几何学之父”欧几里得(约公元前 325—公元前 265)和“力学之父”阿基米德在“穷竭法”、“几何方法”等数学思想发展中的卓越贡献。

图 2.16　欧几里得
(摘自维基百科)

欧几里得是古希腊著名数学家、欧氏几何学的开创者，如图 2.16 所示。《几何原本》是一部集前人思想和欧几里得个人创造性于一体的不朽之作，是一部在科学史上千古流芳的巨著。书中包含了 5 条“公理”、5 条“公设”、23 个定义和 467 个命题。在每一卷内容当中，欧几里得都采用了与前人完全不同的叙述方式，即先提出公理、公设和定义，然后再由简到繁地证明它们。这使得全书的论述更加紧凑和明快。而在整部书的内容安排上，也同样贯彻了他的这种独具匠心的安排。它由浅到深，从简至繁，先后论述了直边形、圆、比例论、相似形、数、立体几何及穷竭法等内容。其中有关“穷竭法”的讨论，成为近代微积分思想的来源。此后，罗巴切夫斯基几何、黎曼几何进一步发展了欧几里得几何，提出了非欧几何学。黎曼在1851年所作的一篇论文《论几何学作为基础的假设》中明确地提出另一种几何学的存在，开创了几何学的一片新的广阔领域。黎曼几何在数学中也是一个重要的工具。它不仅是微分几何的基础，也应用在微分方程、变分法和复变函数论等方面。

欧几里得是人类科学思想史上的一盏指路明灯。他第一次使数学理论系统化，并使几何学逐渐成为一门独立发展的正式学科体系。他对数学史上的许多疑难命题和定理做了开创性的论证和解释，为数学的发展打下了坚实的理论基础，而他在理论中存在的缺憾，也成为后人攀越智慧高峰不可缺少的台阶。这一正一反都推动了人类数学思想的进步，从而为后来人类能更好、更深刻地认识自然界提供了更为有效的工具。因此，后人尊称他为“几何学之父”，以铭记他在数学思想发展中的卓越贡献。

图 2.17　阿基米德
(摘自互动百科)

伟大的古希腊哲学家、数学家、物理学家、力学家阿基米德(公元前287—公元前212)以其著名的浮力定律和杠杆定理，而享有“力学之父”的美称，如图2.17所示。在数学方面，他利用“逼近法”算出球面积、球体积、抛物线、椭圆面积，并提出了著名的“阿基米德公理”，后世的数学家依据这样的“逼近法”加以发展成近代的“微积分”。《论螺线》是阿基米德对数学的出色贡献。他明确了螺线的定义，以及对螺线的面积的计算方法。在同一著作中，阿基米德还推导出几何级数和算术级数求和的几何方法。现今的“阿基米德螺线”曲线，就是为纪念他而命名的。面对古希腊繁冗的数字表示方式，阿基米德还首创了记大数的方法，突破了当时用希腊字母计数不能超过10000的局限，并用它解决了许多数学难题。

近代物理学的科学巨星爱因斯坦(1879—1955)对应用几何学的思想方法情有独钟。爱因斯坦在回忆自己曾走过的道路时，特别提到在12岁的时候“几何学的这种明晰性和可靠性给我留下了一种难以形容的印象”。后来，几何学的思想方法对他的研究工作确实有很大的启示。他多次提出在物理学研究工作中也应当在逻辑上从少数几个所谓公理的基本假定开始。在狭义相对论中，爱因斯坦就运用这种思想方法，把整个理论建立在两条公理上：相对原理和光速不变原理。

图 2.18　笛卡儿
(摘自互动百科)

笛卡儿坐标系也称直角坐标系，是一种正交坐标系。笛卡儿坐标系是由法国著名数学家笛卡儿(1596—1650)创建的，如图2.18所示。笛卡儿最杰出的成就是在数学发展上创立了解析几何学。在笛卡儿时代，代数还是一个比较新的学科，几何学的思维还在数学家的头脑中占有统治地位。笛卡儿致力于把代数和几何联系起来的研究。

1637年，笛卡儿发表了巨作《方法论》，在创立了坐标系后，成功地创立了解析几何学。他的这一万就为微积分的创立奠定了基础。解析几何直到现在仍是重要的数学方法之一。笛卡儿在坐标系这方面的研究结合了代数与欧几里得几何，对于后来解析几何、微积分与地图学的建树，具有关键的作用。笛卡儿最大的成就在于倡导和实践了以数学为研究工具的物理学，他的哲学则是为支持自己的自然科学研究而发展起来的。

图 2.19　牛顿

（摘自维基百科）

世界近代科学技术史上伟大的物理学家、天文学家和数学家牛顿(1643—1727)，由于发现了万有引力定律创立了天文学，由于提出了二项式定理和无限理论创立了数学，由于认识了力的本性创立了力学。他是人类认识自然界漫长历程中的一个重要人物，他的科学贡献已成为人类认识自然的里程碑，如图2.19所示。

牛顿16岁时数学知识还很肤浅，对高深的数学知识甚至可以说是不懂。但知识在于积累，聪明来自学习，牛顿下决心靠自己的努力攀上数学的高峰。在基础差的不利条件下，牛顿能正确认识自己，知难而进。他从基础知识、基本公式重新学起，扎扎实实、步步推进。他研究完欧几里得几何学后，又研究笛卡儿几何学，对比之下觉得欧几里得几何学肤浅，便悉心钻研笛氏几何学，直到掌握要领、融会贯通，遂之发明了代数二项式定理。

有志者事竟成。经过勤奋学习，牛顿为自己的数学高塔打下了深厚的基础。牛顿22岁时发明了微分学，23岁时发明了积分学，为人类数学事业做出了巨大贡献。

牛顿是个十分谦虚的人，从不自高自大。曾经有人问牛顿：“你获得成功的秘诀是什么?”牛顿回答说：“假如我有一点微小成就的话，没有其他秘诀，唯有勤奋而已。”

图 2.20　欧拉

（摘自互动百科）

瑞士数学家和物理学家欧拉(1707－1783)被一些数学史学者称为历史上最伟大的两位数学家(另一位是高斯)之一，如图2.20所示。欧拉是第一个使用“函数”(函数的定义由莱布尼兹在1694年给出)一词来描述包含各种参数的表达式的人，如 $y = F(x)$ 。他是把微积分应用于物理学的先驱者之一。欧拉的天才使纯数学和应用数学的每一个领域都得到了充实，他的数学物理成果有着无限广阔的应用领域。法国数学家和物理学家拉格朗日(1736—1813)创建了一方程组，叫做“拉格朗日方程”。此方程在理论上非常重要，而且可以用来解决许多力学问题。但是由于基本方程是由欧拉首先提出的，因而通常称为欧拉-拉格朗日方程。另一名法国数学家傅里叶创造了一种重要的数学方法，叫做傅里叶分析法，其基本方程也是由欧拉最初创立的，因而叫做欧拉-傅里叶方程。这套方程在物理学的许多不同的领域都有着广泛的应用，其中包括声学和电磁学。

法国数学家傅里叶(1768—1830)主要贡献是在研究热的传播时创立了一套数学理论，如图 2.21 所示。1807 年，他向巴黎科学院呈交《热的传播》论文，推导出著名的热传导方程，并在求解该方程时发现解函数可以由三角函数构成的级数形式表示，从而提出任一函数都可以展成三角函数的无穷级数。傅里叶级数(即三角级数)、傅里叶分析等理论，是处理数学物理问题中具有普遍意义的方法。

图 2.21　傅里叶

(摘自互动百科)

尽管最初傅里叶分析是热过程的解析分析的工具，但是其思想方法仍然具有典型的还原论和分析主义的特征。“任意”的函数通过一定的分解，都能够表示为正弦函数的线性组合的形式，而正弦函数在物理上是被充分研究而相对简单的函数。正是由于傅里叶变换的良好性质(如线性算子、逆变换容易求出，正弦基函数是微分运算的本征函数，化复杂的卷积运算为简单的乘积运算、FFT 等)，因此，它在物理学、数论、组合数学、信号处理、概率、统计、密码学、声学、光学等领域都有着广泛的应用。

图 2.22　高斯

(摘自互动百科)

德国著名数学家、物理学家高斯(1777—1855)有“数学王子”的美誉，并被誉为历史上最伟大的数学家之一，和阿基米德、牛顿、欧拉同享盛名如图 2.22 所示，。高斯的成就遍及数学的各个领域，在数论、非欧几何、微分几何、超几何级数、复变函数论及椭圆函数论等方面均有开创性贡献。他十分注重数学的应用，并且在对天文学、大地测量学和磁学的研究中也偏重于用数学方法进行研究。

高斯在代数方面的代表性成就是他对代数基本定理的证明。高斯的方法不是去计算一个根，而是证明它的存在。这个方式开创了探讨数学中整个存在性问题的新途径。他曾先后 4 次给出这个定理的证明，在这些证明中应用了复数，并且合理地给出了复数及其代数运算的几何表示，这不仅有效地巩固了复数的地位，还使单复变函数理论的建立更为直观、合理。在复分析方面，高斯提出了不少单复变函数的基本概念，著名的柯西积分定理(复变函数沿不包括奇点的闭曲线上的积分为零)也是高斯在 1811 年首先提出并加以应用的。复变函数在数论中的深入应用，又使高斯发现椭圆函数的双周期性，开创椭圆函数论这一重大领域。

1795 年，高斯发现了质数分布定理和最小二乘法。通过对足够多的测量数据的处理后，可以得到一个新的、概率性质的测量结果。在这些基础之上，高斯随后专注于曲面与曲线的计算，并成功得到高斯钟形曲线(正态分布曲线)。其函数被命名为标准正态分布(或高斯分布)，并在概率计算中大量使用。非欧几里得几何是高斯的又一重大发现。但与椭圆函数一样，他生前未发表任何文章。直到 20 世纪 30 年代，才由格林根大学的学者们整理出版了《高斯全集》，共 11 卷。高斯的工作，特别是他的数学理论广泛应用于物理学之中，是物理学发展的重要推动力。

法国物理学家和数学家泊松(1781—1840)的主要研究领域是数学物理。如图 2.23 所示。他的老师是著名数学家拉格朗日(1736—1813)和拉普拉斯(1749—1827)，他的学生是法国数学家柯西(1789—1857)和德国数学家狄利克雷(1805—1859)。1821 年，在泊松的鼓励下，柯西出版了几部微积分和数学发展中的重要著作，柯西在分析方面最深刻的贡献在常微分方程领域。狄利克雷对数论、数学分析和数学物理有突出贡献，是解析数论的创始人之一。泊松和拉格朗日、拉普拉斯关系很好，既是师生，又是朋友，甚至有父子之情，这两位老师对泊松的研究帮助很大。

图 2.23　泊松

(摘自互动百科)

泊松一生致力于理论研究，其成果为理论物理及数学物理奠定了基础。泊松将数学理论应用于物理问题的研究，对近代理论物理的发展起到了指导作用。

泊松方程是一个常出现在数学物理各领域的重要方程，特别在电磁学中有广泛的应用。1813 年，泊松发展了拉普拉斯方程(又名调和方程、位势方程，是一种偏微分方程。因为拉普拉斯首先提出而得名。求解拉普拉斯方程是电磁学、天文学和流体力学等领域经常遇到的一类重要的数学问题，因为这种方程以势函数的形式描写了电场、引力场和流场等物理对象的性质)，广泛用于电、磁、力、热学等各种势场的研究与计算之中。1820 年，泊松与安培一起利用实验研究奥斯特的电流磁效应理论问题，泊松将磁视为两种不同性质的磁流体，从而建立了泊松静磁学理论。1821—1822 年，泊松发表了两篇静磁学论文。在库仑研究的基础上，提出了磁体间相互作用的势函数积分方程，把磁的研究发展到了定量阶段。

泊松一生致力于理论研究，他的数学方法在物理学中占有重要的地位，其成果为现代理论物理及数学物理奠定了坚实的基础。

纵观科学发展历史，应该说数学与人类生产的联系是复杂的、曲折的，数学往往会走在前头，然后再在生产中获得应用，即依靠数学内部矛盾的推动而发展起来的纯粹的、抽象的理论，最终会反过来推动社会生产的发展，在科学史上不乏这样的例子。例如，在本书第 3 章中将讲到英国物理学家、数学家麦克斯韦 (1831—1879)。1864 年，麦克斯韦发表了一篇具有划时代意义的电磁学论文《论物理的力线》，这是他在经历了无数次的失败后，用纯粹数学的方法对自库仑、高斯、欧姆、安培、毕奥、萨伐尔、法拉第等前人以来的电磁理论的成功总结。他在其中将全部电磁现象规律归结为两组方程，即麦克斯韦方程，并根据对这两组方程的推导结果，大胆地预言了一种以光速传播着的波(即电磁波)的存在。24 年后德国物理学家赫兹(1857—1894)在实验中证明了麦克斯韦的预言，不久意大利无线电工程师、企业家马可尼(1874—1937)和俄国科学家波波夫(1859—1906)又在赫兹实验的基础上各自独立地发明了无线电报。麦克斯韦建立的第一个完整的电磁理论体系，不但科学地预言了电磁波的存在，而且揭示了光、电、磁现象的本质的统一性，完成了物理学的又一次大综合。这一理论自然科学的成果，奠定了现代的电力工业、电子工业和无线电工业的基础。

第四节　科学家轶事

在电磁理论研究中，涌现了许多为科学事业发展做出突出贡献的物理学和数学家。他们有许多感人奋进的成才故事。他们的坚韧不拔、不断追求科学的创新精神，永远值得后人学习和敬仰。

一、牛顿

牛顿是英国物理学家、数学家、天文学家，经典物理学的创始人。牛顿出生于英格兰林肯夏郡沃斯索普村一个农民家庭。牛顿出生前3个月，父亲便去世了，由于早产的缘故，新生的牛顿十分瘦小。3岁时，牛顿的母亲改嫁，他由外祖母抚养。牛顿在中学时代学习成绩并不出众，只是爱好读书，对自然现象有好奇心，如颜色、日影的移动，尤其是几何学、哥白尼的日心说等。他还分门别类地记读书笔记，又喜欢别出心裁地制作些小工具、小技巧、小发明、小试验，如风车、风筝、滴漏时钟、日圭仪等。牛顿有一句名言："如果说我看得远，那是因为我站在巨人的肩上"。

在数学方面，牛顿是微积分的创始人之一。微积分的创立为近代科学发展提供了最有效的工具，开辟了数学上的一个新纪元。在物理学方面，牛顿是经典力学理论的开创者，他的三大定律构成了经典力学的理论基础。牛顿在力学方面的另一巨大贡献是发现万有引力定律，万有引力定律是自然界的普遍规律之一，适合于宏观和微观世界中任何物体之间。

牛顿奠定了近代科学理论基础，是以正确的思维方法指导科学研究的代表。他是一位自强、勤奋的"天才"，为世界自然科学的发展做出了不可磨灭的贡献，成为近代科学的象征。

1. 苹果落地

一个偶然的事件往往能引发一位科学家思想的闪光。这是1666年夏末一个温暖的傍晚，为躲避瘟疫回到家乡的牛顿，拿着一本书走进花园，坐在一苹果树下，开始埋头读书。当他翻动书页时，他头顶上的一只苹果落了下来，打在23岁的牛顿的头上。恰巧那天，牛顿正苦苦思索着一个问题：是什么力量使月球保持在环绕地球运行的轨道上，以及使行星保持在其环绕太阳运行的轨道上？为什么这只打中他头的苹果会坠落到地上？正是从思考这一问题开始，他找到了这些问题的答案——万有引力定律。万有引力定律的发现是17世纪自然科学最伟大的成果之一。它把地面上物体运动的规律和天体运动的规律统一起来，对以后物理学和天文学的发展具有深远的影响。它第一次解释了一种基本相互作用(自然界中4种相互作用之一)的规律，在人类认识自然的历史上树立了一座里程碑。

2. 科学研究的专心

牛顿对于科学研究极其专心。据说有一次牛顿要煮鸡蛋，他一边看书一边干活，糊里糊涂地把一块怀表扔进了锅里，等水煮开后，揭开盖子，才知道错把怀表当作鸡蛋煮了。还有一次，一位来访的客人请他估价一个棱镜。牛顿一下就被这个可以用作科学研究的棱镜吸引住了，毫不迟疑地回答说：“它是一件无价之宝！”客人看到牛顿对棱镜垂涎三尺，表示愿意卖给他，还故意要了一个高价。牛顿立即欣喜地把它买了下来，管家知道了这件事后，生气地说：“咳，你这个笨蛋，你只要照玻璃的质量折一个价就行了！”

二、安培

安培是法国物理学家，电动力学的创始人。安培家境富裕，他父亲因深受卢梭教育理论的影响，特别为他设立一个藏书丰富的私人图书馆，所以他从小就博览群书。这些书不但让他体会到生命的崇高，更激发起他对自然科学、数学和哲学的兴趣。安培虽没受过正规系统的教育，但他自幼聪慧过人，对事物有明锐的观察力。他是敏个数学天才，12 岁已学会当时已有的全部数学知识，如微积分；18 岁时已能重复拉格朗日的《分析力学》中的某些计算。1799 年，他在里昂的布尔学院任教，开始有系统地研究数学，后来撰写了概率论的论文。1805 年，他担任法兰西学院的物理教授，1809 年被聘为多种工艺学院数学分析教授，1827 年被选为英国皇家学会会员，柏林科学院和斯德哥尔摩科学院院士，1836 年 6 月 10 日逝世于巴黎，终年 61 岁。

安培是近代物理学史上功绩显赫的科学家，在电磁学方面的贡献尤为卓著。1827 年，他首先推导出电动力学的基本公式，建立了电动力学的基本理论，成为电动力学的创始人。1820 年，当安培得知奥斯特发现了电的磁效应后，在很短时间内做了大量的实验，很快总结出了电与磁之间的相互作用的有关理论，了解了电与磁之间的本质联系。

安培善于深入研究他所发现的各种规律，并且善于应用数学理论进行定量分析。他在对通电导体之间相互磁作用力进行定量研究中，发现了安培定律。在电动力学中，安培发现的安培环路定理是重要的基本定律之一。

安培在电磁理论基础上还曾提出过电报的设想。他曾建议用 26 根导线对应 26 个字母，用以传递信息，为电报的发展做出了一定的贡献。

安培 1823 年发表的《电磁学说》、1826 年发表的《元电流说》和晚年写出的《人类知识自然分类的分析说明》等巨著，在物理学界曾产生重要影响。

1. 怀表变卵石

安培思考科学问题专心致志，据说有一次，安培正慢慢地向他任教的学校走去，边走边思索着一个电学问题。经过塞纳河的时候，他随手拣起一块鹅卵石装进口袋。过一会儿，又从口袋里掏出来扔到河里。到学校后，他走进教室，习惯地掏怀表看时间，拿出来的却是一块鹅卵石。原来，怀表已被他扔进了塞纳河。

2. 马车车厢做“黑板”

有一次，安培在街上散步，突然想出了一个电学问题的算式，正为没有地方运算而发愁。突然，他见到面前有一块“黑板”，就拿出随身携带的粉笔，在上面运算起来。那“黑板”原来是一辆马车的车厢背面。马车走动了，他也跟着走，边走边写；马车越来越快，他就跑了起来，一心一意要完成他的推导，直到他实在追不上马车了才停下脚步。安培这个失常的行动，使街上的人笑得前仰后合。

三、法拉第

法拉第是英国物理学家、化学家。法拉第出生在英国伦敦的一个贫苦的铁匠家庭。由于生活困难，法拉第家里无法供他上学，因而法拉第幼年时没有受过正规教育，只读了两年半小学。12 岁那年，为生计所迫，他上街卖报。13 岁时，他又到一家书店当学徒，14 岁开始做装订工作，达 7 年之久。法拉第的知识几乎完全是自学的。在做装订工的 7 年间，他有机会接触到各类书籍，带着强烈的求知欲望，如饥似渴地阅读各类书籍，汲取了许多自然科学方面的知识，尤其是《大英百科全书》中关于电学的文章，强烈地吸引着他，从而使他在电学和化学实验方面，有更深的研究。他努力地将书本知识付诸实践，利用废旧物品制作静电起电机，进行简单的化学和物理实验。他还与青年朋友们建立了一个学习小组，常常在一起讨论问题，交换思想。重视实践尤其是科学实验的特点，在法拉第一生的科学活动中贯彻始终。

法拉第勤奋好学，工作努力，很受著名化学家戴维器重。1813 年 10 月，他随戴维到欧洲国家考察，他的公开身份是仆人，但他不计较地位，也毫不自卑，而把这次考察当作学习的好机会。他见到了许多著名的科学家，如安培、吕萨克等人。他参加了各种学术交流活动，还学会了法语和意大利语，大大开阔了眼界，增长了见识。因此有人说欧洲是法拉第的大学。

法拉第是世界公认的最伟大的科学家之一。他在物理和化学的多方面做出了开创性的贡献。从他所提出的一系列新概念、新名词，如电介质、电解质、离子、阴离子、阳离子、力线、阳极、阴极、电极、抗磁、顺磁等，就可以看出他的工作具有伟大的创造性。

电磁感应定律是法拉第的重大发现之一。它开创了人类利用电能的新纪元。法拉第还是历史上第一台感应电机的创制者。为纪念法拉第的丰功伟绩，以他的名字命名了电容的单位。

法拉第从一个穷铁匠的儿子，经过自己的艰苦努力，克服了重重困难，成长为一位为人类做出巨大贡献的科学大师。他那种坚韧不拔、不断追求科学真理的大无畏精神；那种一切从客观实践出发，重视科学实验的唯物主义态度；以及他不盲目崇拜权威，不囿于传统观念，敢于提出独特见解的创新精神，体现了一个科学家的优秀品格，永远值得后人学习和敬仰。

下面是法拉弟说过的几句话。

“希望你们年轻的一代，也能像蜡烛为人照明那样，有一分热，发一分光，忠诚而脚踏实地为人类伟大的事业贡献自己的力量。”

“一旦科学插上幻想的翅膀，它就能赢得胜利。”

“我不能说我不珍视这些荣誉，并且我承认它很有价值，不过我却从来不曾为追求这些荣誉而工作。”

“拼命去争取成功，但不要期望一定会成功”。

四、高斯

高斯是德国数学家、物理学家、天文学家和发明家。高斯出生于德国不伦瑞克的一个贫苦工人家庭。父亲靠做短工维持生活，母亲是石匠的女儿。高斯自幼聪颖过人，享有“神童”美誉，但他不骄不躁，始终勤奋刻苦，像一位不知疲倦的行者，在科学的坎坷道路中艰难跋涉，终于硕果累累，为人类做出了卓越贡献。他的成功除了天赋之外，还有众多的外在原因，如慧眼识珠的引路人，爱才惜才的公爵等，但更重要的是他后天的勤奋，唯有“勤奋”二字才是他成功的基础。

高斯是近代最伟大的科学家之一。他在数学、物理学、天文学等多方面都创造了惊人的成绩，对现代科学技术理论的发展做出了巨大的贡献。他 11 岁时发现了二项式定理，19 岁时发明了用圆规和直尺作正十七边形的方法，解决了 2000 多年来的一个重大几何难题，这是他数学才能的代表作。他的超几何级数、复变函数、统计数学、椭圆函数论、高斯定理、质数定理等都有重大贡献。

高斯一生著作极为丰富，生前发表的并不多，直到 20 世纪 30 年代，才由格丁根大学的学者们整理出版了《高斯全集》，共 11 卷。高斯的工作，特别是他的大量科学研究资料，为我们留下了宝贵的财富。

1. 从一加到一百

7 岁时高斯进入 St. Catherine 小学学习。大约在 10 岁时，老师在算数课上出了一道难题：把 1 到 100 的整数写下来，然后把它们加起来。每次考试他们有如下的习惯：第一个做完的把石板面朝下，放在老师的桌子上，第二个做完的把石板摆在第一张石板上，以此类推。这个难题当然难不倒学过算数级数的人，但这些孩子才刚开始学算数，老师心想他可以休息一下了。但是他错了，因为还不到几秒钟，高斯已经把石板放在讲桌上了，同时说道：“答案在这儿。”其他的学生把数字一个个加起来，但高斯却静静坐着，对老师投来的轻蔑的、怀疑的眼光毫不在意。考完后，老师一张张地检查石板。大部分学生都做错了，学生都被惩罚了。最后，高斯的石板被翻了过来，只见上面只有一个数字：5050。老师吃了一惊，高斯就解释他如何找到答案：$1+100=101$，$2+99=101$，$3+98=101$，…，$49+52=101$，$50+51=101$，一共有 50 对和为 101 的数，所以答案是 $50\times101=5050$。由此可见高斯找到了算术级数的对称性，然后就像求一般算术级数和的过程一样，把数一对对地凑在一起。高斯小的时候能将难题变成简易，虽然有他天生聪明的因素，但是他懂得观察、寻求规则、化难为简，却是值得我们学习与效法的。

2. 高斯的学校生涯

有一天高斯走着回家时，一面走一面全神贯注地看书，不知不觉走进了布伦斯维克宫的庭园。布伦斯维克公爵夫人看到这个孩子那么喜欢读书，就和他交谈，她发现他完全明白所读的书的深奥内容。公爵夫人回去告诉了公爵，公爵也听说过在他所管辖的领地有一个聪明孩子的故事，于是就派人把高斯叫去宫殿。费迪南公爵很喜欢这个害羞的孩子，也赏识他的才能，于是决定给他经济援助，让他有机会接受高深教育。

在费迪南公爵的善意帮助下，15 岁的高斯进入一间著名的学院。在那里他学习了古代和现代语言，同时也开始对高等数学做研究。他专心阅读牛顿、欧拉、拉格朗日这些欧洲著名数学家的作品。他对牛顿的工作特别钦佩，并很快地掌握了牛顿的微积分理论。1795 年 10 月，他离开家乡的学院到格丁根念大学。高斯这时候不知道选择读什么系，如果以实用观点来看，学数学以后生活是不大容易的。可是在他 18 岁的前夕，当时数学上的一个新发现使他决定终生研究数学。这个发现就是高斯用代数方法解决了 2000 多年来的几何难题，即找到正十七边形的直尺与圆规的作法。因此，他决定一生研究数学。据说，他还表示希望死后在他的墓碑上刻上一个正十七边形，以纪念他少年时最重要的数学发现。后来格丁根大学为高斯竖立了一个正 17 边形台座的纪念像，以纪念他在数学上的伟大成就。

本章小结

本章对磁、电的最初认知，到电磁学的初步发展和随之涌现出的大批物理学家、数学家进行了介绍。通过对本章内容的学习可以对电磁基础从发展史角度上做深刻了解。

推荐阅读

1. 孙浩行．中国古代的磁应用．学园：教育科研，2011(16)：127－127.

2. 马昌贵．磁应用新近的发展．磁性材料及器件，1997(04)：44－48.

3. 王洪见，刘树勇．是他们推动了电磁学的发展——电磁单位中的名家．现代物理知识，2011(05)：50—54.

4. 李林，单长吉，徐楠，等．电磁学发展历史概述．吉林省教育学院学报(下旬)，2011(02)：136－137.

5. 杨水旸．简明科学技术史．北京：国防工业出版社，2008.

6. 李建伟．经典电磁理论的建立和相关思考．职大学报，2011(04)：86－92.

7. ［美］费恩曼，［美］莱顿，［美］桑兹，等．莱顿·费恩曼物理学讲义（第 2 卷）．上海：上海科技出版社，2005.

第3章

电学系统理论的建立

内容提要

人类很早就发现了电与磁的现象，中外古籍中早有“静电拾芥”与“磁石吸铁”的记载，我国最早用天然磁石和磁针来导航。然而在很长一段时间里，人类在创立发展电或磁的某种科学概念上并没有取得重大的进展，直到18世纪末，人类才对电磁现象有了较为深刻的认识。从19世纪20年代开始，由于欧姆、基尔霍夫、法拉第、麦克斯韦、赫兹等科学家的杰出工作，使人类逐渐走进了电学系统理论的殿堂，从此打开了电学应用的大门，为当今科学技术的发展奠定了坚实的基础。本章主要介绍电学系统理论的建立过程，包括电路理论、电磁场理论、通信及电子技术相关理论和发展过程及相关科学家轶事等内容。

名言警句

把数学分析和实验研究联合使用所得到的物理知识，比之一个单纯实验人员或单纯的数学家能具有的知识更坚实、更有益和更巩固。

——麦克斯韦

名言警句

通信的基本问题就是在一点重新准确地或近似地再现另一点所选择的消息

——香农

第一节　电路理论

电路理论属于电路与系统学科的一部分，是整个电气科学中一门极为重要的基础理论。电路理论的历史已有一百多年，这在人类历史的长河中是很短暂的，但电路理论的发展对人类进步有十分深远的影响。

人类很早就发现了电与磁的现象，然而在很长一段时间里，人类在创立发展电或磁的某种科学概念上并没有取得任何重大的进展。直到20世纪30年代，电路理论才从一般的电磁理论中脱颖而出，形成了一门独立的学科。在19世纪20年代到20世纪30年代这一时期，重要的成果有欧姆定律(1827年)、基尔霍夫定律(1847年)、等效电源定理(1853

年)、$\Delta-Y$ 变换(1899 年)、对偶原理(1904 年)、阻抗概念(1911 年)、Foster 的电抗定律(1924 年)、瞬态响应概念(1926 年)、等效电路概念、多端口网络概念等，并且形成了电路模型的概念。这一切都是为了满足当时电力工程和通信工程的需要。

20 世纪 30～40 年代，电路在理论上进一步成熟。在此期间的重要成果有网络综合逼近理论(1930 年)、正实函数的概念(1931 年)、网络函数概念(1936 年)、Nyquist 稳定判据(1932 年)、电路的综合实现等。到了 20 世纪 40 年代，电路理论的体系在分析方面主要包括直流、交流和暂态几个组成部分；在综合方面主要包括实现、逼近和等值问题。

20 世纪 40 年代以后，由于生产的发展和第二次世界大战的需要，除了电力和电信以外，自动控制技术也飞速发展。这样，在电气科学技术领域内就形成了三足鼎立的体系：电力系统、通信系统和控制系统。电路理论是这 3 个系统的共同基础。为了适应这一发展，电路理论经历了一次重大变革。这一发展阶段大体上延伸到 20 世纪 50 年代末和 60 年代初。在此期间的主要成果有特勒根定理(1952 年)、状态变量分析(20 世纪 60 年代)、拓扑分析等。这一次重大变革标志着电路理论在学术体系上进一步完备，在学术思想上进一步成熟。通常把 20 世纪 60 年代以前的发展阶段称为经典电路理论阶段。

20 世纪 50 年代中期以后，随着自动控制、信息科学、半导体电子学和微电子学、计算机技术、激光技术以及核科学和航天技术等新兴尖端科学技术的突飞猛进，与它们关系密切的电路理论不得不在内容和概念体系上进行不断的调整和革新，以适应科学技术的发展，这就形成了近代电路理论。近代电路理论的主要特征为：在器件上多端化、电路集成化；在分析方法上系统化、通用化、计算机辅助化；在综合上有源化、最佳化、数字化、可集成化；在体系上从线性扩大到非线性、从无源扩大到有源、从时不变扩大到时变、从模拟扩大到数字、从单元件分立扩大到电路系统的集成。新的研究方向迭起，新的研究成果不断涌现，如超大规模集成电路、开关电容网络、故障诊断自动测试技术、非线性电路与系统的分析综合、器件建模和新器件的创制、数字处理与数字综合等都是当前研究的热门技术。近代电路理论已成为现代科学基础理论中一门十分活跃、举足轻重而又有着广阔发展前景的学科。

一、欧姆定律

欧姆定律是电路理论的基础。提到欧姆定律就不得不提到格奥尔格·西蒙·欧姆(1787—1854)，他是一个天才的研究者，如图 3.1 所示。

1. 教育及研究经历

图 3.1 欧姆

(摘自百度图片)

欧姆 1787 年 5 月 16 日出生于德国埃尔朗根的一个锁匠世家，父亲是一位锁匠，母亲是埃尔朗根的裁缝师之女。虽然欧姆的父母从未受过正规教育，但是他父亲的高水平的自学程度足以让他给孩子们出色的教育。欧姆的一些兄弟姊妹在幼年时期死亡，他家中只有 3 个孩子存活下来，这 3 个孩子分别是他、后来成为著名数学家的弟弟马丁·欧姆(1792—1872)和他的姊姊伊丽莎白·芭芭拉。他的母亲在他十岁的时候就去世了。幼年时期，格奥尔格·西蒙·欧姆和马丁·欧姆高程度的数学、物理、化学和哲学是他们的父亲所授。格奥尔格·西蒙·欧姆在11岁至15岁时曾到埃朗根高级中学学习，在那里他接受了一点科学知识的培养，并且感受到学校所教授的与父亲所教授的有着非常鲜明的不同。格奥尔格·西蒙·欧姆15岁时接受了埃尔朗根大学教授卡尔·克利斯坦·凡·兰格斯多弗的一次测试，他注意到欧姆在数学领域异于常人的天赋，他甚至在结论上写道，从锁匠之家将诞生另一对伯努利兄弟。

1805年，欧姆进入埃尔朗根大学学习数学、物理和哲学。但他并没有把精力放在学习上，而是在跳舞、滑冰和台球上花费了大量的时间。欧姆的父亲对于欧姆如此浪费受教育的机会，而感到非常愤怒，于是把欧姆送到了瑞士。1806年9月，欧姆在Gottstadt bei Nydau的一所学校取得了数学教师的职务。

卡尔·克利斯坦·凡·兰格斯多弗在1809年离开埃尔朗根大学前往海德堡大学任教，欧姆提出希望跟他一起前往海德堡重新开始数学学习，但是兰格斯多弗建议欧姆继续自学数学，并建议他阅读欧拉、拉普拉斯和拉克洛瓦的著作。欧姆接受了兰格斯多弗的建议，一边任教一边继续自学数学。22岁时，欧姆回到埃尔朗根，并在1811年以论文《光线和色彩》获得博士学位，此后在埃尔朗根当了3个学期的数学讲师。此后分别于1813年在班贝格、1817年在科隆、1826年在柏林的几家中学任教。欧姆的主要研究兴趣在于当时仍没有被普遍研究的电学，1833年欧姆成为纽伦堡皇家综合技术学校的教授，1839年起担任该校的校长，1849年起任教于慕尼黑大学，1852年成为实验物理学教授。

2. 逆境生活

欧姆自幼受到父亲的教导，在科学和技术方面得到了不少的启迪。在大学期间，因生活困难，欧姆不得不退学去当家庭教师。但他仍然坚持学习，终于完成了学业，获得了博士学位。他曾在几所中学任教，并在繁重的工作之余，坚持进行科学研究。欧姆生活在电学飞速发展的时期，新的电学成果不断地涌现，其他科学家的发现激励着他去进一步探索一个重要的问题：使用伏打电池的电路中，电流强度可能随电池数目的增多而增大，但是，这中间到底存在什么规律？他决心通过实验寻找答案。

当时还没有测量电流强弱的仪器，欧姆曾设想用电流的热效应去测量电流的强弱，但没有成功。1821年施魏格尔和波根多夫发明了一种原始的电流计，这个仪器的发明使欧姆受到鼓舞。他利用业余时间，向工人学习多种加工技能，决心制作必要的电学仪器与设备。为了准确地量度电流，他巧妙地利用电流的磁效应设计了一个电流扭秤。用一根扭丝挂一个磁针，让通电的导线与这个磁针平行放置，当导线中有电流通过时，磁针就偏转一定的角度，由此可以判断导线中电流的强弱。他把自己制作的电流计连接在电路中，并创造性地在放磁针的度盘上划上刻度，以便记录实验的数据。这样，欧姆1825年根据实验结果得出了一个公式，但可惜公式是错的，用这个公式计算的结果与欧姆本人后来的实验也不一致。欧姆很后悔，意识到问题的严重性，打算收回已发出的论文，可是论文已发出去了。急于求成的轻率做法，使他吃了苦头，科学家对他也表示反感，认为他不专业。欧姆决心挽回影响和损失，更重要的是还要继续通过实验寻找规律。当时有位科学家名为波根多夫，从欧姆这位中学教师身上看到了追求真理勇于创新的才华，写信鼓励欧姆继续努力，并建议他在实验中使用更加稳定的塞贝克温差电池，如图3.2所示。

这种电池是1821年由塞贝克发明的，它的原理如下：用铜、铋两种不同的导线连接而组成的电路中，两个接头的温度不同时可以产生电流，温差越大，电流越强，其原理如图 3.3 所示。欧姆鼓起勇气，使用温差电池重新认真地做实验，他把一个接头浸入沸水中，温度保持为 100℃，另一个接头埋入冰块，温度保持为 0℃，从而保证一个能供应稳定电压的电源。多次实验之后，终于在 1827 年提出了一个关系式：

$$X=a/(b+x)$$

式中，X 表示电流强度；a 表示电动势；$b+x$ 表示电阻，b 是电源内部的电阻，x 为外部电路的电阻。

图 3.2　温差电池

（摘自百度图片）

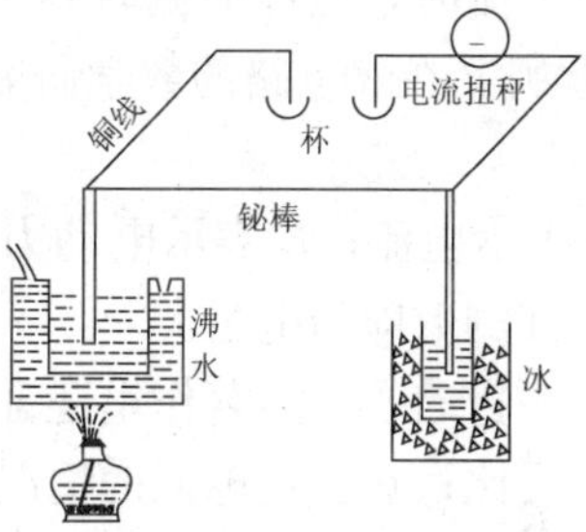

图 3.3　温差电池的原理

（摘自百度图片）

这就是欧姆定律，这在电学史上是具有里程碑意义的贡献。但是，科学界仍不承认欧姆的科学发现，许多人对他还抱有成见，甚至认为定律太简单，不足为信。这一切使欧姆感到万分痛苦和失望。但是，1831 年有位名为波利特的科学家发表了一篇论文，得到了与欧姆同样的结果。这才引起科学界对欧姆的重新注意。1841 年，英国皇家学会授予他科普利金质奖章，并且宣称欧姆定律是“在精密实验领域中最突出的发现”。他得到了应有的荣誉。1854 年欧姆与世长辞。十年之后英国科学促进会为了纪念他，决定用他的名字作为电阻单位的名称，以使人们使用这个术语时，想起这位勤奋顽强、卓有才能的中学教师。

3. 科学研究

从 1820 年起，欧姆开始研究电磁学。欧姆的研究工作是在十分困难的条件下进行的。

欧姆不但要忙于教学工作，而且图书资料和仪器都很缺乏，他只能利用业余时间，自己动手设计和制造仪器来进行有关的实验。1826 年，欧姆发现了电学上的一个重要定律——欧姆定律，这是他最大的贡献。这个定律在今天看来很简单，然而它的发现过程却并非一般人想象的那么简单。欧姆为此付出了十分艰巨的劳动。在欧姆生活的那个年代，人们对电流强度、电压等概念都还不大清楚，特别是电阻的概念还没有，当然也就谈不上对它们进行精确测量了；而且欧姆本人在他的研究过程中，也几乎没有机会跟他那个时代的物理学家进行接触，他的这一发现是独立进行的。

欧姆独创地运用库仑的方法制造了电流扭力秤，用来测量电流强度，引入和定义了电动势、电流强度和电阻的精确概念。欧姆对导线中的电流进行了研究。由傅里叶发现的热传导规律——导热杆中两点间的热流正比于这两点间的温度差，欧姆认为，电流现象与此相似，猜想导线中两点之间的电流也许正比于它们之间的某种驱动力，即现在所称的电动势。欧姆花了大量的精力在这方面进行研究。开始他用伏打电堆作为电源，但是因为电流不稳定，效果不好。后来他接受别人的建议改用温差电池作为电源，从而保证了电流的稳定性。但是测量电流的大小，这在当时还是一个没有解决的难题。开始时，欧姆利用电流的热效应，用热胀冷缩的方法来测量电流，但这种方法难以得到精确的结果。后来他把奥斯特关于电流磁效应的发现和库仑扭秤结合起来，巧妙地设计了一个电流扭秤：用一根扭丝悬挂一个磁针，让通电导线和磁针都沿子午线方向平行放置；再使用铋和铜温差电池，使其一端浸在沸水中，另一端浸在碎冰中，并用两个水银槽作为电极，与铜线相连。当导线中通过电流时，磁针的偏转角与导线中的电流成正比。此项实验结果于 1826 年发表。1827 年欧姆又在《电路的数学研究》一书中，把他的实验规律总结成如下公式。

$$S=\gamma E$$

式中，S 表示电流；E 表示电动力，即导线两端的电势差；γ 为导线对电流的传导率，即电导率，其倒数即为电阻。

欧姆在自己的许多著作里还证明了：电阻与导体的长度成正比，与导体的横截面积和传导性成反比；在稳定电流的情况下，电荷不仅在导体的表面上运动，还在导体的整个截面上运动。欧姆定律及其公式的发现，给电学的计算带来了很大的方便。

二、基尔霍夫定律

1. 科学家简介

古斯塔夫·罗伯特·基尔霍夫(1824—1887)是德国物理学家，如图 3.4 所示。他 1824 年 3 月 12 日生于普鲁士的柯尼斯堡(今为俄罗斯加里宁格勒)，1887 年 10 月 17 日卒于柏林。基尔霍夫 21 岁时在柯尼斯堡大学攻读物理，1847 年毕业后到柏林大学任教，3 年后到布雷斯劳做临时教授。1854 年由罗伯特·威廉·本生(1811—1899)推荐任海德堡大学教授。1875 年因健康不佳无法做实验，到柏林大学做理论物理教授，直到逝世。

图 3.4　基尔霍夫
(摘自百度百科)

基尔霍夫一生从事科学研究，在物理学、天文学和化学各方面都做出了重大的贡献。他为人乐观，无论是在靠拐杖或轮椅才能走动的日子，还是临终前饱受疾病折磨的几年时间里，都坚强面对现实。

基尔霍夫的中学成绩一向名列前茅，毕业后成功进入著名的柯尼斯堡大学。当时正是电气技术迅速发展的年代，许多科学家都在为解决复杂电路的问题而烦恼。在法国数学物理学派思想的影响下，1845 年，年纪仅有 21 岁的基尔霍夫根据欧姆定律总结出网络电路中电流和电压的基本规律，发表了第一篇论文，提出了稳恒电路网络中电流、电压、电阻关系的两条电路定律，建立了物理学上意义重大的两个以他的名字命名的电路定律：第一电路定律指出，在电路的结点上，电流的代数和为零；第二电路定律指出，沿一个闭合回路电势变化的代数和为零，即著名的基尔霍夫第一定律和基尔霍夫第二定律，解决了电器设计中电路方面的难题。后来他又研究了电路中电的流动和分布，从而阐明了电路中两点间的电势差和静电学的电势这两个物理量在量纲和单位上的一致性，使基尔霍夫定律具有更广泛的意义。直到现在，基尔霍夫定律仍旧是解决复杂电路问题的重要工具，因此基尔霍夫被称为“电路求解大师”。

大学毕业后，他在柏林大学担任讲师。1850 年他转到布雷斯劳大学担任临时教授，在那里他结识了合作伙伴罗伯特·威廉·本生。在本生协助下，他于 1854 年被任命为海德堡大学教授，在海德堡大学期间，他与本生合作创立了光谱分析方法。也就是把各种元素放在本生灯上烧灼，发出波长一定的一些明线光谱，由此可以极灵敏地判断这种元素的存在。利用这一新方法，他发现了元素铯和铷。图 3.5 所示为基尔霍夫和本生发明的最早的光谱仪。

图 3.5　基尔霍夫和本生发明的最早的光谱仪

（摘自百度图片）

1859 年，基尔霍夫做了用灯焰烧灼食盐的实验。在对这一实验现象的研究过程中，得出了关于热辐射的定律：任何物体的发射本领和吸收本领的比值与物体特性无关，是波长和温度的普适函数。这项工作成为量子论诞生的契机。他大胆提出假设：太阳光谱中的暗线，是元素吸收的结果，该元素能够辐射与暗线同一波长的亮线。应用这一原理于天体，就能确定外层空间的化学元素含量与分布。他用这一方法研究了太阳的组成，发现太阳所含元素与地球上的若干元素相同，促进了天体物理学的发展。这给对太阳和恒星成分进行分析提供了一种重要的方法，天体物理由于应用光谱分析方法而进入了新阶段。1862 年他又进一步得出绝对黑体的概念。他的热辐射定律和绝对黑体概念是开辟 20 世纪物理学新纪元的关键之一，1900 年普朗克的量子论就发轫于此。

1875 年基尔霍夫因病结束了科研生涯，转投教育工作。他留在柏林大学担任理论物理学教研室主任，负责培养年轻的一代。基尔霍夫在光学理论方面的贡献是给出了惠更斯-菲涅耳原理更严格的数学证明，对德国的理论物理学的发展有重大影响。《数学物理学讲义》4 卷更成为当时德国著名大学的经典教材。在他的指导下，不少学生都成为著名的科学家，其中包括诺贝尔物理学奖得主普朗克。

2. 基尔霍夫定律

基尔霍夫定律是电路中电压和电流所遵循的基本规律，是分析和计算较为复杂电路的基础。它既可以用于直流电路的分析，也可以用于交流电路的分析，还可以用于含有电子元器件的非线性电路的分析。运用基尔霍夫定律进行电路分析时，仅与电路的连接方式有关，而与构成该电路的元器件具有什么样的性质无关。基尔霍夫定律包括电流定律和电压定律。

1）发现背景

19 世纪 40 年代，由于电气技术发展十分迅速，电路越来越复杂。某些电路呈现出网络形状，并且网络中还存在一些由 3 条或 3 条以上支路形成的交点(节点)。这种复杂电路不是串、并联电路的公式所能解决的，刚从哥尼斯堡大学毕业，年仅 21 岁的基尔霍夫在他的第一篇论文中提出了适用于这种网络状电路计算的两个定律，即著名的基尔霍夫定律。该定律能够迅速地求解任何复杂电路，从而成功地解决了这个阻碍电气技术发展的难题。基尔霍夫定律建立在电荷守恒定律、欧姆定律及电压环路定理的基础之上，在稳恒电流条件下严格成立。当基尔霍夫第一、第二方程组联合使用时，可正确、迅速地计算出电路中各支路的电流值。由于似稳电流(低频交流电)具有的电磁波长远大于电路的尺度，所以它在电路中每一瞬间的电流与电压均能在足够好的程度上满足基尔霍夫定律。因此，基尔霍夫定律的应用范围可扩展到交流电路之中。

2) 基尔霍夫第一定律

基尔霍夫第一定律又称基尔霍夫电流定律，简记为 KCL，是电流的连续性在集总参数电路上的体现定。基尔霍夫电流定律是确定电路中任意节点处各支路电流之间关系的定律，因此又称为节点电流定律，它的内容为：在任一瞬间，流向某一节点的电流之和恒等于由该节点流出的电流之和。基尔霍夫电流定律在直流的情况下

$$\sum it(t)_{入} = \sum i(t)_{出}$$

它的另一种表示为

$$\sum i(t) = 0$$

在列写节点电流方程时，各电流变量前的正、负号取决于各电流的参考方向对该节点的关系(是“流入”还是“流出”)；而各电流值的正、负则反映了该电流的实际方向与参考方向的关系(是相同还是相反)。

通常规定，对参考方向背离(流出)节点的电流取正号，而对参考方向指向(流入)节点的电流取负号。

基尔霍夫电流定律不仅适用于电路中的节点，还可以推广应用于电路中的任一假设的封闭面，即在任一瞬间，通过电路中任一假设封闭面的电流代数和为零。

3) 基尔霍夫第二定律

基尔霍夫第二定律又称基尔霍夫电压定律，简记为 KVL，是电场为位场时电位的单值性在集总参数电路上的体现，其物理背景是能量守恒定律。基尔霍夫电压定律是确定电路中任意回路内各电压之间关系的定律，因此又称为回路电压定律，它的内容为：在任一瞬间，沿电路中的任一回路绕行一周，在该回路上电动势之和恒等于各电阻上的电压降之和，即

$$\sum E = \sum IR$$

基尔霍夫电压定律是描述电路中组成任一回路上各支路(或各元器件)电压之间的约束关系，沿选定的回路方向绕行所经过的电路电位的升高之和等于电路电位的下降之和。

回路的“绕行方向”是任意选定的，一般以虚线表示。在列写回路电压方程时通常规定，对于电压或电流的参考方向与回路“绕行方向”相同时取正号，参考方向与回路“绕行方向”相反时取负号。

基尔霍夫电压的复频域形式为

$$\sum_{k=1}^{n} i_k(t) = 0$$

基尔霍夫定律为支路电流 $i_k(t)$的像函数。上式即为基尔霍夫电流定律的复频域形式。它说明集中于电路中任一节点 A 的所有支路电流像函数的代数和等于零；或者电路的任一割集 C 中所有支路电流像函数的代数和等于零。

对于电路中任一个回路，其时域形式的基尔霍夫电压定律方程为

$$\sum_{k=1}^{n} u_k(t) = 0 \quad (k = 1,2,3,\cdots,n)$$

式中，n 为回路中所含支路的个数。对上式进行拉普拉斯变换即得基尔霍夫定律，式中，基尔霍夫定律为支路电压 uk(t)的像函数。上式即为 KVL 的复频域形式。它说明任一回路中所有支路电压像函数的代数和等于零。

三、阻抗概念的提出

亥维赛(1850—1925)于 1911 年提出阻抗的概念。他是英国数学家、物理学家。亥维赛 1850 年 5 月 18 日生于英国伦敦的卡姆登镇，1925 年 2 月 3 日卒于德文郡，如图 3.6 所示。他未受过正式的高等教育，1870 年起担任报务员，1874 年因耳疾辞职，潜心研究无线电波传播的理论问题，发表了一系列论文。他创造性地运用数学工具而获得重大物理发现(如预言了电离层的存在等)，同时为数学本身提供了新的概念与方法。他是向量分析的创始人之一，并建立了系统的向量符号。他于 1891 年当选为英国皇家学会会员。德国格丁根大学曾授予他荣誉博士学位。

四、戴维南定理

1. 科学家简介

莱昂·夏尔·戴维南(1857—1926)是法国的电信工程师，如图 3.7 所示。

图 3.6　亥维赛

(摘自百度百科)

图 3.7　戴维南

(摘自维基百科)

戴维南出生于法国莫城，1876 年毕业于巴黎综合理工学院。1878 年他加入了电信工程军团(即法国 PTT 的前身)，最初的任务为架设地底远距离的电报线。

1882 年戴维南成为综合高等学院的讲师，使他对电路测量问题有了浓厚的兴趣。在

研究了基尔霍夫定律及欧姆定律后，他发现了著名的戴维南定理，用于计算更为复杂电路中的电流。

此外，在担任综合高等学院电信学院的院长后，他也常在校外教授其他的学科，如在国立巴黎农学院教授机械学。1896 年他被聘为电信工程学校的校长，在 1901 年成为电信工坊的首席工程师。

戴维南定理 1883 年发表在法国科学院刊物上，文仅一页半，是在直流电源和电阻的条件下提出的，然而，由于其证明所带有的普遍性，实际上它适用于当时未知的其他情况，如含电流源、受控源及正弦交流、复频域等的电路，目前已成为一个重要的电路定理。当电路理论以模型为研究对象后，出现该定理的适用性问题。

2. 戴维南定理

戴维南定理又称等效电压源定律，是由法国科学家戴维南于 1883 年提出的一个电学定理。由于早在 1853 年，亥姆霍兹也提出过本定理，因此又称亥姆霍兹-戴维南定理。其内容是：一个含有独立电压源、独立电流源及电阻的线性网络的两端，就其外部形态而言，可以用一个独立电压源 V 和一个松弛二端网络的串联电阻 R 组合来等效。在单频交流系统中，此定理不仅适用于电阻，也适用于广义的阻抗。

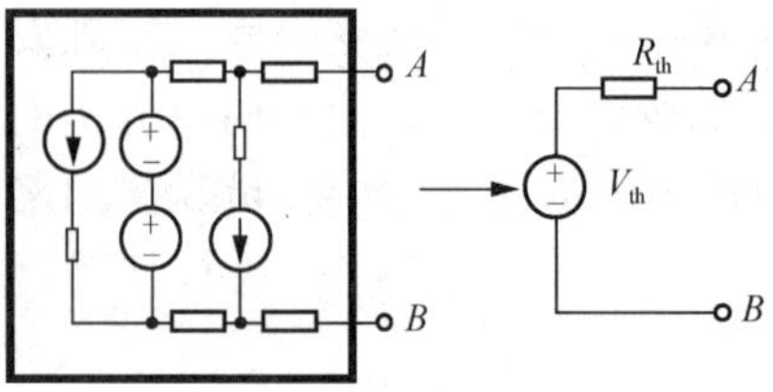

图 3.8　戴维南等效电路

(摘自维基百科)

此定理说明一个具有电压源及电阻的电路可以被转换成戴维南等效电路，这是用于电路分析的简化技巧。戴维南等效电路对于电源供应器及电池(其中包含一个代表内阻抗的电阻及一个代表电动势的电压源)来说是一个很好的等效模型，此电路包含了一个理想的电压源串联一个理想的电阻，如图 3.8 所示。

3. 注意事项

(1) 戴维南定理只对外电路等效，对内电路不等效。也就是说，不可应用该定理求出等效电源电动势和内阻之后，又返回来求原电路(即有源二端网络内部电路)的电流和功率。

(2) 应用戴维南定理进行分析和计算时，如果待求支路后的有源二端网络仍为复杂电路，可再次运用戴维南定理，直至成为简单电路。

(3) 戴维南定理只适用于线性的有源二端网络。如果有源二端网络中含有非线性元件，则不能应用戴维南定理求解。

五、诺顿定理

在戴维南定理出现 50 余年后，其对偶形式由美国贝尔实验室工程师爱德华·诺顿(1898—1983)提出，即诺顿定理。

图 3.9　诺顿

(摘自维基百科)

1. 科学家简介

诺顿是美国工程师，如图 3.9 所示。诺顿于 1926 年在贝尔实验室的一个技术报告中提出了戴维南定理的对偶定理，即诺顿定理。诺顿1898年生于美国缅因州洛克兰市，1917—1919年在美国海军服役，1922年取得电机工程系学士学位，1925年取得了哥伦比亚大学电机工程系硕士学位。诺顿在贝尔实验室的同事说，诺顿是一位机电天才。除了在贝尔实验室的工作外，当时诺顿还参与了Victor Co的电唱机的设计。由于这些实际工作的需要，激发了诺顿提出他的定理来帮助他设计电唱机。

2. 诺顿定理

诺顿定理是戴维南定理的一个延伸，指的是一个由电压源及电阻所组成的具有两个端点的电路系统，都可以在电路上等效成由一个理想电流源 I 与一个电阻 R 并联的电路。对于单频的交流系统，此定理不仅适用于电阻，还可适用于广义的阻抗。诺顿等效电路是用来描述线性电源与阻抗在某个频率下的等效电路，此等效电路是由一个理想电流源与一个理想阻抗并联所组成的，如图3.10所示。

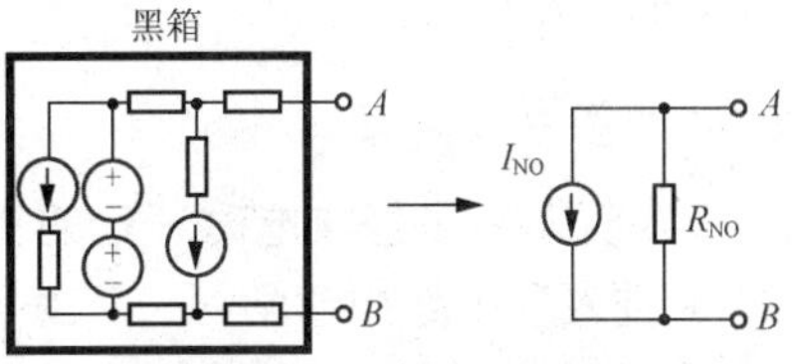

图3.10　诺顿等效电路

（摘自维基百科）

第二节　麦克思韦电磁场理论

如果把电磁理论的建立比喻成一座宏伟的大厦，那么，为这座大厦奠定了坚实地基的是法拉第；在坚实的地基上建成这座大厦的是麦克斯韦；而为这座宏伟的大厦进行内部装修，使它能够最后被人们广泛使用的是赫兹。

19世纪以前，近代电学和磁学的先驱及其后来人，一直把电和磁作为独立的、互不相关的现象进行研究。1785年，法国物理学家库仑进行了扭秤实验，得出了库仑定律，标志着电学开始成为一门独立的学科。1780年，意大利医生伽伐尼偶然中发现了电流。他的发现引起了意大利电学家伏打的重视，伏打于1800年发明了伏打电堆和伏打电池。伏打电池的发明直接促成了电磁学的诞生。1820年，丹麦物理学家奥斯特发现了电流对磁针的作用。1820年，法国化学家安培发现了磁铁对电流的作用，揭示了电现象与磁现象之间的联系。1826年，德国物理学家欧姆提出欧姆定律。1831年，英国物理学家、化学家法拉第发现电磁感应现象。1832年，美国物理学家亨利发现自感。1834年，俄国物理学家楞次提出楞次定律。1843年，法拉第用实验证明了电荷守恒定律。这些研究成果都是对电或磁现象的单独分析和描述，还不能建立起电与磁的内在联系。

图3.11　麦克斯韦

（摘自百度百科）

一、麦克斯韦建立电磁场理论

把原先相互独立的电学、磁学和光学结合起来，建立起完整的电磁场理论的是英国数学家、物理学家麦克斯韦(1831—1879)。

麦克斯韦是一位可以与牛顿、爱因斯坦相媲美的科学家，如图3.11所示。麦克斯韦对科学的伟大贡献在于他提出和发展了新的世界观，为20世纪的科学研究指明了方向。他的电磁学理论通向相对论，他的气体动力学理论对量子论起过作用，他筹建并领导的卡文迪什实验室引导了实验原子物理学的发展。这一切使他成为牛顿之后、爱因斯坦之前最重要的物理学家。1931年爱因斯坦在麦克斯韦生辰百年纪念会上曾指出：麦克斯韦的工作“是牛顿以来，物理学最深刻和最富有成果的工作”。

1. 科学家简介

麦克斯韦是经典电磁理论的奠基人。他于1831年6月13日诞生在苏格兰的爱丁堡，10岁进入爱丁堡中学学习，15岁时就在《爱丁堡皇家学会学报》发表了第一篇科学论文《论卵形曲线的机械画法》，他采用的方法比笛卡儿的方法更简便。麦克思韦16岁时考入爱丁堡大学，专攻数学和物理，19岁时进入剑桥大学。1854年，他在剑桥大学数学竞赛中名列第二。1856年，他任苏格兰 Marishal 学院的自然哲学教授。1860—1868年，麦克思韦任伦敦皇家学院和剑桥大学物理学教授。1870年，他创设并主持了卡文迪什物理实验室，并担任剑桥大学首任实验物理学教授。

1856年，在剑桥读书期间，当麦克斯韦读到法拉第的《电学实验研究》时，立刻被书中的新颖见解所吸引，他敏锐地领会到了法拉第的“力线”和“场”的概念的重要性。但是，他注意到全书竟然没有一个数学公式，这说明法拉第的学说还缺乏严密的理论形式。1855年，他发表了第一篇论文《论法拉第的力线》，把法拉第的直观力学图像用数学形式表达出来，文中给出了电流和磁场之间的微分关系式。

1860年，29岁的麦克斯韦去拜访年近70的法拉第，建立电磁理论的共同心愿超越了年龄的鸿沟，法拉第勉励麦克斯韦：“你不要停留在用数学来解释我的观点上，而应该突破它。”

1861年，麦克斯韦深入分析了变化磁场产生感应电动势的现象，独创性地提出了“分子涡旋”和“位移电流”两个著名假设。这些内容发表在1862年他的第二篇论文《论物理力线》中。这两个假设已不仅仅是法拉第成果的数学反映，而是对法拉第电磁学做出了实质性的增补。

1864年，麦克斯韦发表了第三篇名为《电磁场的动力学理论》的重要论文，在这篇论文里，他对以前有关电磁现象和理论进行了系统地概括和总结，提出了联系电荷、电流和电场、磁场的基本微分方程组。该方程组后来经赫兹、亥维赛和洛伦兹等人整理和改写，成为作为经典电动力学主要基础的麦克斯韦方程组。该理论的一个直接的推论在科学史上具有重要意义，它预言了电磁波的存在。

1873年，麦克斯韦出版了他的电磁学专著《电磁学通论》，全面而系统地总结了电磁学研究的成果，建立了电磁学微分方程组，揭示了电荷、电流和电场、磁场之间的普遍联系，进一步将电磁学实验规律和定理、定律，综合概括在一个方程组中，以简洁的数学结构，揭示了电场和磁场内在的完美对称。《电磁学通论》系统、全面、完美地阐述了电磁场理论，是人类第一个有关经典场论的不朽之作，被认为可以和牛顿的《自然哲学的数学原理》相媲美。

1874年，麦克斯韦被任命在剑桥大学创办卡文迪什实验室并担任首任负责人。

1879年11月5日，48岁的麦克斯韦患癌症去世，物理学史上一颗可以同牛顿相媲美的明星陨落了。这位科学巨匠生前的荣誉远远不及法拉第，直到他死后许多年，在赫兹证明了电磁波存在以后人们才意识到，并且公认他是“牛顿以后世界上最伟大的数学物理学家”。

2. 科学成就

麦克斯韦在总结前人经验的基础上，建立了完整的电磁场理论，而且预言了电磁波的存在。这个理论有两大支柱：①变化的磁场产生电场；②变化的电场产生磁场。

麦克斯韦还指出：变化的磁场所产生的电场是由磁场的变化情况决定的。如果磁场的变化是均匀的，即在相等的时间内磁感应强度变化相等，则产生的电场就是稳定的，也就是电场强度不随时间变化。如果磁场的变化不是均匀的，产生的电场就是变化的。同样，变化的电场产生的磁场是由电场的变化情况决定的。如果电场的变化是均匀的，则产生的磁场就是稳定的；如果电场的变化不是均匀的，则产生的磁场就是变化的。稳定的磁场周围不再产生电场，稳定的电场周围不再产生磁场，这样就可以很好地理解电磁波的产生。

麦克斯韦电磁场理论的核心思想：变化的磁场可以激发涡旋电场，变化的电场可以激发涡旋磁场；电场和磁场不是彼此孤立的，它们相互联系、相互激发，组成一个统一的电磁场。麦克斯韦进一步将电场和磁场的所有规律综合起来，建立了完整的电磁场理论体系。这个电磁场理论体系的核心就是麦克斯韦方程组。在麦克斯韦方程组中，电场和磁场已经成为一个不可分割的整体。

麦克斯韦方程组包含 4 个方程，不仅分别描述了电场和磁场的行为，也描述了它们之间的关系。麦克斯韦的 4 个方程分别表达了：电荷是如何产生电场的(高斯定律)，验证了磁单极子的不存在(高斯磁场定律)，电流和变化的电场是怎样产生磁场的(安培定律)，以及变化的磁场是如何产生电场的(法拉第电磁感应定律)。

麦克斯韦的电磁理论是经典物理学的重要支柱之一。麦克斯韦方程组在电磁学中的地位，如同牛顿运动定律在力学中的地位。麦克斯韦选择了“场”的概念作为研究的出发点，麦克斯韦从场的观点对法拉第电磁感应定律进行了理论分析，提出了著名的麦克斯韦方程。麦克斯韦方程组表明：空间某处只要有变化的磁场就能激发涡旋电场，而变化的电场又能激发涡旋磁场。交变的电场和磁场互相激发就形成了连续不断的电磁振荡，即电磁波。交变的电磁场以光速和横波的形式在空间传播，这就是电磁波；光就是一种可见的电磁波。麦克斯韦方程还说明，电磁波的速度只随介质的电和磁的性质而变化，并可证明电磁波在真空中传播的速度等于光在真空中传播的速度。这不是巧合，而是由于光和电磁波在本质上是相同的。光是一定波长的电磁波，这就是麦克斯韦创立的光的电磁学说。1888 年，麦克斯韦的预言被赫兹证实。

麦克斯韦是继法拉第之后，集电磁学大成的伟大科学家。他依据库仑、高斯、欧姆、安培、毕奥、萨伐尔、法拉第等人的一系列发现和实验成果，应用数学这一种表达工具建立了第一个完整的电磁理论体系，不仅科学地预言了电磁波的存在，而且揭示了光、电、磁等现象本质的统一性，完成了物理学的又一次大综合。这一理论自然科学的成果，奠定了现代电力工业、电子工业和无线电工业的基础。经典电磁理论的确立，成为人类改造自然、提高生产力的有力杠杆。据载，科技利用程度较高的生产率比之单纯手工业生产率，在 1770 年时为 4∶1，而在电气工业出现后为 108∶1。电磁学理论的成功说明了科技是第一生产力。

二、赫兹发现电磁波

赫兹以前，由法拉第发现、麦克斯韦完成的电磁理论，因为未经一系列的科学实验证明，始终处于“预想”阶段。而赫兹在人类历史上首先捕捉到电磁波，使假说变成现实。

图 3.12 赫兹

（摘自百度百科）

1. 科学家简介

赫兹(1857—1894)是德国物理学家，如图 3.12 所示。1857 年 2 月 22 日，赫兹生于德国汉堡。赫兹在少年时期就表现出对实验的兴趣。1876 年，他进入德累斯顿工学院学习工程，由于对自然科学的爱好，转入慕尼黑大学学习数学和物理，第二年又转入柏林大学，在物理学教授亥姆霍兹的指导下学习并进行研究工作。1880 年，他以纯理论性论文《旋转导体电磁感应》获得博士学位，亥姆霍兹很赏识他，将他选为自己的助手。1883 年，赫兹到基尔大学任教，1885—1889 年任卡尔斯鲁厄大学物理学教授，1886 年开始进行关于电磁波的实验工作。1889—1894 年，赫兹接替克劳修斯，担任波恩大学物理学教授。

2. 科学成就

赫兹对人类最伟大的贡献是用实验证明了电磁波的存在，并测出电磁波传播的速度与光速相同，还进一步观察到电磁波具有聚焦、直进、反射、折射和偏振等性质。赫兹在柏林大学随亥姆霍兹学习物理时，受亥姆霍兹的鼓励研究麦克斯韦电磁理论。1878 年夏天，亥姆霍兹向学生们提出了一个物理竞赛问题，要学生用实验方法验证电磁波的存在，以验证麦克斯韦理论，从那时起，赫兹就致力于这一重大课题的研究。当时德国物理界深信韦伯的电力与磁力可瞬时传送的理论。因此赫兹决定以实验来证实韦伯与麦克斯韦的理论哪个正确。

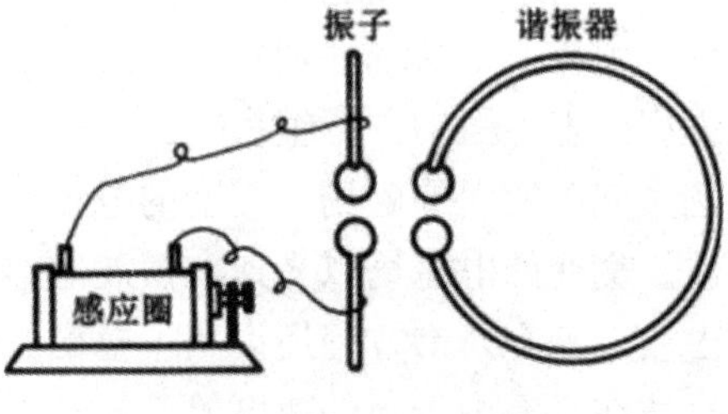

图 3.13 赫兹实验装置

（摘自百度图片）

依照麦克斯韦理论，电扰动能辐射电磁波，而 1886 年 10 月，赫兹用放电线圈做火花放电实验时，偶然发现旁边未闭合的绝缘线圈中有电火花跳过，便敏锐地想到这可能是电磁共振。图 3.13 所示为赫兹实验装置。由此开始直到 1888 年，赫兹集中力量持续进行了有关电磁波特性的多方面实验。他反复改变导体的形状、介质的种类、放电线圈与感应线圈之间的距离等，终于确认了电磁波的存在。他将一个未闭合电路连接在感应圈上作为发射器，旁边再放一个未闭合的回路作为探测器，当感应圈产生火花放电时，探测器气隙间便有火花跳过。1887 年 11 月 5 日，赫兹在寄给亥姆霍兹一篇名为《论在绝缘体中电过程引起的感应现象》的论文中，总结了这个重要发现。后来赫兹还通过实验确认了电磁波是横波，具有与光类似的特性，如反射、折射、衍射等，并且实验了两列电磁波的干涉，同时证实了在直线传播时，电磁波的传播速度与光速相同，从而全面验证了麦克斯韦的电磁理论的正确性，并且进一步完善了麦克斯韦方程组，得出了麦克斯韦方程组的现代形式。在1888年12月发表的论电磁辐射 一文中，他论述了对电磁波偏振、反射和折射现象实验研究的方法和实验结果。进行这些实验研究之后，赫兹对电磁波和光的同一性获得了深刻的认识，证实了电磁波具有光的所有特性。赫兹的实验结果公布后，轰动了整个科学界。由法拉第开创，麦克斯韦总结的电磁理论，至此才取得决定性的胜利。为了纪念赫兹的不朽功绩，人们将频率的单位命名为“赫兹”，一直沿用至今。

麦克斯韦从理论上论证了光的电磁属性，赫兹通过一系列实验证实了电磁波具有光的所有特性。赫兹的发现具有划时代的意义，它不仅证实了麦克斯韦的理论，更重要的是他开创了无线电电子技术的新纪元。

第三节　通信及电子技术相关理论

利用电和磁的技术实现通信目的被称为“电信”。近代通信起始的标志就是开始应用“电信技术”。电磁技术最早的电信应用是电报。

通信理论的形成始自1928年哈特利和奈奎斯特分别提出的信息概念和信息率与频带的关系，1942年维纳和1956年卡切尼可夫各自引用统计观点来说明噪声和信号特性，1948年香农系统地提出了信息理论。这些理论被认为是近代通信理论的基础。数字技术，尤其是计算机技术的发展，对通信的影响越来越大，一方面它们使通信理论的许多原理得以实现，另一方面又提出许多待探讨的理论问题。通信理论的范围相当广，它涉及香农的信息论、信源和信道分析中的概率论和随机过程理论，以及形成信道的电磁波理论，如电波传播理论、电磁兼容和干扰理论等。

一、信息论

香农(1916—2001)是美国数学家，是现代信息论的著名创始人，被称为“信息论之父”，如图3.14所示。香农于1948年在《贝尔系统技术学报》上发表的《通信的数学理论》论文中系统地提出了关于信息的论述，创立了信息论。1951年，美国无线电工程学会承认“信息论”这门学科。现代信息论的出现，对现代通信技术和电子计算机的设计产生了巨大的影响。香农对现代电子计算机的产生和发展有重要影响，如果没有信息论，现代的电子计算机是无法研制成功的。

图3.14　香农
(摘自百度百科)

1. 科学家简介

香农于1916年4月30日出生于美国密歇根州，在加洛德小镇长大。父亲是该镇的法官，母亲是镇里的中学校长。他生长在一个有良好教育环境的家庭中。香农的祖父是一位农场主兼发明家，发明过洗衣机和许多农业机械，这对香农的影响比较直接。1936年，时年20岁的香农在密西根大学获得数学和电机工程学的学士学位。随后，他进入著名的麻省理工学院，取得电机工程学的硕士学位，1940年，他获得该学院的数学博士学位。所以他是一位数学家的同时又是一位工程学家。这样得天独厚的知识结构，为他日后把数学理论灵活地运用于工程而创立信息论，奠定了坚实的基础。香农的大部分时间是在贝尔实验室和麻省理工学院度过的。1941—1958年，他在美国贝尔实验室工作。在此期间，他于1948—1949年间创立了信息论。1956年，香农当选为美国科学院院士，1956年成为麻省理工学院客座教授，1959年回到母校麻省理工大学任教且成为名誉教授，并于1978年退休时成为终生教授。不幸的是，到了晚年，这位科学家患上了老年痴呆症，不能再从事他毕生所致力的科学事业。

2. 科学成就

在大学中，香农就表现出了对数理问题的高度敏感。在密歇根大学期间，他认识了布尔，学习过他的课程。他的硕士论文是关于布尔代数在逻辑开关理论中的应用。后来，他就职于贝尔实验室。在这个世界上最大的通信公司(美国电话电报公司，即AT&T公司)的研究基地里，他受到前辈工作的启示，其中最具代表性的是《贝尔系统技术学报》杂志上所刊登的奈奎斯特的《影响电报速率的一些因素》和哈特莱的《信息的传输》。他们最早研究了通信系统的信息传输能力，第一次提出了信息量的概念，并试图用数学公式予以描述。而香农则创造性地继承了他们的事业，在信息论的领域中钻研了8年之久，终于在1948年6月和10月，香农在贝尔实验室出版的《贝尔系统技术学报》杂志上连载发表了244页的长篇论著《通信的数学理论》，该文奠定了香农信息理论的基础。他在文中用非常简洁的数学公式定义了信息时代的基本概念——熵。在此基础上，他又定义了信道容量的概念，指出了用降低传输速率来换取高保真通信的可能性。这些贡献对今天的通信工业具有革命性的影响。

1949年，在创立信息论的同时，香农又在同一杂志上发表了另一篇论文《保密系统的通信理论》。这又是一篇划时代的论文，它奠定了现代密码通信的理论基础，被后人誉为现代密码学诞生的标志。它把古典密码术置于严格的数学基础之上，其中的完全性保密定理及“混乱”、“散布”等重要科学概念对半个世纪以来密码体制的发展起了重要的指导作用。在这两篇论文中，香农阐明了通信的基本问题，给出了通信系统的模型，提出了信息量的数学表达式，并解决了信道容量、信源统计特性、信源编码、信道编码等一系列基本技术问题。这两篇论文成为信息论的奠基性著作。而香农也一鸣惊人，成为这门新兴学科的奠基人。香农极限已广泛应用于信息处理和实际通信中，只要涉及信息的压缩与传递，就要用到香农的理论。香农的这些贡献对现在的通信工业具有革命性的影响。

2001年2月24日，当代最伟大的数学家和贝尔实验室最杰出的科学家之一的香农博士在与疾病顽强搏斗了5年之后与世长辞，享年85岁。贝尔实验室和麻省理工学院发表的讣告都尊称香农为信息论及数字通信时代的奠基人。

二、电磁兼容理论

在人类尚未发明发电机和使用电能之前，地球上就已经存在自然界的电磁现象。自从1866年第一台发电机发明以来，利用电磁效应工作的电气设备越来越广泛，同时也产生了越来越多的有害的电磁干扰，造成了电磁环境“污染”。

电磁干扰是人们早就发现的电磁现象，它几乎和电磁效应现象同时被发现。19世纪初，随着电磁学的萌芽和发展，1823年，安培发表了电流产生磁力的基本定律；1831年，法拉第发现电磁感应现象，总结出电磁感应定律，揭示了变化的磁场在导线中产生感应电动势的规律；1840年，美国人亨利成功地获得了高频电磁振荡；1864年，麦克斯韦综合了电磁感应定律和安培电流定律，总结出麦克斯韦方程，提出了位移电流的理论，全面地论述了电和磁的相互作用并预言电磁波的存在，为认识和研究电磁干扰现象奠定了理论基础；1881年，希维赛德发表了“论干扰”的文章，标志着研究干扰问题的开端。

1888年，德国物理学家赫兹首创了天线，第一次把电磁波辐射到自由空间，同时又成功地接收到电磁波，用实验证实了电磁波的存在，从此开始了人类对电磁干扰问题的实验研究。

1889年，英国邮电部门研究了通信中的干扰问题，使干扰技术问题研究开始走向工业化和产业化。

20世纪以来，由于电气电子技术的发展和应用，随着通信、广播等无线电事业的发展，使人们逐渐认识到需要对各种电磁干扰进行控制。工业发达国家格外重视控制干扰，他们成立了国家级及国际间的组织，如电气工程师协会、国际电工委员会、国际无线电干扰特别委员会等，均投入大量人力，开始对电磁干扰问题进行世界性有组织的研究。为了解决干扰问题，保证设备和系统的高可靠性，20世纪40年代初有人提出了电磁兼容性的概念。1944年，德国电气工程师协会制定了世界上第一个电磁兼容性规范VDE0878，美国在1945年颁布了美国最早的军用规范JAN-I-225。

虽然电磁干扰问题由来已久，但电磁兼容这个新兴的综合性学科却是近代形成的。从20世纪40年代提出电磁兼容性概念起，电磁干扰问题由单纯的排除干扰逐步发展成为从理论上、技术上全面保证用电设备在其电磁环境中正常工作的系统工程。电磁兼容学科在认识电磁干扰、研究电磁干扰和控制电磁干扰的过程中得到发展。它深入阐述了电磁干扰产生的原因，了解了干扰的性质，深刻研究了干扰传输及耦合的机理，系统地提出了抑制干扰的技术措施，促进了电磁兼容的系列标准和规范的制定，建立了电磁兼容试验和测量的体系，解决了电磁兼容设计、分析和预测的一系列理论和技术问题。

20世纪70年代以来，电磁兼容技术逐渐成为非常活跃的学科领域之一，每年都会召开几次较大规模的国际性电磁兼容学术会议。美国最有影响的电气电子工程师协会的权威杂志专门设有EMC(电磁兼容性)分册。美国学者凯瑟撰写了系统性的论著《电磁兼容原理》。美国国防部编辑出版了各种电磁兼容性手册，广泛应用于工程设计。

到20世纪80年代，美国、德国、日本、苏联、法国等经济发达国家在电磁兼容研究和应用方面达到了很高的水平。它们主要研究和应用的内容包括电磁兼容标准和规范、分析设计和预测、试验测量和开发屏蔽导电材料、培训教育和管理等。在工程应用方面研制出高精度的电磁干扰及电磁敏感度自动测量系统，开发出多种系统内和系统间电磁兼容性计算机分析和预测软件，形成了一套完整的设计体系，还开发研制成功多种抑制电磁干扰的新材料和新工艺。电磁兼容设计成为民用电子设备和军用武器装备研制中必须严格遵循的原则和步骤。在产品设计、加工、检测、试验和使用的各个阶段都要考虑电磁兼容技术和管理。电磁兼容性成为产品可靠性保证中的重要组成部分。

20世纪90年代，电磁兼容性工程已经从事后检测处理发展到预先分析评估、预先检验、预先设计。电磁兼容工程师必须与产品设计师、制造商及各方面的专家共同合作，在方案设计阶段就开展针对性的预测分析工作，并把过去用于研制后期试验测量和处理及返工补救的费用安排到加强事前设计和预测检验中来。电磁兼容技术已成为现代工业生产并行工程系统的实施项目组成部分。

产品电磁兼容性达标认证已由某个国家发展到一个地区或一个贸易联盟。从 1996 年 1 月 1 日开始，原欧洲共同体(现欧盟)12 个国家和欧洲自由贸易联盟的北欧 6 国共同宣布实行电磁兼容认证制度，使得电磁兼容性认证与电工电子产品安全性认证处于同等重要的地位。21 世纪，电磁兼容学科将获得更加迅速的发展，将得到全人类的高度重视。

第四节　科学家轶事

一、欧姆

欧姆的家境十分困难，但从小受到良好的薰陶，父亲是一个技术熟练的锁匠，爱好数学和哲学。父亲对他的技术启蒙，使欧姆养成了动手的好习惯。物理是一门实验学科，如果只会动脑不会动手，那么就好像是用一条腿走路，走不快也走不远。如果欧姆动手能力不强，那么他是不可能获得如此成就的。在进行电流随电压变化的实验中，欧姆巧妙地利用电流的磁效应，自己动手制成了电流扭秤，用它来测量电流强度，取得了较精确的结果。

1827 年，欧姆发表了《伽伐尼电路的数学论述》，从理论上论证了欧姆定律，欧姆以为研究成果一定会受到学术界的承认，但是书的出版为他带来了不少讽刺和诋毁，大学教授们看不起这个中学教师。德国人鲍尔攻击他说：“以虔诚的眼光看待世界的人不要去读这本书，因为它纯然是不可置信的欺骗，它的唯一目的是要亵渎自然的尊严。”这一切使欧姆十分伤心，他在给朋友的信中写道：“伽伐尼电路的诞生已经给我带来了巨大的痛苦，我真恨它生不逢时，因为深居高位的人学识浅薄，他们不能理解它（伽伐尼电路）的母亲的真实感情。”当然也有不少人为欧姆抱不平，发表欧姆论文的《化学和物理杂志》主编施韦格(电流计的发明者)写信给欧姆说：“请您相信，在乌云和尘埃后面的真理之光最终会透射出来，并含笑驱散它们。”直到七八年之后，随着研究电路工作的进展，人们逐渐认识到欧姆定律的重要性，欧姆本人的声誉也大大提高。1841 年，英国皇家学会授予他科普利奖章。1842 年他被聘为国外会员，1845 年被接纳为巴伐利亚科学院院士。

二、亥维赛

亥维赛的成就之一与早期电话的改进有关。贝尔发明的原始电话机技术还非常粗糙，听筒中传来的语音很不清楚。因此，这种电话机很快就得到了改进。

大发明家爱迪生和休斯改进了导电粒子的成分，他们采用的是从烟煤中提取的炭精粉。炭精粉是导电体又具有良好的弹性，很适合用来做导电粒子。采用这种新材料后，电流对声音的变化更加敏感，因此，用电话交谈时语音也就清晰了许多。

语音变成电信号后，就由电信号来传播，但电信号经过长距离传送会不断地损失能量。当传送距离较长时，受话器收到的电信号已经相当微弱，由此微弱的信号转变的声音就模糊不清，这就需要设法减少电路中信号的衰减。之前，人们一直认为增加电感会影响信号的传输效果，但亥维赛不拘泥于传统的观点，大胆创新，经过认真的分析计算，提出了在电话传输线中增加电感的方法，这种精神是难能可贵的。纵观科学发展史，许多伟大成就都是对那些似是而非而人们又习以为常的陈旧观念的反叛而取得的。

亥维赛建议的实践者是美国科学家普平，他在电话电路上每隔大约一千米串接一个加感线圈，这样经过无数次“加感”，电信号的衰减明显减少了。

此后，随着真空三极管等元器件的发明和技术的进步，才逐渐发展到了我们现在所使用的电话。电话发展到今天，经历了几代人的不断更新和完善，无论在其性能、结构，还是外型方面都发生了很大变化，几乎找不到“始祖电话机”的影子。

三、戴维南

戴维南定理的提出和传播是工程技术和社会史上一个有趣的事情。麻省理工学院电气工程系的员工在1943年出版了一本有关电路分析的书，其中提到戴维南定理，并脚注亥姆霍兹在1853发表了该定理。1949年在电气电子工程师协会的会议上，Charles Suchet发表了一篇介绍戴维南简历的文章。这篇文章引发了两封给编辑的信，再次指出亥姆霍兹首先发现了这个定理。在1988年11月的电气电子工程师协会会议上有一封Harry E. Stockman的短信，建议在以后的书中用亥姆霍兹定理来代替戴维南定理。

在欧洲，现在一般用“亥姆霍兹”来命名电压源等效定理。

四、麦克斯韦

即使是一个奇才，也需要名师指点，才能放出异彩。一个偶然的机会，麦克斯韦遇到了自己的伯乐——剑桥大学的教授、著名数学家霍普金斯。一天，霍普金斯到图书馆借书，他要的一本数学专著恰好被人先借走了。一般学生是不可能读懂那本书的，教授有些诧异，向管理员询问借书人的名字，管理员回答说：“麦克斯韦”。霍普金斯教授找到麦克斯韦，看见年轻人正埋头作摘抄，笔记上涂得乱七八糟，毫无秩序。霍普金斯不由得对这个青年产生了兴趣，诙谐地说：“小伙子，如果没有秩序，你永远成不了优秀的数学物理学家!”霍普金斯所说的数学物理学家，是指善于运用数学方法解决理论问题的物理学家，通常也称做理论物理学家，需要在数学和物理学上都有很高的造诣。从此，麦克斯韦成为霍普金斯的研究生。

霍普金斯学问渊博，培养出了不少人才。麦克斯韦在导师的指导下，首先克服了杂乱无章的学习方法。霍普金斯对他的每一个选题，每一步运算都要求得很严格。经过优秀数学家霍普金斯的指导，麦克斯韦进步很快，不到3年就掌握了当时所有先进的数学方法，成为一个有为的青年数学家。霍普金斯对他的评价是：“在我的全部学生中，毫无疑问，这是最杰出的一个!”

五、赫兹

赫兹上中学的时候，他的老师努力地劝他读数学，因为这位老师从来没见过这么有才华的学生。他的拉丁文老师则认为将来他一定能在文学方面有所成就，因为赫兹的拉丁文极好。据说他还学习过阿拉伯文，老师上过几个星期的课后就说已经没有能力教他，认为他将来一定会成为最好的阿拉伯文化专家。甚至在他当了大学物理教授之后，一位曾经教他做过木匠活的师傅对他母亲说：“太可惜了，我从来没见过像他那么好的木匠。”赫兹最初想当一个工程师，后来还是选择了物理。赫兹在37岁的时候因病死亡，亥姆霍兹在写给他的悼词中说："神太妒忌他了，所以将他带走"。

六、香农

从表面上看，人们可能以为香农是一位文质彬彬的书生。事实上，他有许多爱好，特别令人难以置信的是香农可以熟练地玩一套杂耍，而且不是在舞台上，而是在日常生活中，如在贝尔实验室的走廊里。从麻省理工学院到香农的住宅只有几英里。他的住宅里放满了各种乐器，如有 5 台钢琴、30 多种其他乐器，从短笛到各种铜管乐器应有尽有。在他的玩具室里，有一个杂耍杰作，由 3 个小丑一起玩 11 个环、7 个球和 5 个棍子，通过钟表机构驱动。可见当他还是孩子时就喜爱杂耍，香农的一生都迷恋于平衡与控制稳定性。他的平衡兴趣与能力是十分有名的。一个脍炙人口的故事是他经常骑着独轮车、手里抛着 3 个球来到贝尔实验室的大厅，在贝尔实验室的大厅内蹿来蹿去。有时他还踩着高跷骑摩托，使同事害怕不已。他发明过有两个座位的独轮车，但是恐怕没有人敢与他共骑。他还把独轮车造成偏离地心的，骑在上面忽高忽低，像鸭子行走一样。他设计并建造了下棋机器、迷宫老鼠、杂耍器械及智力阅读机。下国际象棋的机器包括用 3 个指头能抓起棋子的手臂、蜂鸣器及简单的记录装置。他还建造了供孩子们到湖边玩耍的升降机，长约 600 英尺(1 英尺约为 0.3m)，设有座位。这些活动表明了香农的主张，即好奇心比实用性对他的刺激更大。他的名言是："我总是奇怪事物是怎样拼在一起的?" 正是这种好奇心驱使他不断地思考和创新。

推荐阅读

1. 宋德生．欧姆及欧姆定律．物理，1983，(11)：692—697.

2. 曾铁．19 世纪伟大的德国数学物理学者——纪念德国物理学家 G. R. 基尔霍夫逝世 120 周年．物理与工程，2008，(01)：57—61.

3. 宋德生．天才狂人奥利夫·亥维赛——纪念亥维赛简化麦克斯韦方程组一百周年．自然杂志，1985，(05)：374—380.

4. 钱长炎．赫兹发现电磁波的实验方法及过程．物理实验，2005，(07)：33—37.

5. 王丽珍，李海．近代科学史上的一座里程碑——纪念 H. 赫兹发现电磁波 110 周年．雁北师院学报，1998，14(02)：76—78.

6. 李进梅．麦克斯韦电磁理论的建立及其影响．宿州学院学报，2007，22(04)：95—97.

7. 纪念信息论创始人山农．遥测遥控，2001，22(03)：62—63.

第4章 信息时代的电文化发展

内容提要

赫兹在1887年用电火花实验验证了电磁波的存在和麦克斯韦电磁理论。赫兹的重大发现，不但为无线电通信创造了条件，而且为电子技术的发展开拓了新的道路，构成了现代文明的骨架。1838年，莫尔斯发明了有线电报，1875年，贝尔发明了有线电话，1895—1896年马可尼和波波夫发明了无线电报和无线电通信，1904年，弗莱明发明了真空二极管，1906年，福雷斯特发明了真空三极管，1947年，肖克利发明了晶体管，1958年，基尔比发明了集成电路，1946年，世界上第一台电子计算机研制成功。一大批杰出的科学家不断探索和大胆实践，在前人已经发现的电磁学和电磁波知识的基础上，开启了电磁波应用的大门，推动了信息时代电文化的发展。

名言警句

我们不是因为变老而停止玩耍，而恰是因为停止玩耍而变老！

——阿兰·图灵

名言警句

用我一生的精力去安装电灯，对广阔的俄国来说，只不过照亮了很小一角。如果我能指挥电磁波，就可以飞越整个世界。

——波波夫

名言警句

若人们不相信数学简单，则只因他们未意识到生命之复杂。

——冯·诺伊曼

名言警句

创新有时需要离开常走的大道，潜入森林，你就肯定会发现前所未见的东西。

——贝尔

1888 年，年仅 29 岁的德国青年物理学家赫兹用电波环进行了一系列实验，发现了电磁波的存在。他用实验证明了麦克斯韦的电磁理论。这些实验轰动了整个科学界，成为近代科学技术史上的一个里程碑。赫兹在电磁学实验研究的过程中，设计制作了一系列电磁波的发射器、接收器和探测器，为其后无线电技术的快速发展奠定了良好的技术基础，导致了无线电的诞生和电子技术的发展。随着电子技术的高速发展，军事、科研迫切需要解决计算的工具也大大改进。1946 年，美国宾夕法尼亚大学的埃克特和莫希里研制出世界上第一台电子计算机。电子元器件材料的革新进一步促使电子计算机向小型化、高精度、高可靠性方向发展。20 世纪 40 年代，科学家们发现了半导体材料，用它制成晶体管，替代了电子管。1948 年，美国贝尔实验室的肖克利、巴丁和布拉坦发明了晶体三极管，于是晶体管收音机、晶体管电视、晶体管计算机很快代替了各式各样的真空电子管产品。1959 年，美国的基尔比和诺伊斯发明了集成电路，从此微电子技术诞生了。1967 年，大规模集成电路诞生，一块米粒般大小的硅晶片上可以集成 1000 多个晶体管组成的线路。1977 年，美国和日本的科学家研制出超大规模集成电路，$30mm^2$ 的硅晶片上集成了 130000 个晶体管。微电子技术极大地推动了电子计算机的更新换代，使电子计算机显示了前所未有的信息处理功能，成为现代高新科技的重要标志。

第一节　通信技术

通信是信息交换与传递的手段。在电磁现象用于通信之前，人们就开始采用不同的方式向远方传递信息。我国是世界上最早建立有组织传递信息系统的国家之一。早在 2700 多年前，我国便已出现了用烽火传递信息的通信方法。19 世纪中叶以后，随着电磁波的发现，人类通信领域产生了根本性的巨大变革，实现了利用金属导线来传递信息，甚至通过电磁波来进行无线通信，使神话中的“千里眼”、“顺风耳”变成了现实。从此，用电信号作为新的载体，开始了人类通信的新时代。

一、莫尔斯和有线电报

现代通信技术起源于 1838 年塞缪尔·莫尔斯(1791—1872)发明的有线电报。电报通信是把发报人需要发送的文字变成电信号，通过电路迅速传到远方，然后再恢复为文字，交给收报人。电报的发明缩短了人们之间的距离，从而推动了人类文明的进步。

图 4.1　塞缪尔·莫尔斯

(摘自百度百科)

塞缪尔·莫尔斯是一名享有盛誉的美国画家，如图 4.1 所示。1791 年 4 月 27 日，莫尔斯出生在美国马萨诸塞州的查尔斯顿，1810 年毕业于耶鲁大学，早期曾从事印刷和绘画。作为一名画家，莫尔斯是成功的。他曾两度赴欧洲留学，在肖像画和历史绘画方面成了当时公认的一流画家。他本来不是一个科学家，而是一位地地道道的画家，但因为一件偶然的事，改变了他的后半生。他在事业发展到顶峰时改行研究电学，并立志发明电报。

1832年的秋天，莫尔斯从法国乘船返回美国，在这次旅途中莫尔斯结识了杰克逊。杰克逊是波士顿的一位医生，也是一位电学博士。此次他是在巴黎出席电学研讨会之后返回美国。闲聊中，杰克逊把话题转移到电磁感应现象上，健谈的杰克逊用通俗的语言介绍了电磁感应现象：当导线通电后，铁块就产生吸引力；线圈的圈数越多，或通过的电流越大，吸引力也就越强；电流一中断，磁性就消失。莫尔斯对电非常感兴趣，他向杰克逊请教了许多电的基础知识，如电的传递速度等。他想："电的传递速度那么快，能够在一瞬间传到千里之外，加上电磁铁后在有电和没电时能做出不同的反应。利用它的这种特性不就可以传递信息了吗?"这个想法改变了时年41岁的画家以后的生活。41岁的莫尔斯决定放弃他的绘画事业，发明一种用电传递信息的方法——电报。从此，莫尔斯走上了科学发明的崎岖道路。他开始恶补物理知识，钻研电磁学，遇到一些自己不懂的问题，就向电学家亨利等请教。很快莫尔斯就掌握了电磁基本知识。

如何把电报和人类的语言连接起来呢？莫尔斯从在电线中流动的电流当电线突然截止时会迸出火花这一事实得到启发：如果将电流截止时刻发出火花作为一种信号，电流接通而没有火花作为另一种信号，电流接通时间加长又作为一种信号，这3种信号组合起来，就可以代表全部的字母和数字，文字就可以通过电流在电线中传到远处。1837年，莫尔斯终于设计出了著名的莫尔斯电码，莫尔斯用电流的"通"、"断"和"长断"来代替了人类的文字进行传送。它利用"点"、"划"和"间隔"的不同组合来表示字母、数字、标点和符号。这是电信史上最早的编码。有了电码，莫尔斯马上着手研制电报机。他在极度贫困的状态下仍然坚持进行研制工作。终于，在1837年9月4日，莫尔斯制造出了一台电报机。它的发报装置很简单，由电键和一组电池组成。按下电键，便有电流通过。按的时间短促表示点信号，按的时间长些表示横线信号。它的收报机装置较复杂，是由一只电磁铁及有关附件组成的。当有电流通过时，电磁铁便产生磁性，这样由电磁铁控制的笔也就在纸上记录下点或横线。这台发报机的有效工作距离为500m。之后，莫尔斯又对这台发报机进行了改进。莫尔斯计划在华盛顿与巴尔的摩两个城市之间，架设一条长约64km的线路。为此，他请求美国国会资助3万美元，作为实验经费。国会经过长时间的激烈辩论，终于在1843年3月通过了资助莫尔斯实验的议案。1844年3月，莫尔斯终于建成了从华盛顿到巴尔的摩全长64.4km的电报线路。1844年5月24日，53岁的塞缪尔·莫尔斯在美国华盛顿国会大厦会议厅里，用他倾注十余年心血研制成功的电报机，心情激动地按照预先约定的时间，用激动得发抖的手向约64km以外的巴尔的摩城发出了历史上第一份长途电报："上帝创造了何等奇迹!"他的助手在约64km以外的地方收到了电报，这次试验轰动了世界，揭开了人类通信史上新的一页。

莫尔斯的电报机经过许多改进，被迅速推广应用。从此以后，战争的爆发、和约的缔结、风暴的来临、鱼群的发现等，各种消息都通过电报而得到迅速传递。1858年，欧洲许多国家联合给了莫尔斯一笔40万法郎的奖金。在莫尔斯垂暮之年，纽约市在中央公园为他塑造了雕像，用巨大的荣誉来补偿曾使这位科学家陷于饥饿境地的过错。电报的发明，开始了用电作为信息载体的历史，把人们想要传递的信息以300000km/s的速度传向远方。这是人类信息史上划时代的创举。即使是后来电话出现以后，电报和莫尔斯电码依然广泛应用于战场的通信领域。现在，人们也还在使用莫尔斯电码进行野外救生和通信。1872年，电报之父塞缪尔·莫尔斯于纽约逝世，享年81岁。

二、贝尔和电话机

如果说电报的发明是人类文明史上的一个重要起点，那么电话的发明则是人类通信史上的一个里程碑，从此，人类社会伴随着电话及电话交换技术发展的脚步而进步。

图 4.2　亚历山大·贝尔

（摘自百度百科）

1875 年，英国的苏格兰青年亚历山大·贝尔(1847—1922)发明了世界上第一台电话机，并于 1876 年 2 月 14 日在美国专利局申请了电话专利权。其实，就在贝尔（图 4.2）提出申请两小时之后，一个叫格雷的人也申请了电话专利权。在他们两个之前，欧洲已经有很多人在进行这方面的设想和研究。早在 1854 年，电话原理就已由法国人鲍萨尔设想出来，6 年之后德国人赖伊斯又重复了这个设想。原理是：将两块薄金属片用电线相连，一方发出声音时，金属片振动，变为电，传给对方。但这仅仅是一种设想，问题是要设计送话器和受话器的构造，怎样才能把声音这种机械能转换成电能并进行传送。

最初，贝尔用电磁开关来形成一开一闭的脉冲信号，但是声波的频率高，这个方法显然是行不通的。最后的成功源于一个偶然的发现。1873 年，已经成为美国波士顿大学教授的贝尔，开始研究在同一条线路上传送许多电报的装置——多工电报。1875 年 6 月 2 日，贝尔和他的助手托马斯·沃森一起研制多工电报机。当他们分别在两个屋子里联合试验时，沃森看管的一台电报机上的一根弹簧突然被黏在磁铁上。沃森把黏住的弹簧拉开，这时贝尔发现另一个屋子里的电报机上的弹簧开始颤动起来并发出声音。正是这一振动产生的波动电流沿着导线传到另一个屋子。贝尔由此得到启发，他想：假如对铁片讲话，声音就会引起铁片的振动，在铁片后面放有绕着导线的磁铁，铁片振动时就会在导线中产生大小变化的电流，这样一方的话音就会传到另一方。1875 年 6 月 3 日，他们用这个装置进行了发声试验。在一次实验中，一滴硫酸溅到贝尔的腿上，他疼痛得喊叫起来："沃森先生，到我这里来。"想不到，这一句极普通的话，竟成了人类通过电话传送的第一句话音。图 4.3 所示即为贝尔电话机试验。1876 年 3 月 7 日，贝尔成为电话发明的专利人。1877 年在相距 300km 的波士顿和纽约之间架设了世界上第一条电话线路。1878 年进行了首次长途电话实验并获得了成功，后来贝尔成立了著名的贝尔电话公司。

图 4.3　贝尔电话机试验

（摘自百度百科）

格雷发明的电话与贝尔的略有不同，他把金属棒一头与一张薄膜相连，另一头悬挂在一个容器内的溶液中。当声音引起薄膜振动时，薄膜就带动金属棒在溶液里上下振动，引起金属棒与容器底部距离的改变，即改变了电阻的大小，也就是改变了电流强度，把声音转变成电信号。

1877年，美国的另一位伟大的发明家爱迪生发明了炭精送话器并取得了发明专利，这种电话机的作用是使发话人声音的振动通过炭精送话器，使炭精的密合程度(即电阻的大小)随声音的变化而变化，使整个电话回路中产生变化的电流。这种随声音变化而变化的电流通过电话线路，在受话器中产生电磁感应并还原成声音振动，使受话人听到发话人的声音。这样通话质量有了明显提高，这种原理一直沿用至今。当时还有很多人对电话的工作方式进行了各种各样的改进。专利之争错综复杂，直到1892年才算告一段落。造成这种局面的一个原因是，当时美国最大的西部联合电报公司买下了格雷和爱迪生的专利权，与贝尔电话公司竞争。长时期专利之争的结果是双方达成一项协议，即西部联合电报公司完全承认贝尔的专利权，从此不再进入电话业，交换条件是17年之内分享贝尔电话公司收入的20%。贝尔及合伙人成立的贝尔电话公司最初的电话用户仅有778户，当年年底增加到3000户，3年后达到了10万户。20年后，仅美国投入使用的电话机总数就达到了140万部。

如果仅有电话机，则只能满足两个人之间的通话，而无法与第3个人进行通话。将多个用户连接起来进行通话，不仅需要连接的线非常多而导致造价极高，还会造成两个用户进行通话时，所连接的其他用户无法隔离。解决这个问题的方法是使用交换机。第一台交换机于1878年安装在美国，当时共有21个用户。这种交换机依靠接线员为用户接线。美国的阿尔蒙·史瑞乔于1891年发明了步进制自动电话交换系统。1889年，史瑞乔又发明了第一台无需话务员接线的电话自动交换机。它标志着电话及电话交换技术开始走向自动化。这种电话机上装有一个可以旋转的拨号盘，打电话时，只需拨动对方的电话号码，不必再与接线员对话。100多年来，电话从人工接续发展到自动接续，从机械式结构发展到电子结构，再发展到今天由电子计算机操纵的程控方式，在技术上发生了翻天覆地的变化。电话的接续速度大大加快，而且通话质量明显提高。

电话依然是当今社会人们的主要通信工具。这充分显示了它强劲的生命力。时至今日，电话已成为一个庞大的家族。从电话中衍生出了许多种通信工具：传真机、手机、可视电话、卫星电话等。

电报和电话的发明，使人们的信息交流变得既迅速又方便，然而这种交流必须在铺设了电话线路的地方才能进行。现代社会的信息需要及时使各地的人们甚至没有铺设电话线路的地方的人们分享，无线通信的兴起满足了人们的这种愿望。

三、无线通信的发明

无线通信与早期的电报、电话通信不同，它不是依靠有形的金属导线，而是利用无线电波来传递信息的。无线电通信是利用电磁波的辐射和传播，经过空间传送信息的通信方式。无线电的发明是众多科学家共同研究的成果，也是历史发展的产物。1831年，英国法拉第发现电流可以产生磁场。1865年，英国麦克斯韦从理论上预言了电的任何波动可以在远处产生感应，即预言了电磁波的存在，并且电磁波能够从产生的地方以光的速度辐射出去，但他本人未能亲自做出实验验证。1887年，赫兹利用静电的火花放电实验证明了电磁波的存在，引起了人们利用电磁波的兴趣，而赫兹却英年早逝，未能在电磁波的应用技术方面开展科研工作。以俄国的波波夫和意大利的马可尼为代表的科学家、发明家，在前人已经掌握的电磁学和电磁波知识的基础上，大胆探索和不断实践，开启了电磁波应用的大门，开创了无线电通信的新技术。无线电通信为人类通信开辟了一个有巨大潜力的新领域，用无线电波传播信息，不仅极大地降低了有线通信面临的架线成本和覆盖面问题，也使人类通信开始走向无限空间。1894 年，人类无线电通信的创始人——意大利工程师马可尼和俄国科学家波波夫在麦克斯韦的电磁波理论和赫兹电磁波实验的基础上，采用电磁波作为传播介质，成功地进行了世界上最早的无线通信活动，开创了人类通信的新纪元。

图 4.4　波波夫
（摘自百度百科）

1859 年 3 月，波波夫(1859—1906，图 4.4)生于俄国乌拉尔地区斯维尔德洛夫斯克州，12 岁时就表现出对电工技术的爱好，自己做了一个电池，还用电铃把家里的钟改装成闹钟。1877 年，18 岁的波波夫进入圣彼得堡大学学习。波波夫 29 岁时，赫兹发现电磁波的消息传到俄国，他被强烈地吸引住了。波波夫开始有目的地研究，他复制了赫兹的实验。1894 年，波波夫制成了一台无线电接收机，并用于探测雷电。在无数次的实验中，他发现在接收机上加上一根导线可以使接收电波的距离明显增加，这便是世界上第一根天线。1895 年 5 月 7 日，俄国理化学会物理部会议在圣彼得堡召开。会上波波夫做了“关于金属屑与电振荡的关系”的报告，并用他的无线电装置做了收发电磁波信号的演示。后来，苏联政府把每年的 5 月 7 日定为“无线电节”。1896 年 1 月，俄国物理化学协会刊物《电》发表了波波夫的论文《金属屑同电振荡的关系》，并介绍了 5 月 7 日那次演示的情况，它立刻引起了全球学术界的关注。后来，波波夫用电报机代替电铃当作接收机的终端，这种装置就成了一台无线电发报机。

1896 年 3 月 24 日，波波夫和助手雷布金在圣彼得堡大学的俄国物理化学协会的年会上正式进行了用无线电传递莫尔斯电码的表演，当时在场的观众有 1000 多人。表演的时候，接收机装设在物理化学协会会议大厅里，发射机放在附近的森林学院的化学馆里。雷布金发射信号，波波夫接收信号，通信距离是 250m。物理学化学协会分会会长佩特罗司赫夫基教授把接收到的电报字母逐一写在黑板上，最后得到的报文是“海因里希·赫兹”。它表示波波夫对这位电磁波的发明者的崇敬。这是世界上第一份有明确内容的无线电报。

波波夫致力于把无线电通信应用于海军。1897 年春天，他在俄国军港喀琅施塔得港进行实验，在相距 640m 的战舰间建立了无线电联系。同年夏天，波波夫又在巡洋舰“阿非利加号”和教练舰“欧罗巴”号上进行了无线电通信试验，最大通信距离达到 5km。但是波波夫的发明直到 1899 年底，才得到俄国海军总部的承认和支持，并首先应用于俄国军舰上。同年，他又在科特卡城和哥格兰德岛之间开辟了俄国第一条实用的无线电报通信线路，距离为 40km，并成功地完成了海上营救任务。俄国海军在进行营救时，无线电台发挥了很大的效用。1901 年夏天，波波夫又在黑海进行了实验，使行进中的舰队能在 110km 内保持无线电联系。1901 年他研制成了复杂的收发两用电台，设计成功了陆军车用收发报机。1906 年 1 月 13 日，波波夫在圣彼得堡因脑溢血不幸逝世，年仅 46 岁。

1874年4月马可尼(1874—1937，图4.5)生于意大利波伦亚，他从小就对物理有浓厚的兴趣。1894年，年仅20岁的马可尼偶然读到赫兹论述电磁波实验的文章，便把兴趣转移到利用电磁波进行通信的实验上，立志实现无线电通信。马可尼在父母的别墅顶层建立了无线电收发实验装置。起初，通信距离只有140m。之后他改进了检波器，采用粉末检波器作为接收机，并在发射机振荡偶极子的一个铜球上连接一根很长的导线，使信号发送范围扩大，这就是早期的无线电天线。1896年夏天，他在别墅的3楼实验室与1.7km远处的山丘之间，成功地实现了无线电报通信。他向意大利政府请求资助，但是没有得到重视和支持。同年，22岁的马可尼到达英国，继续进行扩大无线电通信距离的实验。在英国邮电部和商务大臣普利斯的支持与赞助下，他的发明工作取得了迅速的发展。1896年6月2日，马可尼向英国政府提出了编号为12039的电报专利申请书。

图4.5　马可尼

(摘自百度百科)

1897年5月，马可尼在英国西海岸南段的布里斯托尔海湾成功地实现了人类首次无线电信号的跨海通信试验，距离增大到14.5km。同年7月，他在伦敦成立了无线电报通信公司(1900年改名为马可尼无线电公司)，并在怀特岛的艾伦湾建立了一座无线电台，开始研究无线电的商业应用，并拍发了世界上第一份收费的商用无线电报。1898年7月，马可尼的无线电装置为爱尔兰首都都柏林《每日快报》报道了快艇的比赛情况。1899年夏，马可尼又成功地使无线电信号第一次越过英法海峡，并使无线电成为海上救生的有力工具。同年11月15日，他又使无线电通信距离首次突破100km，达到了106km。1900年，马可尼用无线电报道了美国选举的结果，无线电通信充分显示出它的巨大优越性。图4.6所示为马可尼的无线电通信。同时，为了提高接收机的灵敏度，他又研制了无线电调谐装置并申请了专利权。1900年，马可尼获得了英国政府的第7777号专利，无线电的实用价值得到了社会的承认。1901年12月12日，马可尼在加拿大的圣约翰斯接收到从英国康沃尔发来的电码“S”，首次在大西洋两岸实现了远距离无线电信号的传送，成功试验了横跨大西洋3000km的越洋无线电通信，终于开辟了应用无线电的新时代。

图4.6　马可尼无线电通信

(摘自百度百科)

1909年11月，马可尼和德国物理学家布劳恩共同获得1909年度的诺贝尔物理学奖，这一年他才35岁。而此时第一个探索无线电世界、毕生为发展无线电事业奋斗的波波夫，已在1906年患脑溢血逝世。由于诺贝尔奖只颁发给在世的科学家，因此波波夫无缘获此殊荣。

四、广播和电视的发明

19世纪，人类在发明了无线电报之后，便进一步希望用电磁波来传送声音。最早利用无线电波传送和接收声音的，是美国匹茨堡大学物理学教授雷金纳德·奥布利·费森登

(1866—1932)和被称为“无线电之父”的美国杰出发明家李·德福雷斯特(1873—1961)。

图 4.7 费森登
(摘自百度图片)

费森登(图 4.7)1866 年 10 月 6 日生于加拿大魁北克省米尔顿，1932 年 7 月 22 日卒于百慕大的汉密尔顿。费森登在 19 世纪 80 年代是爱迪生的首席化学家，后来又在爱迪生的竞争对手威斯汀豪斯手下工作。虽然同爱迪生或 19 世纪的其他发明家相比，费登森几乎不为人知，但是实际上他获得的专利无论是在数目上还是在种类上都仅次于爱迪生，他一生获得的专利达 500 项之多。他最引人注目的发明是对无线电波的调制。

1900 年，费森登提出了调幅原理，并发明了电解检波器。1902 年，在一系列发明的基础上，费森登在马萨诸塞州建立了发射台。1906 年 12 月 25 日，费森登主持播出了有史以来世界上的第一次语言广播。他在马萨诸塞州的布兰特罗克镇的国家电器公司 128m 高的无线电塔上进行了一次广播。这次广播最主要的就是朗读《圣经》中有关耶稣基督降生的故事。另外，还配有小提琴演奏曲，播送德国音乐家韩尔德的《舒缓曲》等。在演播前，他在报纸上进行了预告，并发出无线电报，通告太平洋上的来往船只。那天晚上，太平洋上来往船只的无线电报务员收听到了小提琴演奏曲和一位男子朗读圣经的声音。第一次短暂的实验性广播成功了，这是世界上第一次成功的传声实验，并被公认为无线电声音广播诞生的标志，如图 4.8 所示。1906 年 12 月 25 日被定为无线电广播的诞生日。他发射的不是莫尔斯码所需求的断续信号，而是连续的信号。信号的振幅随声波的不同而变化。这种以振幅调节为特征的信号后来被称为“调幅”。从技术的初步标准而言，广播从此诞生，人类开始了无线电广播的历史。

图 4.8 费森登的传声实验
(摘自百度图片)

1906 年，继英国工程师弗雷明发明了真空二极管后，美国科学家李·德福雷斯特发明了真空三极管，这种真空三极管的功能是检波、产生振荡、放大电信号、改变电信号频率等。1908 年，德福雷斯特在巴黎埃菲尔铁塔上进行了一次广播，被当地所有的军事电台和马赛的一位工程师收听到。1912 年他开始用多个三极管连续放大微弱的高频无线电信号，这对无线电和长途电话通信而言是一个重大发展，为无线电广播和远距离无线通信的实现铺平了道路。后来，他在纽约高桥自己的实验电台做实验广播，用《纽约美国人报》提供的简讯，广播了 1916 年威尔逊和休斯在总统竞选中的得票数字。这是世界历史上的第一次新闻广播。

1916 年，美国马可尼公司 25 岁的无线电报务员戴维·萨尔诺夫提出了制作“无线电音乐盒”(即收音机)的设想。经过几年的研制，美国无线电公司成功制造了最初的收音机。至此，无线电通信在发射和接收技术上都趋于成熟，为无线电广播的普及创造了条件。此后不久，俄国建立了无线电实验所，制造了无线电发射机。英国、法国、荷兰亦于 1919 年前后开始实验无线电广播。直到 1920 年上半年为止，世界各地的无线电广播均处于试验阶段。正式的电台广播开始于 1920 年的美国。1920 年 11 月 2 日，西屋电气公司位于匹兹堡的 KDKA 电台开播。这是美国第一个正式申请商业执照的电台，因此被认为是世界上第一家正式成立的广播电台，它的开播标志着世界广播事业的诞生。此后，俄国、比利时、德国、加拿大、新西兰、中国、日本等国也相继开始正式广播。到 1930 年，无线电广播几乎遍及世界，成为了拓展新闻与娱乐的世界性资源。

中国的第一家广播电台是由外国人开办的。1923 年初，美国商人奥斯邦在上海开办了一个 50 W 的广播电台。此后，外国人相继在上海、天津、原北平(现北京)、哈尔滨等地开办了类似的电台，它们以广播商情、广告为主，辅以娱乐节目，新闻占的比例较小。中国人自己开办的第一家电台是哈尔滨广播电台，它于 1926 年 10 月 1 日开播，呼号为 XOH，发射功率为 100W。1928 年 1 月 1 日发射功率增大到 1000 W，呼号改为 COHB，用汉语、俄语和日语 3 种语言广播。

电视的诞生稍晚于广播。人类先发明了机械式电视系统，然后发明了电子式电视系统。

1884 年，德国科学家尼普科夫(1860—1940)发明了圆盘扫描法并获得专利。这种圆盘被称为尼普科夫圆盘。它是在一个圆盘的周边，按螺旋形状开若干个小孔，圆盘转动时便对图像进行顺序扫描，并通过硒光电管进行电转换，实现了画像电传扫描的设想。尼普科夫圆盘被认为是解决电视机械扫描问题的经典方法，在电视发展史上占有重要地位。一个偶然的机会，英国发明家约翰·洛吉·贝尔德(1888—1946)看到了关于尼普可夫圆盘的资料，如图 4.9 所示。尼普科夫的天才设想引起了他的极大兴趣。他立志要发明电视并立刻着手准备。正是对发明电视的执著追求和极大热情支持着贝尔德。1924 年，一台凝聚着贝尔德心血和汗水的电视机终于问世了。这台电视利用尼普科夫原理，采用两个尼普科夫圆盘，首次在相距 4 英尺的地方传送了一个十字剪影画。1925 年 10 月 2 日，他终于制造出了第一台能传输图像的机械式电视机，这就是电视的雏形。尽管画面上木偶比现实中木偶模糊，噪声也很大，但能在一个不起眼的黑盒子中看到栩栩如生的图像，仍引起了人们极大的兴趣。刚问世的电视被称为“神奇魔盒”。

图 4.9　约翰·洛吉·贝尔德

(摘自百度百科)

1926 年 1 月 26 日，英国皇家学院的科学家们应邀来到贝尔德的实验室，贝尔德演示了“电视播送运动物体”的实验，实现了影像粗糙的机械扫描电视系统，如图 4.10 所示，成功的放映结果引起了极大的轰动。这是贝尔德研制的电视第一天公开播放，世人将这一天作为电视诞生的时间。1927 年，英国广播公司试播了 30 行机械扫描式电视，从此开始了电视广播的历史。1929 年，贝尔德与英国广播公司(BBC)签订协议，采用他的发明进行电视节目的实验

图 4.10　“电视播送运动物体”实验

(摘自百度百科)

广播，这是世界上最早的电视广播。1936 年 11 月 2 日，BBC 在伦敦以北 6 英里处的亚历山大宫建成世界第一座电视台，播出了一场颇具规模的歌舞节目，并首次开办每天 2 h 的公共电视广播。虽然当时全伦敦只有 200 多台电视机，但它标志着世界电视事业开始发展，被认为是世界电视事业的开端。1937 年播放了英王乔治六世加冕的实况，这是世界上第一次户外电视实况转播。1936 年，贝尔德遇到了强有力的竞争对手——电气和乐器工业公司发明的全电子系统电视。经过一段时间的比较，专家于 1937 年 2 月得出结论：贝尔德的机械扫描系统不如电气和乐器工业公司的全电子系统。1930 年，贝尔德提出了“彩色电视系统”构思。为此，他百折不挠，终于在 1941 年 12 月成功研制了彩色电视机，成功地传送了彩色图像，因此贝尔德被英国人尊称为“电视机之父”。

机械式电视机的发明使人们的生活进入了一个神奇的世界。但是，有线的机械电视传播的距离和范围非常有限，图像也相当粗糙，无法再现精细的画面。机械电视的这一致命弱点困扰着人们。科学家们试图寻找一种能够同时提高电视的灵敏度和清晰度的新方法，于是电子式电视系统应运而生。1923 年，俄裔美国科学家兹沃雷金(1889—1982)申请了光电显像管、电视发射器及电视接收器的专利。他首次采用全面性的“电子电视”发收系统，成为现代电视技术的先驱。

图 4.11　兹沃雷金
(摘自百度图片)

兹沃雷金(1889—1982)是俄裔美国电子学家、发明家，如图 4.11 所示。1889 年 7 月 30 日，兹沃雷金生于俄国的米罗姆。1912 年，他在圣彼得堡工学院毕业后，到巴黎法兰西学院攻读研究生。兹沃雷金 1919 年到达美国，1924 年加入美国籍，1926 年获美国匹兹堡大学博士学位，1938 年获布鲁克林工业学院理学博士学位。

兹沃雷金的研究范围广泛，包括电子学、电视、电子光学、光电管、真空电子管、无线电传真等，共获专利 120 多项。1920 年，兹沃雷金在匹兹堡的威斯汀豪斯电气公司(即西屋电气公司)工作。在公司的实验室里，他可以自由地摆弄那些自己喜爱的电视零件。1923 年，兹沃雷金发明了光电摄像管，并取得专利。1924 年，他又提出了光电显像管(即电视接收管)的专利申请。这两项发明形成了全电子扫描系统的雏形，组成了世界上第一个全电子电视系统。

1929 年，美国无线电公司在纽约创建实验电视台，聘请兹沃雷金为无线电公司电子研究室主任，于是兹沃雷金离开威斯汀豪斯电气公司进入美国无线电公司。这是他人生道路中的另一个重要转折点。新的职务使他有了更多的行动自主权来完成自己的发明。1931 年，兹沃雷金成功研制了令人比较满意的可供电视摄像用的摄像管和显像管，完成了使电视摄像与显像完全电子化的过程。同年，兹沃雷金进行了一项对一个完整的光电摄像管系统的实地试验。在这次实验中，一个由 240 条扫描线组成的图像被传送给 4 英里以外的一架电视机，再用镜子把 9 英寸显像管的图像反射到电视机前。至此，现代电视系统基本成型。现在电视摄影机和电视接收的成像原理与器具，就是根据他的发明改进而来的。在 1933 年夏天召开的美国无线电工程师协会会议上，兹沃雷金首次通报了综合运用这两项发明的完整电视系统的情况。在他领导的实验室里已有解析度达到 240 行扫描线的实验性设备。而一年后画面清晰度得到进一步提高，达到了343行扫描线。1936年，在美国，人们开始利用这套系统进行电视转播。1937年初，在英国伦敦北部的亚力山德拉宫设立了电气和乐器工业公司的电子式电视系统和贝尔德的机械式电视系统，并隔周轮番使用，以便比较两个系统哪个效果好。3个月后，英国广播公司通知贝尔德将关闭他的机械式电视系统。从此，电子扫描式电视取代了贝尔德的机械扫描式电视，这标志着一个新时代由此开始，电子式电视系统正式成为电视的主流系统。

随着电子技术在电视上的应用，电视开始走出实验室，进入公众生活，成为真正的信息传播介质。之后，人们对光电摄像管、电子束显像管和电子扫描系统进行了不断地改进，电视进入了现代阶段。英国在1937年，美国在1939年开始了黑白电视广播。到19世纪50年代初期，黑白电视广播开始普及。中国在1958年开始黑白电视广播。后来，人们根据红、绿、蓝3种基色光相加可得到不同颜色的原理，开始彩色电视的研究。美国最先试播一种与黑白电视不兼容的顺序制彩色电视，到1953年采用了NTSC兼容制彩色电视制式，1954年正式广播。德国、法国相继于1963年、1966年确定了兼容的PAL与SECAM彩色电视制式，与美国的NTSC制式并列为世界3种彩色电视制式，分别在世界各国和各地区得到采用。大多数国家从19世纪60年代后期转向彩色电视广播，中国从19世纪70年代初开始发展彩色电视广播，采用PAL－D，K制式。

广播和电视的出现，加速了人类的文化交流，极大地影响了人们的生活方式、工作方式和行为模式。电视的发明深刻地改变了人们的生活，它使人们的休闲时间得到前所未有的充实，更重要的是它加大了信息传播速度和信息量，使世界开始变小。如今，电视已成为普及率最高的家用电器之一，而电视新闻、电视娱乐、电视广告、电视教育等已形成了巨大的产业。电视作为一项伟大的发明，给人类带来了视觉革命。

五、移动电话的发明

移动电话通常称为手机，旧称手提电话、大哥大，是便携的、可以在较大范围内移动的电话终端。“手机”这个概念早在19世纪40年代就出现了。当时，手机由美国最大的通信公司——贝尔实验室开始试制。1946年，贝尔实验室的科学家率先提出了“手机”的概念，并且制造出了第一部所谓的移动通信电话。但是，由于体积太大，研究人员只能把它放在实验室的架子上。一直到了19世纪60年代末期，AT&T和摩托罗拉公司才开始对这种技术感兴趣。当时，AT&T出租一种体积很大的移动无线电话，客户可以把这种电话安装在大卡车上。AT&T的设想是研制一种移动电话，功率是10W，利用卡车上的无线电设备来沟通。马丁·库珀认为，这种电话太大太重，根本无法移动，不便携带。于是，摩托罗拉公司向美国联邦通信委员会提出申请，要求规定移动通信设备的功率，规定功率应该是1W，最大不能超过3W。事实上，今天大多数手机的无线电功率最大只有500mW。

1973年，摩托罗拉公司展示了世界上第一款便携移动电话的原型机，该原型机勉强算是便携式的。它的体积庞大，质量约为2磅，靠电池运转，使用它共可以通话10min。这款手机的发明者就是马丁·库珀。

马丁·库珀(1928—至今)1928年生于美国，在伊利诺伊技术学院获得电子工程学士

图 4.12　马丁·库珀
（摘自百度图片）

学位，如图 4.12 所示。他曾在美国海军的驱逐舰和潜艇中服役 4 年，复员后受雇于一家电信公司，1954 年加入摩托罗拉公司，从事移动产品的开发。经过多年的开发和研究，他于 1973 年发明了世界上第一部移动电话。1973 年 4 月 3 日，马丁·库珀在纽约曼哈顿的希尔顿酒店附近漫步，消磨着记者招待会前的时光。他决定在试验网络上测试一下新电话，于是拿起一部 2 镑的移动电话，按下了通话按钮，把世界上第一个移动电话打给了他的竞争对手——贝尔实验室的科学家乔尔·恩格尔，然后步入了新闻发布会。对方当时也在研制移动电话，但尚未成功。马丁·库珀后来回忆道："我打电话给他说'乔，我现在正在用一部便携式蜂窝电话跟你通话。'我听到听筒那头的'咬牙切齿'——虽然他已经保持了相当的礼貌。"库珀那时正担任摩托罗拉公司 MOT 系统部的总经理，他的发明在当时是革命性的产品。在为摩托罗拉公司工作的 29 年间，他创建并正式运营了寻呼和移动电话业务，担任摩托罗拉公司研究与发展部的总监。1983 年，马丁·库珀离开摩托罗拉公司。1992 年，64 岁的马丁·库珀与他人一起创立了美国爱瑞通信公司，并一直担任该公司的 CEO。马丁·库珀拥有通信业内的 6 项技术专利，他还被 Red Herring 杂志评为 2000 年全球十大企业家，同时他也因对无线领域的巨大贡献而入选 RCR 无线通信荣誉殿堂。

手机的诞生只是普及道路上的一小步。从研发成功到推向市场，摩托罗拉公司等了整整 10 年。在 10 年中，摩托罗拉公司除了建立第一批手机基站外，只能等待美国当局用漫长的时间去审批办理这个他们从未见过的怪东西。1983 年 6 月 13 日，摩托罗拉终于推出世界上第一台商业化的便携式手机，这台名为 Dyna TAC 8000X 的手机质量为 794g，长 33cm，最长通话时间是 1h，可以储存 30 个电话号码，标价 3995 美元，是名副其实的最贵重的"砖头"，也就是常说的"大哥大"。它看起来不漂亮，但是它可以让人们实现了移动通话，也可以方便携带。1983 年 10 月 13 日，Ameritech 公司的高管鲍伯·巴内特在芝加哥 Soldier Field 体育场外，拨通了美国第一个商用手机电话。巴内特的电话是打给电话发明者贝尔远在柏林的孙子的。这次通话的音质不太好，他们的谈话内容也算不上精彩。但是，对于那些为了目睹这一时刻而聚集在此的电信业和商界领袖而言，这却是一个历史性时刻。一个辉煌的新时代即将到来，公司主管可以把他们的交通工具变成办公室，公司员工无论到哪儿都能接听电话；人们走在大街上也能用电话交谈。手机的发明改变的不仅仅是我们与他人沟通的方式，还改变了我们的行为方式。到今天，马丁·库珀所发明的产品为世界市场创造的总效益已经达到 5000 亿美元，而马丁·库伯发明的移动电话所带给人类社会和生活方式的深远影响，更是无法计算。

第二节　电子信息技术

1905 年，德福雷斯特发明了真空三极管，1947 年，肖克利、布拉顿和巴丁发明了晶体管，1958 年，基尔比发明了集成电路，这些发明相继开创了电子技术领域具有里程碑意义的三大光辉时代。这三次技术大变革，不仅极大地提高了电子技术本身，还有力地促进了电子工业的发展，彻底改造了社会经济结构，深刻地改变了人们的工作方式和生活方式。

一、真空二极管的发明

电子管又称真空管，是电子设备工作的心脏。电子管的发展又是电子工业发展的起点。人类第一只电子管的诞生，标志着世界从此进入了电子时代。1904 年，世界上第一只电子管由英国物理学家弗莱明发明成功。

图 4.13 弗莱明

(摘自百度空间)

弗莱明 (1849—1945)是英国物理学家，如图 4.13 所示。他 1849 年 11 月 29 日生于兰开斯特，1870 年毕业于伦敦大学，获得理学士学位。弗莱明 1877 年进入剑桥大学的圣约翰学院，在著名物理学家麦克斯韦指导下研究电学和高等数学，在剑桥大学卡文迪什实验室做研究，1880 年获博士学位。1881—1882 年任诺丁汉大学物理和数学教授，1882—1885 年任伦敦爱迪生电灯公司顾问，1885—1926 年任伦敦大学电气工程教授，1892 年被选为英国皇家学会会员，1929 年被封为爵士。

1882 年，弗莱明成为爱迪生电灯公司顾问，很快就投入到白炽灯问题的研究中。1884 年，弗莱明出访美国时拜访了爱迪生，共同讨论了电发光的问题。爱迪生向弗莱明展示了一年前他在进行白炽灯研究时，发现的一个有趣现象(人们称之为爱迪生效应)：把一根电极密封在碳丝灯泡内，靠近灯丝，当电流通过灯丝使之发热时，金属板极上就有电流流过。爱迪生进一步试验，发现让板极通过电流计与灯丝的阳极相连时有电流，而与灯丝阴极相连时则没有电流。弗莱明对这一现象非常感兴趣，回国后，他对此进行了一些研究。他做实验发现，如果在真空灯泡里装上碳丝和铜板，分别充当阴极和屏极，则灯泡里的电子就能实现单向流动。

图 4.14 弗莱明的真空二极管

(摘自百度文库)

1896 年，马可尼的无线电报技术进入英国，1899 年，弗莱明成为马可尼公司的科学顾问。他在与马可尼的合作中感到，要实现远距离的无线电通信，就必须有灵敏可靠的检波器。当时为了寻找一个高效的检波器，包括马可尼在内的许多科学家都曾做过许多实验，但效果均不理想。弗莱明突发奇想，想利用“爱迪生效应”将交流电转化成直流电。于是他在真空玻璃管内封装了两个金属片，给阳极板加上高频交变电压后，出现了爱迪生效应，在交流电通过这个装置时被变成了直流电。弗莱明把这种装有两个电极的管子称为真空二极管，它具有整流和检波两种作用，如图 4.14 所示。这种新诞生的器件，其作用相当于一个只允许电流单向流动的阀门。1904 年 11 月 16 日，弗莱明为自己发明的电子管弗莱明“阀”申请了专利，它标志着人类历史上第一只电子管的诞生，世界也由此迈向电子时代。它首先被应用到马可尼的无线电报接收机上。它的诞生，离不开爱迪生和马可尼两位大发明家的研究基础，也离不开弗莱明的综合应用和持之以恒的努力。时至今日，电子管仍在发挥作用。例如，从本质上看，电视机的显像管还是一种电子管；在家用微波炉中，产生微波的主要器件也是一只电子管。在广播、电视、通信发射机里，目前还没有能取代大功率发射电子管的半导体器件。

二、真空三极管的发明

弗莱明发明的“真空二极管”是人类电子文明的开端。但如果只有二极管，人类也许只能停留在电子时代的开端阶段。所幸的是弗莱明的工作被一个名为德福雷斯特(图 4.15)的人所发展。1906 年，德福雷斯特在真空二极管的基础上发明了真空三极管，使电子管成为能广泛应用的电子器件。

图 4.15　李·德福雷斯特

(摘自百度图片)

李·德福雷斯特(1873—1961)1873 年 8 月 26 日生于美国爱荷华州康斯尔布拉夫斯。他 20 岁时被耶鲁大学录取，1896 年，德福雷斯特毕业于耶鲁大学谢菲尔德技术学院。1899 年，他在耶鲁大学获得物理学哲学博士学位。在大学期间，他就对马可尼正在开创的无线电报这一新兴领域非常感兴趣。他的博士论文可能是美国第一篇涉及无线电波的文章。1901 年，他研究出加速无线电信号传送的方法；1904 年，他的方法第一次应用于有关日俄战争的新闻报道。德福雷斯特一生中有 1300 多项发明专利，他最伟大的发明是真空三极管。

1906 年，为了提高真空二极管检波灵敏度，德福雷斯特在弗莱明发明的真空二极管的基础上加以改良，德福雷斯特在弗莱明的玻璃管内添加了栅栏式的金属网，形成第三个极，从而使该元器件成为三极管(3 个电极)。这个“栅极”就像百叶窗那样，能控制阴极与屏极之间的电子流；只要栅极有微弱电流通过，就可在屏极上获得较大的电流，而且波形与栅极电流完全一致，标志着这是一种能够起放大作用的真空三极管元器件。与真空二极管相比，真空三极管不但反应更为灵敏，而且集检波、放大和振荡 3 种功能于一体，更为实用。由于真空三极管能在不失真情况下放大微弱信号，所以使收音机和多种多样的电气设备成为现实。1906 年 10 月 25 日，美国科学家德福雷斯特申请了真空三极管放大器的专利，第二天又向美国电气工程师协会提交了关于三极管放大器的论文。他的专利于 1907 年 1 月 15 日被批准。1910 年，德福雷斯特采用了费森登的声音播送系统，用其真空三极管播放了安丽科·凯鲁索的歌声。

1912 年，德福雷斯特成功地做了几个真空三极管的连接实验，得到了比单个真空三极管大得多的放大能力。1916 年，他建立了一个广播电台，用以广播新闻。后来，德福雷斯特把他的真空三极管以 390000 美元出售给 AT&T 公司。真空三极管又被用在电话增音机上，解决了贝尔电话公司当时正在设计的美国长途电话的关键问题。真空三极管很快受到计算机研制者的青睐，计算机的历史也由此跨进电子纪元。在帕洛阿托市的德福雷斯特的故居，至今依然矗立着一块小小的纪念牌，以市政府的名义书写着一行文字：“德福雷斯特在此发现了电子管的放大作用”用来纪念这项伟大发明为新兴电子工业所奠定的基础。由于真空三极管具有检波、放大和振荡3种功能，因此被广泛应用于通信、广播、电视等领域。它不仅推动了无线电技术的迅猛发展，还奠定了近代电子工业的基础。真空三极管的发明被看作电子工业真正的诞生，德福雷斯特因为发明了真空三极管，所以被称为“电子管之父”。在福雷斯特真空三极管研究成功之后，经过改进还研制成功了真空四极管和真空五极管等。

三、晶体管的发明

在20世纪30～40年代，电子管是一种很普及的电子信号放大元器件，但体积偏大、使用过程中温度过高和寿命短的特点限制了它的使用范围。1947年，肖克利发明的晶体管以体积小、功耗低、可靠性高、寿命长等优点，迅速取代了真空管在电子时代的地位，成为电子科技发展的支柱。而晶体管的发明者威廉·肖克利则被人们称为“晶体管之父”，如图4.16所示。

图4.16　威廉·肖克利

（摘自科技中国）

威廉·肖克利(1910—1989)1910年2月13日出生于英国伦敦。其父母都是美国人，父亲于1875年毕业于美国麻省理工学院，母亲毕业于斯坦福大学的美术专业。肖克利3岁时随父母举家迁往美国加利福尼亚州。中学毕业后他考入了加利福尼亚理工学院，1932年在加利福尼亚理工学院物理系获得学士学位，1936年在麻省理工学院获得固体物理学博士学位后留校任教。同年6月，他进入贝尔实验室工作。1956年，肖克利创办肖克利半导体公司。1963年，他停止商业生涯，回到斯坦福大学任工程与应用科学研究所教授。1965年，肖克利再次回到贝尔实验室，任执行顾问。1975年2月，他退出贝尔实验室，同年9月他从斯坦福大学退休。1989年8月，他死于前列腺癌，享年79岁。

二战结束后，贝尔实验室开始研制新一代的电子管，由肖克利负责。肖克利决定研究一种新型固体元器件来取代真空管。但要真正实现他的想法，还需要一位经验丰富的半导体实验物理学家和一位具有电气工程经验的理论物理学家。他顺利地邀请到了沃尔特· 布拉顿博士和约翰·巴丁博士加盟他的研究小组，如图4.17所示。布拉顿是一位心灵手巧的实验物理学家，在明尼苏达大学获得物理学博士学位；巴丁是普林斯顿大学的博士，在固体导电理论领域颇有造诣。1947年11月21日的一个下午，布拉顿和巴丁用几条金箔片、一片半导体材料和一个弯纸架制成一个小模型，可以传导、放大和开关电流。他们把这一发明称为“点接

图4.17　晶体管的3位发明人

（摘自百度图片）

触晶体管放大器”。1947 年 12 月 23 日，在肖克利的帮助下，巴丁和布拉顿在贝尔实验室展示了晶体管的原型。1948 年 6 月 30 日，贝尔实验室在纽约的一场记者发布会上公开宣布了第一个晶体管的诞生。这是一种用以代替真空管的电子信号放大元器件，成为电子工业的强大引擎，被媒体和科学界称为“20 世纪最重要的发明”。1948 年，肖克利等人申请了晶体管的专利。1949 年，肖克利又提出了一种性能更好的结型晶体管，那是一种更小、更易散热的硅晶片材料，通过控制中间一层很薄的基极上的电流，实现放大作用。一年后，结型晶体管研制成功，一场电子技术革命由此爆发。肖克利、巴顿和布莱顿因发明晶体管而共同获得了 1956 年度的诺贝尔物理学奖。

当晶体管的发明人威廉·肖克利在 AT&T 的贝尔实验中宣布一种可以替代真空电子管电子信号放大元器件的新技术诞生后，电子技术终于发现了一条通向产业化的金光大道。用来生产晶片的原材料——硅成为新技术的象征。今天，半导体芯片产业已经形成了每年上千亿美元的规模。肖克利因此成为硅谷的最大功臣，他率先引导硅谷走向电子产业新时代。他不但被《时代》周刊评为“20 世纪最伟大的科学家之一”，而且被称为“硅谷的第一公民”。

四、集成电路的发明

在集成电路出现之前，晶体管逐步取代笨重不稳定的真空管。但随着电路系统不断扩张，元器件越来越大，成本越来越高。怎么缩小元器件体积，降低成本，成为应用上的大问题。1958 年，杰克·基尔比(图 4.18)在德州仪器(TI)半导体实验室发明的集成电路改变了整个电子世界。这一发明奠定了现代微电子技术的基础。如果没有他的发明，就不会有计算机的存在，信息化时代也只能是空谈。目前，无论是平板电脑(如 iPad)还是互联网，都采用了更为复杂、可靠和高效的集成电路。

图 4.18　杰克·基尔比
(摘自百度百科)

杰克·基尔比(1923—2005)1923 年 11 月 8 日生于美国密苏里州杰斐逊市。1947 年，基尔比获得伊利诺伊大学电子工程学学士，1950 年获得威斯康星大学电子工程学硕士。1958—1960 年，他在得克萨斯州达拉斯的 TI 公司负责开发模块化集成电路生产线。在此期间，“集成电路”这一概念成为他的一项发明，并作为商用产品进行开发。1978—1984 年，他在得克萨斯 A&M 大学担任电子工程学高级教授。2000 年，基尔比因发明集成电路获得诺贝尔物理学奖。

1947 年，在伊利诺伊大学毕业的基尔比怀着对电子技术的浓厚兴趣，在威斯康星州的密尔沃基的中心实验室谋得一份工作，开始和晶体管接触。同时，他开始在威斯康星大学电机工程专业深造，并于 1950 年获得硕士学位。取得硕士学位后，基尔比与妻子迁往得克萨斯州的达拉斯市，加入 TI 公司，从此迎来事业的转折点。TI 公司当时是专门研究电子器件微型化的公司，给他提供了大量的时间和不错的实验条件。基尔比加入 TI 公司后，虽然那个时代的工程师们因为晶体管的发明而备受鼓舞，但是问题还没有完全解决。

在拥有上万只晶体管及相应的电子元器件的大型电子电路中，若有一处出了问题，则整个电路就会瘫痪。即使晶体管能够取代真空管，且能够解决由真空管带来的某些问题，它也不能解决日趋复杂、日趋精细的电子电路的所有问题。基尔比那时已经知道，半导体材料可以分别制成晶体管、电容器和电阻器。针对这一情况，基尔比提出了一个大胆的设想：能不能将电阻、电容、晶体管等电子元器件都安置在一个半导体单片上？这样整个电路的体积将会大大缩小。于是他开始尝试制作一个相移振荡器的简易电路。在这期间，他渐渐形成一个想法：电阻器和电容器(无源元件)可以用与晶体管(有源器件)相同的材料制造。另外，既然所有元器件都可以用同一块材料制造，那么这些元器件可以先在同一块材料上制造，再相互连接，最终形成完整的电路。

1958 年 9 月 12 日，在 TI 公司的实验室里，基尔比的第一个安置在半导体锗片上的称为“相移振荡器”的电路取得了成功。基尔比成功地实现了把电子元器件集成在一块半导体材料上的构想，研制出了世界上第一块集成电路。TI 公司很快宣布他们发明了集成电路。1959 年 2 月 6 日，基尔比为他发明的第一个集成电路申请了专利。这项发明很快就改变了半导体产业。1960 年，TI 公司发布第一款供客户评估的芯片，两年后获得第一个大型集成电路合同——为美国民兵导弹设计和生产 22 种专用电路。

集成电路是历史上最重要的发明之一，它为无数的其他发明铺平了道路。集成电路无可争辩地成为自原油以来最重要的工业品。没有它，就不可能有个人计算机或手机，也没有因特网，甚至银行和汽车也不会是现在的样子。基尔比曾经工作过的 TI 公司董事会主席汤姆·恩吉布斯这样评价道：“有几个人的工作改变了整个世界及我们的生活方式。他们是亨利·福特、托马斯·爱迪生、莱特兄弟，还有杰克·基尔比。如果说有一项发明不仅改变了电子工业，还改变了整个世界，那就是基尔比发明的集成电路。”

第三节　计算机及计算机技术

一、计算机的发明

1946 年，第一台电子计算机在美国宾夕法尼亚大学莫尔电子工程学院研制成功。这台名为 ENIAC(Electronic Numerical Integrator And computer，电子数字积分计算计)的计算机是以美国数学家冯·诺依曼为主设计的。这台计算机长 24m，宽 6m，高 2.5m，占地 165m^2，使用了 18000 只真空电子管，重 30t，每秒钟运算 5000 次，这在当时是史无前例的。现在的计算机已经发展到第五代，速度可达每秒几十亿次。然而，第一台计算机的意义仍是划时代的。因为第一台电子计算机的发明，大大促进了科学技术的进步，大大促进了社会生活的进步。鉴于冯·诺依曼在发明电子计算机中所起到的关键性作用，他被西方人誉为“计算机之父”。

冯·诺依曼(1903—1957)是美籍匈牙利人，如图 4.19 所示。1903 年 12 月 28 日，冯·诺依曼出生于匈牙利的布达佩斯，父亲是一位银行家。冯·诺依曼从小聪颖过人，表现出罕见的数学天才，享有“数学神童”之名。冯·诺依曼 3 岁时就能记住不少数字，6 岁时就能心算 8 位数除法，8 岁时就学会了微积分。17 岁时，冯·诺依曼与老师合作发表了第一篇数学论文。冯·诺依曼作为全才型的人才，掌握了 7 种语言。20 岁时，冯·诺依曼获得瑞士苏黎世联邦工业大学化学工程学士学位。1926 年，年仅 23 岁的冯·诺依曼获得布达佩斯大学数学博士学位。1927—1929 年，冯·诺依曼相继在柏林大学和汉堡大学担任数学讲师。1930 年，美国数学泰斗韦伯伦教授邀请冯·诺依曼大到美国普林斯顿大学任教。1933 年，冯·诺依曼被聘为普林斯顿高等研究院的第一批终身教授。当时高等研究院聘有 6 名教授，其中包括爱因斯坦，而年仅 30 岁的冯·诺依曼是他们当中最年轻的一位。他在普林斯顿大学一直工作到 1955 年夏，然后在原子能委员会任职。第二次世界大战爆发后，他参与了美国一些重大的科研项目，如著名的制造原子弹的“曼哈顿计划”。此外，他还是“博弈论”的发展人之一。

图 4.19　冯·诺依曼

（摘自百度百科）

1944 年，冯·诺伊曼参加原子弹的研制工作，该工作涉及极为困难的计算。原子核裂变的各项数据非常繁杂，他所在的洛斯·阿拉莫斯实验室为此聘用了 100 多名女计算员从早到晚计算数据，但还是远远不能满足需要。冯·诺依曼深感现有的计算工具速度太慢，使一些重大科研项目的进度受到严重影响。被计算速度所困扰的冯·诺伊曼在一次极为偶然的机会中知道了 ENIAC 的研制计划，从此他投身到计算机研制这一宏伟事业中。他由 ENIAC 研制组的赫尔曼·哥尔斯廷上尉介绍加入该研制组，成为宾夕法尼亚大学莫尔学院电子计算机研制小组的顾问，参与研制了世界上第一台电子计算机。1946 年 2 月 14 日，在美国宾夕法尼亚大学的莫尔电机学院展示了世界上第一台现代电子计算机，如图 4.20 所示。

图 4.20　世界上第一台现代电子计算机

（摘自百度图片）

ENIAC 证明了电子真空技术可以大大地提高计算技术，但是 ENIAC 本身存在着几个缺点：一是没有存储器；二是采用布线接板进行控制，使用计算机时需要数十人手忙脚乱地连接各种导线，否则计算机无法运行。冯·诺依曼着手对 ENIAC 进行了改造。他提出了一个新的改进方案，一是用二进制代替十进制，进一步提高电子元器件的运算速度；二是存储程序，即把程序放在计算机内部的存储器中。冯·诺依曼的改进方案被称为电子离散变量自动计算机(Electronic Discrete Variable Automatic Computer，EDVAC)。EDVAC 方案明确奠定了新的计算机由 5 个部分组成，包括运算器、控制器、存储器、输入和输出设备，并描述了这 5 部分的职能和相互关系。1945 年 3 月，他在共同讨论的基础上起草了 EDVAC 设计报告初稿，这对后来计算机的设计有决定性的影响，特别是确定计算机的结构，采用存储程序及二进制编码等，至今仍为电子计算机设计者所遵循。

1945年6月，冯·诺依曼总结和详细说明了EDVAC的逻辑设计，发表了长达101页的题为《关于离散变量自动电子计算机》的报告草案，即计算机史上著名的“101页报告”。该报告提出了在电子计算机内部的存储器中存放程序的概念，广泛而具体地介绍了制造电子计算机和程序设计的新思想。报告提出的计算机体系结构一直延续至今，被称为“冯·诺依曼结构”。这份报告奠定了现代计算机体系结构的坚实根基，为计算机的设计树立了一座里程碑。这份报告是计算机发展史上一个划时代的文献，它向世界宣告了电子计算机时代的开始。

1951年，凝聚着冯·诺依曼多年心血的EDSAC计算机终于面世，程序存储在机器内部后，效率比ENIAC提高了数百倍，只用了3563只电子管和10000只晶体二极管，消耗电力和占地面积只有ENIAC的1/3。EDVAC研制成功后，冯·诺依曼离开了EDVAC研制组，回到普林斯顿高等研究院，开始在那里为普林斯顿高等研究院研制当时最快的计算机，即IAS，它取自于“高等研究院”的3个英文的字头。1946年3月，IAS开始研制，实验场地在普林斯顿大学，由美国陆军军械部弹道实验室和国家原子能委员会投资开发。此时，退伍的哥尔斯廷上尉也追随冯·诺依曼来到普林斯顿大学做他的副手。经过6年的努力，IAS在1952年6月10日正式建成。它有2300只电子管，长6英尺、高8英尺、宽2英尺，是同时期的所有计算机中外型最小而运算能力最强的计算机。在调试阶段，研制组做过一次著名的试验，每日24 h连轴转，不间断运行60日。这台计算机对当时氢弹设计中的大量关键数据进行处理，为氢弹的研制有巨大贡献。后来，又复制了十多台IAS供多家机构使用，这些机构有洛斯·阿拉莫斯实验室、伊利诺伊大学、橡树岭实验室、阿贡国家实验室和雷明顿·兰德公司等著名的科研机构。在IAS的基础上，这些科研机构又各自研制出新型的计算机。例如，洛斯·阿拉莫斯实验室研制的MANIAC，伊利诺伊大学制造的ILLIAC。雷明顿·兰德公司科学家沃尔甚至不顾冯·诺依曼的反对，把他研制的机器命名为JOHNNIAC(约翰尼克，“约翰”即冯·诺依曼的名)。1951年，IBM决定开始开发商用计算机，聘请冯·诺依曼担任公司的科学顾问。1952年12月，IBM第一台存储程序计算机研制完成，并命名为IBM 701。

冯·诺依曼对人类的最大贡献是对计算机科学、计算机技术、数值分析和经济学中的博弈论的开拓性工作。1954年夏，冯·诺依曼被诊断出患有骨癌。他曾在比基尼珊瑚岛观察原子弹试验，暴露在过量的放射元素之下，这是他患病的最可能的原因。1957年2月8日，冯·诺依曼在华盛顿的沃尔特·里德医院逝世，享年53岁。

不少人把冯·诺依曼当作计算机科学的奠基人，称他为“计算机之父”。其实，他本人并不接受这个称号。首先，在计算机科学上，冯·诺依曼认为他的研究成果是受到了计算机科学家阿兰·图灵的思想的启发，他仅仅是发扬光大阿兰·图灵的原始概念；其次，关于计算机的发明权当时就有争议，冯·诺依曼清楚地宣称他本人不是电子计算机的发明人。

二、计算机科学的产生

阿兰·图灵(1912—1954)是计算机逻辑的奠基者，许多人工智能的重要方法也源自这位伟大的科学家，如图4.21所示。在他42年的人生历程中，他的创造力是丰富多彩的。

他在 24 岁时提出了图灵机理论，31 岁时参与了 Colossus(第二次世界大战时英国破解德国通信密码的计算机)的研制，33 岁时构思了仿真系统，35 岁时提出自动程序设计概念，38 岁时设计了“图灵测试”。冯·诺依曼生前曾多次谦虚地说：“如果不考虑巴贝奇等人早先提出的有关思想，现代计算机的概念当属于阿兰·图灵。”冯·诺依曼能把“计算机之父”的桂冠戴在比自己小 10 岁的图灵头上，足见图灵对计算机科学影响之巨大。

图 4.21　阿兰·图灵

(摘自百度百科)

阿兰·图灵 1912 年 6 月 23 日出生于英国伦敦一个书香门第的家族，他的家族里有 3 位祖先当选过英国皇家学会会员。孩提时代的图灵就显示出强烈的探索精神。3 岁时，他曾尝试把玩具木头人的胳膊掰下来种植到花园里，幻想着能长出更多的木头人，这可能是他最早的“科学实验”。8 岁时，他写了第一篇科学短文，名为《说说显微镜》。图灵天生悟性过人，16 岁懂得爱因斯坦的相对论，并且运用理论，独立推导力学定律。1931 年，图灵进入剑桥大学学习，在该大学的国王学院专攻数学。大学毕业后留校任教，不到一年时间，他就发表了几篇很有分量的数学论文。1935 年，刚刚毕业年仅 23 岁的图灵就被剑桥大学国王学院甄选为研究员，成为剑桥大学有史以来最年轻的研究员。为此，剑桥大学特地宣布放假半天以示庆贺。1936 年，他来到美国新泽西州的普林斯顿大学攻读数学博士学位，并在 1938 年 6 月获得博士学位。该州有一个普林斯顿高等研究院，那里聚集着当时最优秀的数学家和物理学家。冯·诺依曼教授当时正在该研究院主持数学研究。他看过图灵的论文后极为赞赏，极力邀请图灵毕业后到普林斯顿高等研究院工作，做他的研究助手。然而图灵心系剑桥，执意回到母校任教，令冯·诺依曼教授惋惜不止。

1936 年，图灵在伦敦权威的数学杂志上发表了一篇划时代的重要论文《论可计算数及其在判定性问题中的应用》。这篇论文被誉为现代计算机原理开山之作，它描述了一种假想的可实现通用计算的机器，后人称之为“图灵机”。“图灵机”不是一种具体的机器，而是一种思想模型，可制造一种十分简单但运算能力极强的计算机装置，用来计算所有能想象得到的可计算函数。它由 3 部分组成：一条带子、一个读写头和一个控制装置。它能计算出任何给定的计算，也能执行任何可能的任务。图灵的文章从理论上证明了制造出通用计算机的可能性。“图灵机”实际上就是现代通用计算机的最原始的模型。这一理论奠定了整个现代计算机的理论基础。

正当图灵的理论研究工作进一步深入时，1939 年第二次世界大战爆发，英国对德宣战。图灵随即应征入伍，正式到“政府密码学院”服役。“政府密码学院”实际上是英国的战时情报中心。图灵每天工作的地方是一个对外称为“布雷契莱园”的庄园，他和同事们的主要任务是破解德军的军事密码。德国人在第二次世界大战之前研制成功了一种称为“谜”的密码电报机，它能够定期将密码改变，让破译者根本找不到规律。图灵在布雷契莱园领导着一个 200 多位密码专家的队伍，于 1943 年制造了一台由 1500 只电子管组成的密码破译专用计算机 Colossus。该专用计算机采用了图灵的大部分设计概念，共制造了 10

台。战争中成功破译了德军使用的著名的通信密码系统“谜”。1939—1945 年，图灵几乎完全投身于破解德军的密码系统的解密研究中。人们估计“政府密码学院”的工作使欧洲的战事至少提前两年结束。做出重大贡献的图灵也因此在 1946 年获得“不列颠帝国勋章”。

1945 年，第二次世界大战结束，图灵加入了英国伦敦的国家物理实验室，被聘为高级研究员。1945 年，图灵领导一批优秀的电子工程师，着手制造自动计算引擎(Automatic Computing Engineer，ACE)。1947 年，图灵离开国家物理实验室回到剑桥，不再继续参与 ACE 的研制工作。1950 年，花费 4 万英镑，用了约 800 只电子管的 ACE 样机研制成功，如图 4.22 所示，它比 ENIAC 的存储器更为先进。在公开演示会上，被认为是当时世界上速度最快、功能最强的计算机之一。1946 年，英国皇家学会成立计算机实验室，设在曼彻斯特大学，成为英国计算机事业的中心，总负责人是图灵在“政府密码学院”的同事纽曼教授。1948 年 5 月，图灵接受了曼彻斯特大学的邀请担任皇家学会计算机实验室的常务副主任，参加另一台早期计算机的研制。

图 4.22　自动计算引擎
(摘自百度图片)

1948 年 6 月 21 日，世界上第一台现代计算机在英国曼彻斯特的一间实验室里诞生。这台别名 Baby 的小规模实验机，是第一台具备类似于现代计算机架构，能真正执行不同程序的计算机。它不像 ENIAC 和 Colossus，输入不同的指令后，Baby 能立即执行各种不同的任务。ENIAC 和 Colossus 理论上也能执行不同程序，但却需要几天到几周的时间。1947 年，图灵写了一份内部报告，提出了“自动程序”的概念。图灵的这份报告后来收入爱丁堡大学编辑的《机器智能》论文集中。1950 年前后，他的兴趣完全转移到了人工智能领域。1950 年，图灵发表了里程碑式的论文《机器能思考吗》，在计算机科学界引起巨大震撼，为人工智能学的创立奠定了基础。也正是这篇文章，为图灵赢得了一项桂冠——人工智能之父。在这篇论文里，图灵第一次提出“机器思维”的概念。他逐条反驳了机器不能思维的论调，做出了肯定的回答。为了证明机器能够思考，他又发明了“图灵测试”，图灵测试在今天仍被沿用。1951 年，图灵因为图灵机的贡献被英国皇家学会选为会员，成为家族中的第 4 位皇家学会会员。曼彻斯特大学也因为图灵的存在，被英国皇家学会认定为国家计算机科学的最高学术机构。

1954 年 6 月 7 日，图灵逝世。图灵的过早去世，对当时的世界计算机科学领域来说，是一个难以估量的损失。图灵死后，他在逻辑与计算机科学领域的贡献较快地获得了肯定，美国计算机学会从 1966 年起设立“图灵奖”，一年一度由美国计算机学会颁发给世界上最优秀的计算机科学家。“图灵奖”是计算机领域的至高荣誉，相当于计算机科学界的诺贝尔奖。“图灵奖”代表着几十年来世界计算机科学的重大进步和创新，代表着计算机科学和相关技术产业的一次次质的飞跃，同时也代表着计算机科学界对图灵的崇高敬意。

第四节　新技术、新理论的发展

信息革命如同历次产业革命一样，源于科技的重大创新，促进了生产力的巨大进步，从而推动社会进入新的文明阶段。电子信息技术是最具发展潜力的技术之一，主要包括微电子技术、计算机技术、网络技术、通信技术等。信息技术在过去50年的发展对社会的改造是巨大的，信息技术将继续改变人类社会。

一、信息技术的基础——微电子技术

在所有关键技术中，集成电路制造技术是电子信息硬件产品的“核心”。集成电路技术在微电子技术领域取得的成功改变了整个世界。微电子技术是当代发展最快的技术之一，是电子信息产业的基础和心脏。微电子技术的发展大大推动了航天航空技术、遥测传感技术、通信技术、计算机技术、网络技术、汽车电子技术及家用电器等产业的迅猛发展。微电子技术的发展和应用，几乎使现代战争成为信息战、电子战。如今，微电子技术已成为衡量一个国家科学技术进步和综合国力的重要标志。可以说，没有微电子就没有今天的信息社会，就不可能有计算机、现代通信、网络等产业的发展。

微电子技术已经向系统集成方向发展。集成电路使微电子产业得到快速发展，集成电路由SSI(小规模集成）经过MSI(中规模集成）、LSI(大规模集成）、VLSI(超大规模集成）到今天的ULSI(特大规模集成），乃至GSI(吉规模集成），集成度已提高了8或9个数量级。集成电路打破了电子技术中元器件与线路分离的传统，开辟了电子元器件与线路甚至整个系统向一体化发展的方向，为电子设备的性能提高、价格降低、体积缩小、能耗降低提供了新的途径，也为电子设备的迅速普及、走向平民大众奠定了基础。

微机械电子系统和微光电机系统新技术，被称为硅半导体技术或微电子技术的又一次革命。电子信息系统芯片把电子信息系统中的信息获取、信息执行与当前信息处理等主要功能集成在一个芯片上。芯片智能化使机械、光学、化学和生物等机件、元器件或系统在微型化基础上增加一定的智能。集成电路产品的发展趋势是芯片面积越来越大，集成度越来越高，特征尺寸越来越小，系统日益完善。自20世纪90年代中期以后，125mm以下的硅片使用量逐渐减少，150mm硅片使用量增长缓慢，200mm硅片使用量逐年上升而成为主流，300mm硅片正在研制，400mm以上的硅片设计思路已经形成。未来10年内，集成电路仍将以硅基CMOS电路为主流工艺，其主要发展趋势是加工细微化、硅片大直径化。

二、信息技术的核心——计算机技术

计算机技术包括计算(网络计算、移动计算、并行计算等）技术，PC、服务器及其外部设备设计开发技术，多媒体技术和人工智能技术等。计算机技术向多媒体、智能化方向发展。并行处理技术将继续迅速发展，计算机性能平均每两年提高一个数量级。未来几年，CPU将由32位向64位过渡。产品结构从以计算机为核心转向以因特网网络设备为核心。存储设备在系统中的比例越来越高，存储技术向海量存储方向发展。多媒体技术将

使计算机、通信、家电融为一体，语言和手写识别技术及数字图像交互技术已走向实用化，多媒体技术在微机中得到普遍运用。计算机将更加个性化和拟人化。笔记本计算机迅速发展，手持计算机也以全新的面貌推出问世。

大规模并行处理、多媒体、开放系统、面向对象、网络计算和嵌入式计算等，在建立和谐人机环境方面成效显著，已成为当今主流技术。计算机体系结构与计算机系统将向高性能、网络化、人性化三大方向发展。由按传统的巨、大、中、小、微型计算机分类，演变为按客户机和服务器分类。高性能、可扩展、高可用的超级服务器已经开始成为计算机的主要发展方向。计算机系统构造技术把计算机体系结构、系统软件及应用软件支撑环境做统一的部署，进行自始至终的结合。64 位操作系统将成为计算机操作系统的主流。64 位运算的日益普及，超线程技术的发展，预示着频率主导的微处理器时代的结束，宣告了双核乃至多核时代的到来。PC 向智能化发展，计算机、通信和消费产品的技术将结合起来，以 3C 产品的形式通过互联网获得很快的发展，后 PC 时代将是一个很大的机遇。

三、信息传输技术——网络通信技术

通信技术包括卫星、光纤传输技术、移动通信技术、数字微波技术、有线与无线接入技术等。通信技术向宽带化、个性化和综合化方向发展。低轨道卫星通信目前已经实用化。光纤传输技术使传输速度每 3～4 个月翻一番，传递活动画面的通信业务已经实现。移动通信技术发展迅速，GSM、CDMA 数字移动通信已全面取代模拟移动通信，第三代移动通信系统走向商用。数字微波通信系统由准同步数字系列全面转向同步数字系列。宽带接入技术发展迅速，光纤主干网站接入带宽已超过 G 级，互联网无线接入技术和蓝牙技术日臻成熟。IP 电话向电信业务的渗透，使传统电信技术与 IP 技术的融合速度进一步加快。包交换、DWDM(密集波分多路复用)光传输、IP 选路和 Web 应用已成为下一代宽带网必须考虑的四大要素。

网络技术包括网络通信技术、网络安全技术和网络服务技术。目前，网络技术正向多业务、高性能、大容量的方向发展。IP 业务呈爆炸式增长态势，宽带综合业务数字网(B－ISDN)、超高速因特网将成为未来网络技术发展的重点。第二代融合数据、语音和影像的多元 Internet 网络即将取代第一代 Internet 单一数据网络，采用密集波分多路复用技术的光通信网络技术将极大降低网络传输成本，向用户提供巨大带宽，实现多媒体实时通信成为可能。网络多媒体通信的主要任务是在同一网络上实现所有媒体成分数据的有效传输。与传统的数据通信不同，多媒体通信包含多种成分数据。多媒体数据通信期间的巨大流量和连续媒体的实时性要求，使快速而有效的数据转发机制成为多媒体通信系统中不可或缺的重要环节。

从总体上说，计算机、广播、电视及其应用开发的结合将成为信息传输总的发展趋势，信息系统将由科学计算、数据处理向提高人民文化教育和生活质量的方向发展。信息获取、信息安全将成为关键技术，信息资源建设日益受到重视，信息处理逐步由单维向多维化过渡，人类将走向一个以互联网为基础的计算机、通信和消费类电子相结合的 3C 世界。信息技术的飞速发展，必然推动企业、教育、农业等各行业信息化的步伐，同时将对社会发展、科技进步及人们的生活学习产生深远的影响。

第五节 科学家轶事

在电磁理论研究中，涌现了许多为科学事业发展做出突出贡献的物理学家和数学家。他们有许多感人的成才故事。他们坚韧不拔、不断追求科学的创新精神，永远值得后人学习和敬仰。

一、冯·诺伊曼

在ENIAC计算机研制时期，几个数学家聚在一起切磋数学难题，百思不得某题之解。有个青年数学家决定带一台式计算器回家继续演算。次日清晨，他面带倦容走进办公室，颇为得意地对大家炫耀说："我从昨天晚上一直算到今晨4点半，总算找到那道难题的5种特殊解答。它们一个比一个更难啊！"说话间，冯·诺依曼推门进来，"什么更难？"虽只听到后面半句话，但"更难"二字使他马上来了精神。有人把题目讲给他听，冯·诺依曼顿时把自己该办的事抛在脑后，兴致勃勃地提议道："让我们一起算算这5种特殊的解答吧。"

大家都想见识一下教授的神算本领，于是只见冯·诺依曼眼望天花板，不言不语，迅速进入状态。5min左右，他就说出了前4种解答，又在沉思第5种解答。青年数学家再也忍不住，情不自禁讲出答案。冯·诺依曼吃了一惊，但没有说话。又过了1min，他才说道："你算得对！"

那位数学家怀着崇敬的心情离去，他不无揶揄地想："还造什么计算机啊，教授的头脑不就是一台超高速计算机吗？"然而，冯·诺依曼却呆在原地，陷入苦苦的思索，许久都不能自拔。有人轻声向他询问缘由，教授不安地回答说："我在想，他究竟用的是什么方法，这么快就算出了答案。"听到此言，大家不禁哈哈大笑："他用一台计算器算了整整一个夜晚！"冯·诺依曼一愣，也跟着开怀大笑起来。

二、阿兰·图灵

据说图灵有一辆破旧的自行车，那是他上下班的交通工具。这辆自行车经常半路掉链子，他却不把车送去修理，而是想办法自己解决。他发现链条总是转到一定圈数就会滑落。于是，他在骑车时就会在心中计数，边骑边数轮盘转过的圈数，在链子快要掉下前一刹那停车，倒一下轮盘，上车再骑。最后图灵竟然能够做到在链条下滑前一刹那停车。他这样一路走走停停，链子也没有掉下来。后来他还在脚踏板旁边安装了一个小巧的机械计数器来代替心中计数。每当计数器计数到一定圈数时，他就停下来歇一下，然后再重新骑车上路。

三、杰克·基尔比

杰克·基尔比在堪萨斯州大邦德长大。基尔比的父亲不仅是一位电气工程师，而且是堪萨斯电力公司的总裁，他所领导的公司其供电范围遍布美国西部各州。基尔比在念大邦德高中时就认定自己也将成为一名电气工程师。他想成为一名众人羡慕的麻省理工学院年轻的工程师。因此，1941年夏天，基尔比登上了前往马萨诸塞州肯布里奇的火车，满怀信心地参加了麻省理工学院的入学考试。这是一所名牌大学，也是世界一流工程师的摇篮。遗憾的是，他的入学考试成绩差了 3 分(该校当年录取分数线是 600 分，基尔比的考分是 597 分)而未能如愿，只好仓促地转入他父母的母校——伊利诺伊大学。这次落榜给基尔比的打击很大，以至于他在成名后还对此耿耿于怀，并由此怀疑起制定刚性录取分数线是否具有客观公正性。60 多年后，他仍然记得那次失败。事实上，麻省理工学院也因这 3 分的差距就失去了培养这位未来的大发明家、诺贝尔奖获得者的机会。

四、李·德福雷斯特

德福雷斯特制作的电子管问世后，他已经两手空空，身无分文。为了进一步改进发明，他只得到几家公司游说。他告诉人们这种小小的电子管在无线电中有神奇作用，希望得到资助。但是，没有人相信眼前这个衣衫破烂、穷困不堪的青年会做出什么发明，也没有人相信他手中拿的这个电子管会有大的用处。他到处碰壁，狼狈不堪。有几家公司还把他赶出大门，甚至有一家公司认为他是骗子，把他送到了警察局。

1906 年，纽约地方法院以诈骗罪对他进行公开审判。开庭那天，法庭来了不少人，其中有关心他的人，也有看热闹的人，许多记者也赶来采访。开庭后，德福雷斯特镇静地走上审判台。他勇敢地向人们宣称："我的发明可以接收大西洋彼岸传来的微弱信号"，"历史必将证明，我夺取了空中帝国的王冠"。法庭成为他宣传科学的讲台，他义正词严的发言博得了人们的赞扬，法庭宣布他无罪并释放了他。他昂着头步出法庭，那些诽谤过他并想陷害他的人受到了人们的嘲笑。不久，他获得了三极管的专利权，无线电的核心终于诞生了。

推荐阅读

1. 杨波，周亚宁．大话通信：通信基础知识读本．北京：人民邮电出版社，2009.

2. 丁奇，阳桢．大话无线通信．北京：人民邮电出版社出版，2010.

3. 刘战存，蔡文婷．弗莱明对科学技术的贡献．首都师范大学学报(自然科学版)，2010，31(05)：12—17.

4. 卢森锴．超凡的创造力．晶体管之父 W. B. 肖克莱——纪念晶体管发明 60 周年．河池学院学报，2007，07(05)：18—22.

5. 袁传宽．信息化社会的推手——晶体管之父肖克利．人物，2009(03)：58—64.

6. 浦根祥．杰克·基尔比——集成电路的开拓者．自然辩证法通讯，2002，24 (05)：69—76.

7. 老叶．开创电子新时代的伟大发明家——基尔比，电子产品世界，2005(08)：78—80.

8. 方兴东，王俊秀．冯·诺伊曼——电子计算机之父．软件工程师，2007(12)：60—63.

9. 王忠华．数学奇才、计算机之父——冯·诺依曼．数学通讯，1999 (12)：44—45.

10. 袁嘉风．才华横溢的悲剧人生——计算机科学之父阿兰·图灵．科学与文化，2006(07)：34—35.

11. 张戈．以通信推动地球转动——访"手机之父"马丁·库珀．无线电工程，2002，32(06)：61—64.

中篇

电气技术发展史

第5章

电机的诞生

内容提要

1831年法拉第电磁感应现象的发现，把人们带入了电机发展阶段。电机的诞生使世界工业进入飞速发展的电气化时代。本章介绍了电机的发展历程，探求电机诞生和形成的历史足迹，介绍了从直流发电机、直流电动机、交流发电机、交流电动机、变压器到现代多种多样的微特电机等的发展史，并介绍了中国电机制造工业的发展。

名言警句

一旦科学插上幻想的翅膀，它就能赢得胜利。

——迈克尔·法拉第

名言警句

好实践，恶空谈。

——钟兆琳

第一节　直流电机的产生和形成

18世纪60时代到19世纪中期以蒸汽机为代表的第一次工业革命是技术发展史上的一次巨大改革，蒸汽动力得以普遍应用。但随着生产力的发展，蒸汽动力输送和管理不便的缺点日益突出，因而人们不断寻找新的动力源。19世纪初期，人们已掌握了有关电磁现象的丰富知识，电悄悄进入了人类的社会生活。从1800年伏打电池的问世到1807年碳弧灯用于照明，人类不断在电的领域中探索。

一、法拉第直流发电机的发明

1821年9月3日，法拉第重做了奥斯特的实验，他把小针放在载流铜导线周围的不同位置，发现小磁针有沿着以导线为轴的圆周旋转的倾向。根据这一现象，法拉第发明了“电磁旋转器”，即让载流导线在一个马蹄形磁铁的磁场中转动，这就是科学史上最早的一台电动机。

1831年，法拉第发现了电磁感应现象，并研制了一种发电机：使导体有规律地切割磁力线，从而产生一股持续的电流。1831年10月，法拉第在日记本上画出他构想的发电机草图，不久他制造了一台圆盘式直流发电机，如图5.1所示。

法拉第的圆盘式发电机实验中的发电机跟现代的发电机有很大不同：在磁场中转动的不是现代发电机中的线圈，而是一个紫铜做的圆盘。法拉第把一个铜盘放在一个大的马蹄形磁铁的两极中间，圆心处固定一个摇柄，圆盘的边缘和圆心处各与一个电刷紧贴，铜盘的轴和边缘各引出一根导线，同电流表相连并构成闭合回路。当铜盘旋转的时候，电流表指示回路中有电流产生。这就是直流发电机的雏形，如图5.2所示。

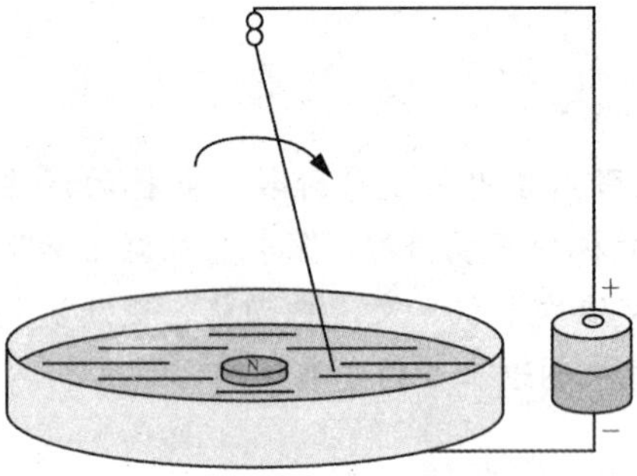

图5.1 圆盘式直流发电机

(摘自 http：//219.231.141.1/ee/sub_site/jpkc/dianji/zhishi1.html)

图5.2 直流发电机的雏形

(摘自 http：//jpkc.nwpu.edu.cn/jp2005/25/pcai/p03/ch03/pch2/html/fel.html)

我们的地球可视为一个磁偶极，两极中的一极位于地理北极附近，另一极位于地理南极附近。通过这两个磁极的假想直线(磁轴)与地球的自转轴大约成11.3°的倾斜。地球的磁场向太空伸出数万千米而形成所谓的地磁场。地磁场的成因可以由法拉第设计的地磁发电机原理进行一定解释。地磁场假想曲线如图5.3所示。

在法拉第设计的地磁发电机中用手柄转动一个矩形导体旋转，切割地磁场的磁通，就可以在矩形导体中产生电流，然后通过两半式换向器，即可以输出直流电流。这台发电机可以称为单导体环形直流发电机，法拉第把它称为地磁感应机，如图5.4所示。地磁感应机充分验证了地磁场发电的可能性。

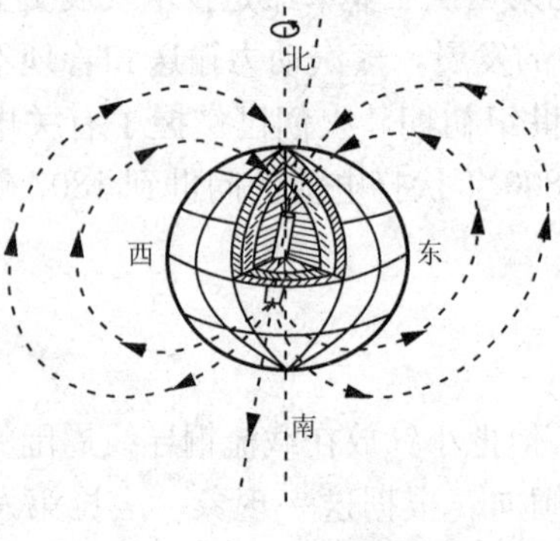

图5.3 地磁场假想曲线

(摘自 http：//www.sea3000.net/wangweimin/4.php)

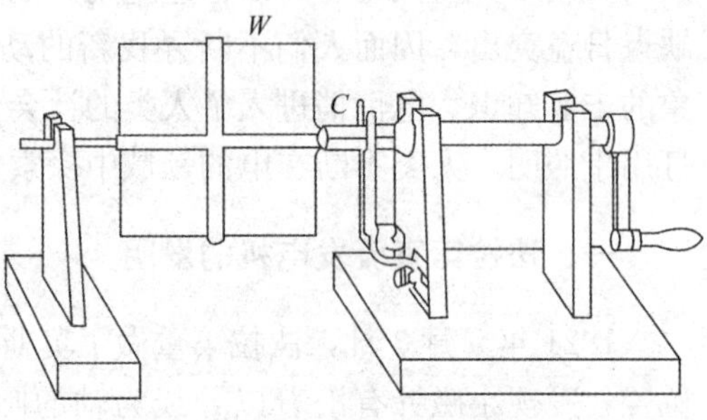

图5.4 地磁感应机

(摘自参考文献14)

二、直流发电机的发展

1832 年，意大利帕杜亚大学物理学教授内格罗(1768—1839)进行了探索实验，实验中将 4 个线圈放在桌上，4 个线圈串联，并与 1 个电流表相连，并将 4 个永久磁铁放在一个框架上。来回移动框架，让永久磁铁先靠近线圈再离开线圈，如此往复。内格罗发现电流表中有电流流过。这个实验说明线圈中产生的电流为感应电流。这个简单的实验装置可以看作往复式发电机的雏形。

1832 年，法国电学工程师皮克西(1808—1835)在巴黎公开了在一台手摇永久磁铁型旋转式交流发电机，如图 5.5 所示。在这个发电机装置中，发电机的线圈是固定的，有 2 个带铁心的螺线管，其下有一个马蹄形永久磁铁，马蹄形永久磁铁通过齿轮与手轮相连。摇动手轮即可带动磁铁旋转，使磁铁相对于线圈运动，从而在线圈中产生交流电。一年后，皮克西在发电机上安装上了最初的换向器，把发电机产生的交流电变为工业生产所需要的直流电。但这台发电机设备笨重，需用手摇，难以提高转速，且输出电压很低，实用价值不大。同年，俄籍德国人楞次提出“电动机-发电机”原理——楞次定律，证明发电机和电动机是可逆的。但 1870 年以前，直流发电机与电动机一直在独立发展。

1833 年，英国仪器制造商萨克斯顿(1799—1873)也制造了一台手摇直流发电机，如图 5.6 所示。这台发电机的结构与皮克西的发电机结构相反，其结构特点是线圈作为转子，而定子是永久磁铁，发电机的电压很低，功率也很小。这种发电机在结构上可以看作转动电枢式发电机，装置的基本原理是转动线圈在固定磁铁的磁场中切割磁力线，使线圈中产生感应交流电。这台发电机当时被用作实验室电源的供电。但萨克斯顿和皮克西发明的发电机都有一个缺陷：电压低，没有大的实用价值。

图 5.5　手摇永久磁铁型旋转式交流发电机

(摘自参考文献 14)

图 5.6　手摇直流发电机

(摘自参考文献 14)

三、进入实用阶段的直流发电机

1835 年，英国仪器制造师克拉克制成了世界上第一台具有实用价值的直流发电机。这台发电机由一个固定的马蹄形永久磁铁(作为磁极)和两个单独线圈形成的旋转电枢连接组成，每个线圈大约 1500 匝。转动圆盘，带动线圈旋转，切割磁力线而在线圈中产生交流电，通过轴上的金属换向器输出直流电，用于实验室。这台发电机产生的电压高于一般电池组，还配制了各种线圈，以供需要不同电流时使用。不久，克拉克和萨克斯顿还制成了一台放电治疗用的直流发电机，这是一台磁铁和线圈相互旋转的小型直流发电机。

1842 年，俄国科学家雅科比(1801—1874)制成了手摇发电机，如图 5.7 所示。它可作为点燃地雷导火管的电源，这台电机采用 2 个马蹄形磁铁以增强磁通。它是一台手摇直流发电机，是直流发电机首次运用于军事。

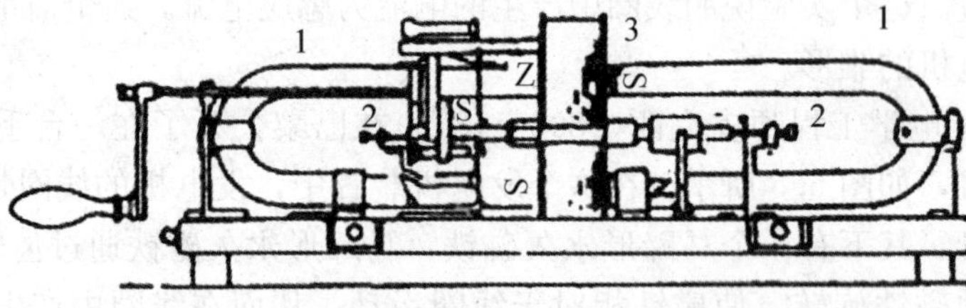

图 5.7　手摇发电机

(摘自参考文献 14)

19 世纪 40 年代，德国机械师施特纳(1813—1890)引入多极概念，制成了多台直流发电机，其中一台较大功率的直流发电机用作实验室供电。这台发电机由 3 个固定在机架上的马蹄形永久磁铁和 6 只螺线管组成，磁铁和螺线管在圆周上均匀分布。转动手柄，带动皮带轮即可驱动线圈旋转，产生交流电，然后通过换向器而输出直流电。该发电机采用皮带传动，电枢转速可以达到 500r/min，每个线圈的输出电压高于 1.5V。施特纳发电机首次采用一组马蹄形磁铁的结构，马蹄形磁铁成为后来一段时期内增加磁石发电机功率的基本结构。

图 5.8　惠斯通

(摘自互动百科)

19 世纪 30 年代初，英国物理学家惠斯通(1802—1875)致力于电报的研究，如图 5.8 所示。为促进电报的发展，1840 年，惠斯通制成了电报机使用的直流发电机，当以 1r/s 旋转手柄时，开路端电压可达 16V，初期该机磁极间没有换向器，所以只能输出单向脉动电流。1841 年，惠斯通对发电机进行了改进。这台发电机有 5 个电枢，装在一根公用轴上，5 个电枢置于 6 个马蹄形磁铁之间，且分别接有一个换向器，所有电枢的输出电流串联在一起。由此人们知道采用这种多电枢的结构后，发电机输出的电流波形有很大改善。1845 年，惠斯通首次在发电机上用电磁铁代替永久磁铁，并取得了专利权。由此人们知道采用电磁铁是增强发电机输出功率的一个重要措施。

图 5.9　电镀用伍尔里奇型发电机

(摘自参考文献 14)

1844 年，英国 Elkington 公司利用英国化学家伍尔里奇取得的一项采用直流发电机进行电镀的专利技术制造了一台电镀用伍尔里奇型发电机，如图 5.9 所示。这台发电机高 1.6m，木架的上下左右四方布置了 4 只马蹄形磁铁；电枢则由一个圆盘和装在上面的 8 只线圈组成。这是第一台工业用直流发电机。

1850年，布鲁塞尔海军学校的物理教师诺莱(1794—1853)设计了一台蒸汽机驱动的直流发电机，用于水的电解，而水电解后产生的氢气和氧气用于照明。1852年，英法联盟商会成立，根据诺莱的设计制造了直流发电机；英国人霍姆斯在诺莱的基础上进行了较大功率直流发电机的研究，在1856年制成了一台功率小于1.5kW的直流发电机，发电机转速达到600r/min，用2.5hp（1hp≈745.7W）的蒸汽机驱动，之后联盟公司又生产了用于灯塔的发电机。联盟牌发电机是发电机进入工业、商业领域的标志，也是直流发电机进入较大功率较高电压的一个开始。至此直流发电机终于走出了实验阶段，开始批量的生产，在人类工业发展中起到了促进作用。

1854年，丹麦的乔尔塞在发电机中不仅安装了永久磁铁，还加装了电磁铁，试制成功了一种永磁铁和电磁铁混合激磁的混励式发电机，功率有明显的提高。同年丹麦的赫尔特发明了自励式发电机。

1857年，惠斯通发明自励电磁铁型发电机。1860年，意大利的巴奇诺蒂发明了齿状电枢。1865年，意大利物理学家帕其努悌发明了环状发电机电枢。这种电枢以在铁环上绕线圈代替在铁心棒上绕制的线圈，从而提高了发电机的效率。

1863年，英国发电机制造家文尔德制成了自激式发电机，取得了专利权。这种发电机使用电磁铁，为了给电磁铁的线圈供电，文尔德专门设计了永磁体的发电机。这样，文尔德设计的发电机就由两部分组成：在原有发电机电磁铁的线包上还有一个小的永磁体发电机，这种发电机被称为独立励磁电磁铁发电机。这种发电机开始工作以后，永磁体发电机就没有作用了，只需在发电机开始发电时使用即可。文尔德在向英国皇家学会递交的论文《新的大功率发电机》中指出，一个无限小的电流或磁力能够产生一个无限大的电流，对自励原理有了清楚的认识。之后，文尔德申请了自励原理的专利，他在申请书中说，自励磁场依赖于原来磁场系统的剩磁。这就是说，原来磁极中存在剩磁，它产生的磁场可在转子电枢中感应出电势，这个电势又可为激磁绕组供应激磁电流，所以称为激磁。

四、西门子在直流发电机中的巨大贡献

1816年，维尔纳·冯·西门子(1816—1892)出生在汉诺威附近的伦特，他被称为“西门子之父”，如图5.10所示。西门子很小就对科学和工程有兴趣。1847年，西门子和机械工程师约翰·乔治·哈尔斯克依靠自己堂兄投资的6842塔勒银币(1塔勒相当于3马克)建立了西门子-哈尔斯克电报机制造公司，主要生产西门子发明的指南针式电报机，这个公司也就是当今著名的西门子公司的前身。1848年西门子公司赢得了法兰克福至柏林的电报线路合同，从此开始了大发展。1866年，西门子完成了一生中最大的成就：发明了直流自励、并励式发电机。这一发明标志着电气工程时代的到来。1867年，西门子公司在巴黎世界博览会上展出第一批样机。西门子完成了把机械能转换成为电能的发明，因此19世纪晚期进入了“强电”技术时代。西门子也因而成为“电气工程”的同义词，甚至德文“Elektrotechnik”（电气)一词就是由他创造的。电导率的单

图5.10　维尔纳·冯·西门子

(摘自互动百科)

位也以其名字命名。

1867年，西门子通过反复试验，对发电机提出了重大改进。他提出在发电机上采用电磁铁代替永久磁铁，可使磁力增强，产生强电流。西门子认为其中的原理是，电磁铁的铁心在不通电流时，也残存微弱的磁性。当转动线圈时，利用微弱的剩磁发出电流，再返回给电磁铁，促使其磁力增强，于是电磁铁能产生强磁性。随后，西门子开始专注研究电磁铁式发电机。西门子公司制成的新型的发电机能产生比之前发电机更强的电流。西门子发电机用强有力的电磁代替传统的永久磁铁，并用发电机本身产生的一部分电向电磁铁供应，使电磁铁得到一种自馈电流，从而大大加强了电磁铁的磁场，最终进一步提高了发电机的功率。同时，这种发电机比连接很多电池进行通电方便得多，因而它作为实用发电机被广泛应用起来。

1873年，西门子公司研究发电机的工程师阿特涅发明了一种新式的线圈绕线方式，制成了性能良好的发电机。阿特涅用许多薄圆铁板以纸绝缘后重叠起来，制成铁心，然后在上面绕以导线线圈。这种方法被称为“鼓卷”，即像鼓一样的形状。经过这种改进后，发电机在外观和性能上比原来有了很大改善。之后，德国以西门子公司为核心，大力研制各种发电机，使电力工业得到了迅速的发展。同时，西门子公司着手研究由电动机驱动的车辆，发明了有轨电车、无轨电车、电梯、电气火车等。西门子建立了海外的分公司，由此柏林舍内贝尔格尔大街的小作坊变成了一个跨国公司。西门子公司研发的这些技术往往马上被产品化投入市场。值得一提的是，直到20世纪末才开始有所发展的电动汽车也是西门子公司在1898年最先发明的。当西门子1892年去世时，他已经建立了一个庞大的西门子帝国，其中一半员工都在海外生活和工作。

西门子发电机在技术史上的地位相当于瓦特的蒸汽机，发电机和内燃机共同导致人类进入以电为标志的第二次工业革命，具有划时代的伟大意义。

五、19世纪后期直流发电机的发展

1870年，比利时发明家齐纳布·格拉姆(1826—1901)根据帕其努悌的设计方案，兼纳西门子的电磁铁式发电机原理，制成了性能优良的发电机。不同于先前的实验性装置，格拉姆的发明是真正能用于工业生产的发电设备。

1870年，格拉姆将T形电枢绕组改为环形电枢绕组，发明了直流发电机，在设计上，直流发电机和电动机很相似。后来，格拉姆证明向直流发电机输入电流，其转子会像电动机一样旋转。于是，这种格拉姆型发电机大量制造出来，效率也不断提高，因此格拉姆被人们誉为“发电机之父”。

1873年，麦克斯韦(1831—1879)完成了在电机学中占据重要地位的经典电磁理论基础——《电和磁》，电机绕组发展为鼓形绕组，至此直流发电机具备了现代直流发电机的基本形式。

1875年，齐纳布·格拉姆将改造后的直流发电机安装在法国巴黎北火车站发电厂(该厂是世界第一座火力发电厂)。

1870年—1890年是直流发电机发展的另一个重要阶段。1873年，鼓形绕组的出现提高了导线的利用率。为加强绕组的机械强度，减少铜线内部的涡流损耗，绕组的有效部分

被放入铁心槽中。

1880 年，爱迪生提出可以采用叠片铁心来减少铁心损耗，降低绕组温升。鼓形电枢绕组和有槽叠片铁心(图 5.11)结构一直沿用至今。

图 5.11　有槽叠片铁心

(摘自 http：//detail. china. alibaba. com/buyer/offerdetail/805704704. html)

1882 年是发电机发展史上的一个转折点。这一年德国台勃莱兹将米斯巴哈水电站发出的 2kW 直流电通过 57km 的 1500V～2000V 输电线输送到慕尼黑，从而为电能和发电机的应用开辟了广阔的前景，证明直流远距离输电的可能性。

在电机理论方面，1886 年霍普金森兄弟确立了磁路欧姆定律。和电路中的欧姆定律类似，磁路欧姆定律是磁路进行分析与计算时所要遵循的基本定律。1891 年，阿诺尔特建立了直流电枢绕组理论，这就使直流发电机的分析和设计建立在更为科学的基础上。到 19 世纪 90 年代，直流发电机已经具备了现代直流发电机的主要结构特点。

然而，随着直流电的广泛应用，直流发电机的固有缺点也很快暴露出来。首先，远距离输电时，要减少线路损耗，就必须升高电压，而制造高压直流发电机却有很多难以克服的困难。此外，单机容量不断增大，发电机的换向也就变得越来越困难。因此，19 世纪 80 年代以后，人们的注意力逐渐向交流电机方面转移。

六、直流电动机发展初期

虽然早在 1833 年，楞次已经证明了电机的可逆原理，但是在 1870 年以前，直流发电机和电动机一直被看作两种不同的电机而独立发展。虽然发现了电磁感应定律，也发明了直流发电机，但是经济性、可靠性、容量却未达到实用化要求，即廉价直流电源的问题并没有很快得到解决，因而电动机的应用和发展依然缓慢。加之在 1860 年以前，人们还不善于从电磁力公式 $F=Bli$ 考察问题，几乎都以电磁铁之间的相互吸引和排斥作为电动机结构设计的基本指导思想，这本身就带有很大的局限性，而且以蓄电池为主的昂贵的供电方式也确实有很大的制约作用。

现代电动机的工作基本原理通常建立在法拉第电磁感应原理上。在电动机诞生初期，直流电动机是利用电磁铁对软铁的吸引作用或磁铁间(电磁铁与永久磁铁间，或电磁铁之间)的相互吸引、排斥作用而运转的。

利用通有电流的线圈使其像磁铁一样具有磁性的装置称为电磁铁，电磁铁不是永久磁铁，只有在电流通过的时候才会产生磁性，若电磁铁内部带有铁心，则铁心采用易磁化，又易消磁的软铁或硅钢，通常制成条形或蹄形。电磁铁有许多优点：电磁铁有磁性，可以用通、断电流控制；磁性的大小可以用电流的强弱或线圈的匝数来控制。电磁铁在电动机发展中具有举足轻重的地位。

1822 年，法国物理学家阿拉戈和吕萨克发现，当电流通过其中有铁块的绕线时，能使绕线中的铁块磁化，这是电磁铁原理的最初发现。1823 年，英国科学家斯特金(1783—1850)做了一次类似的实验，他在一根并非磁铁棒的 U 形铁棒上绕了 18 圈铜裸线，当铜线与伏打电池接通时，绕在U形铁棒上的铜线圈即产生了密集的磁场，这样就使U形铁棒变成了一块“电磁铁”。这种电磁铁上的磁能要比永磁能大很多倍，它能吸起比它重20倍的铁块，而当电源切断后，U形铁棒重新成为一根普通的铁棒。斯特金电磁铁的发明，使人们看到了把电能转化为磁能的光明前景。1829年，美国电学家亨利(1797—1878)对斯特金电磁铁装置进行了一些革新，用绝缘导线代替裸铜导线，因此不必担心因铜导线过分靠近而短路。由于导线有了绝缘层，就可以将它们一圈圈地、紧紧地绕在一起，由于线圈越密集，产生的磁场就越强，这样就大大提高了把电能转化为磁能的能力。1831年，美国电学家亨利试制出了一块更新的电磁铁，虽然它的体积并不大，但它能吸起1t重的铁块。电磁铁的发明也使发电机的功率得到了很大的提高。

长期以来，人们一直认为电和磁是彼此独立的。1820年丹麦物理学家奥斯特发现了电流的磁效应，这一惊人发现使当时整个科学界受到很大的震动，从此拉开了研究电磁联系的序幕。奥斯特的实验使法拉第考虑到既然由电可以产生磁，那么由磁也应可以产生电。1822年，法拉第用实验的方法探索这一课题，做了大量的实验，但磁生电的现象却始终未出现。1825年，电磁铁的发明给法拉第的研究带来了新的希望。1831年，法拉第的实验有了突破性的进展。法拉第在一个铁环上绕有A、B两组线圈，B组线圈抽头接成闭合回路，A组线圈两端接于电池组。在一次实验时他想到，每次将电池接通后才去看指针是否偏转，可能是把电流表放得太远了。这次法拉第把电流表放在眼前，结果当电源接通时，电流表指针立即发生明显的摆动，而切断电流时指针向反方向摆动，这表明线圈B中出现了感应电流，这就是著名的法拉第圆环实验，如图5.12所示。通过这次实验，法拉第发现由磁感应电的现象是一种暂态效应。经过近10年的思考与探索，法拉第终于发现了电磁感应现象，找到了电磁感应现象产生的条件。

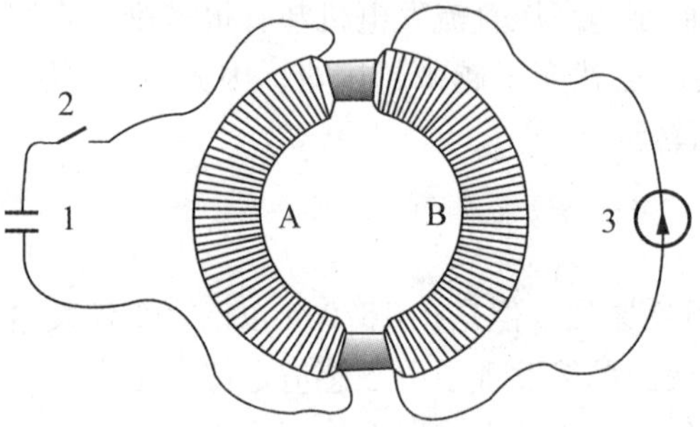

图5.12 法拉第圆环实验

(摘自 http://cs.gzedu.com/jiaoshijixu/dbsd8/jxjy006/intro/ziliaoku/xueshi/%B5%DA%C8%FD%D5%C2%B5%DA%C6%DF%BD%DA.htm)

法拉第的实验在人类历史上第一次利用电流磁效应将电能转变为旋转运动的机械能。可以把导线AB视作现代电动机中的电枢，即转动的转子；永磁铁可视作现代电动机中的磁极，即静止的定子。因此实验装置已具备现代电动机的基本原理和最基本的结构。所以可以把这个装置作为人类第一台电动机。1831年11月24日，法拉第向英国皇家学会报告了这个实验的情况，并把这种现象正式命名为“电磁感应”。电磁感应现象的发现是19世纪最伟大的发现，也是整个科学史上最伟大的发现之一，具有划时代的意义。电磁感应现象奠定了电力工业最重要的基础，而且在奥斯特实验的基础上进一步揭示了电现象和磁现象的紧密联系。

法拉第发明圆环电动机的同年，美国电学家亨利对法拉第的电动机模型进行了改进，制作了一个简单的装置(振荡电动机，如图5.13所示)，该装置的运动部件是在垂直方向上运动的电磁铁，当它们端部的导线与两个电池交替连接时，电磁铁的极性自动改变，电磁铁与永磁体相互吸引或排斥，使电磁铁以每分钟75个周期的速度上下运动。亨利的电动机的重要意义在于这是第一次展示了由磁极排斥和吸引产生的连续运动，是电磁铁在电动机中的真正应用。亨利在《美国科学和艺术杂志》上发表了论文，第一次引入了“电动机”这个名词。

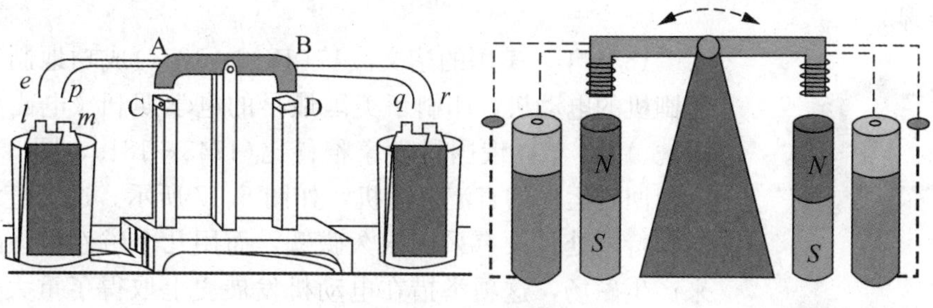

图 5.13　振荡电动机

（摘自 http：//219.231.141.1/ee/sub_site/jpkc/dianji/zhishi1.htm）

1832 年，斯特金发明了换向器，据此对亨利的振荡电动机进行了改进，并制作了世界上第一台能产生连续运动的旋转电动机，如图 5.14 所示。后来他还制作了一个并励直流电动机。

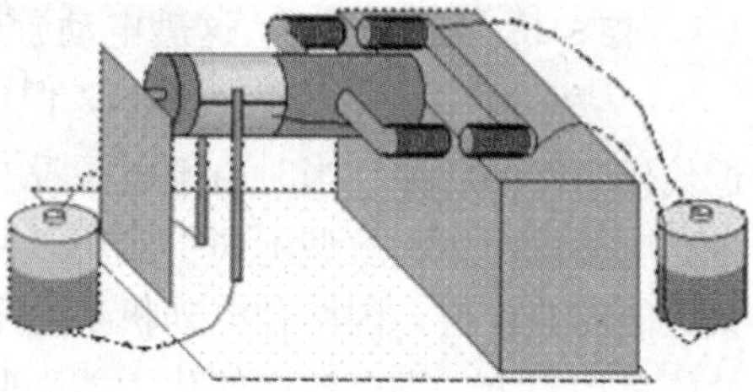

图 5.14　旋转电动机

（摘自 http：//219.231.141.1/ee/sub_site/jpkc/dianji/zhishi1.htm）

19 世纪 70 年代，比利时人格拉姆提出了用包绝缘的铁丝制成环形电枢铁心的想法，西门子提出用电磁铁制造直流发电机，并在理论上阐明了利用磁极剩磁进行自励的可能性，此后，直流电动机才进入商品化阶段，开始进行批量生产。特别是在 1879 年爱迪生发明白炽灯以后，电能需求大幅度增加，促使从 1882 年开始相继在伦敦、纽约、米兰、上海等地建立了火力发电厂，为直流电动机的推广应用创造了条件，并且电动机开始广泛应用于鼓风机、加工机床和城市电车等方面。但低压直流电输送距离不长，最多只有几千米，不能满足工业需要，因此使得人们开始转向交流电。

七、现代旋转电动机的雏形和电动机应用

1833 年，英国伦敦大学的里奇(1790—1837)发明了一种旋转电磁针，如图 5.15 所示，磁针上绕有线圈，线圈两端分别浸入一分为二的环形水银槽，接通电池后，受地磁场作用，磁针产生偏向。如果不断改变电流的方向，磁针的偏转方向也会发生改变。里奇的电磁针可以看作原始的电动机：磁针即电枢，地磁场即磁极，水银槽即换向器。同年里奇发明了一台装有换向器、线圈和永久磁铁的固定电动机。1834 年，里奇制作了一台较大的马蹄形磁铁和能在两磁极中间旋转的水平电磁棒组成的电动机。安装在轴上的电磁线圈的两个线端分别与固定在相互绝缘的两个半圆形金属片(即换向器)接触以得到电流，通电的电磁棒的磁极与磁铁相互吸引，使电磁棒旋转。当

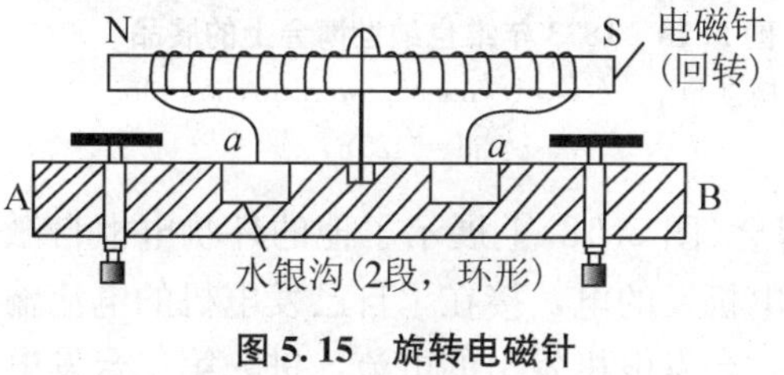

图 5.15　旋转电磁针

（摘自参考文献 14）

转动即将受到原来磁力的妨碍时，同步转动的线圈端已移动到与另一金属片接触的位置，于是电流方向调转，电磁棒的极性也对调，使磁力仍然驱动电磁棒转动。这台电动机产生一种持续的运动，具备了现代旋转电动机的结构雏形，可看作现代电动机发展的一个里程碑。

图 5.16 雅科比

（摘自互动百科）

1834 年，美国的达文波特(1802—1851)成功地制造了驱动印刷机的电动机，印刷了美国最早的电学期刊《电磁和机械情报》。1834 年，俄国科学家雅科比(1743—1819，图 5.16)制成一台回转运动的直流电动机，如图 5.17 所示。这台直流电动机的独特之处是没有采用永久磁铁，而用几个磁性很强的电磁铁来产生磁场，这项举措在电动机发展史上取得了重大突破，大大提高了电动机的功率。雅科比做了一个很大的圆环形电磁铁，在环心处安装上有铁心的线圈。通电后，线圈便可旋转起来。雅科比把这台电动机安装在一艘游艇上，用它来带动螺旋桨，这艘电动游艇载着 12 名乘客成功地渡过了涅瓦河，时速虽只有 2.2km，但仍引起了极大的轰动。另外，他设计的换向器可看作近代换向器的胚芽。当时由于电源没有保证且成本高，因此不能和蒸汽轮船匹敌。但是雅科比电动机由实验模型走向了实用，并进一步促使电动机的试制。但这两种电动机都没有太大的商业价值，因两种电动机都是采用电池做电源，成本太大，也正是因为电动机消耗的能量相当大，靠电池中的化学能来驱动电动机得不偿失，因此在相当长的时间里，这种用电池的电动机只能作为玩具而已。人们迫切期望找到廉价的电源来带动电动机。

1838 年，美国的佩奇(1812—1868)制成了第一台往复式的电动机。1851 年，佩奇进行了电动机车试验，这辆电车的功率有 16 马力，采用 100 只电池供电。由于故障，这次试验用了 39min 跑完了 5.25mile 的路程，最快的时速为 19mile/h。

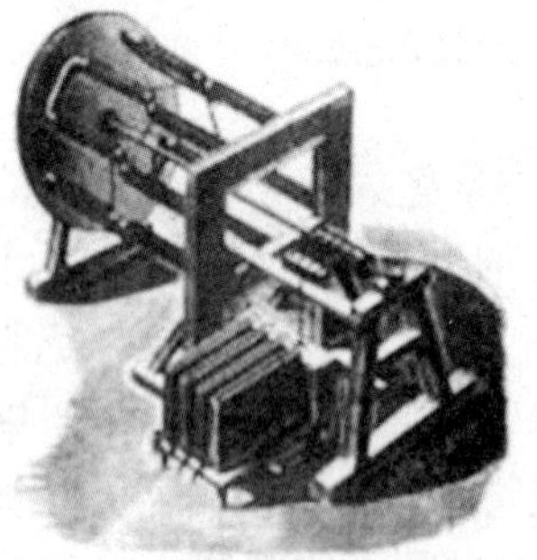

图 5.17 回转运动直流电动机

（摘自 http：//219.231.141.1/ee/sub_site/jpkc/dianji/zhishi1.htm）

图 5.18 1873 年维也纳世博会上的展品

（摘自 http：//www.yunnanpower.cn/showinfo.asp? id=5425）

1873 年，格拉姆(1826—1901)在维也纳世博会(图 5.18)上展示了他的环状电枢自激直流发电机。一次展示时他接错了线，把其他发电机发的电，接在了自己发电机的电流输出端。格拉姆还没有来得及撤回操作，却发现第一台发电机发出的电流，进入第二台发电机电枢线圈，使得这台发电机迅速转动起来——发电机变成了电动机。这一偶然的发现使在场的科学家们欣喜若狂。第二天博览会的大厅上展示了一个惊人的表演：用一个小型的人工瀑布来驱动发电机，发电机的电流带动电动机，电动机又带动了小水泵来喷射泉水。当一批又一批的观众围在两台电机前，望着这奇妙的景象，发出啧啧的赞叹声时，发明家们已经领悟到，驱动电动机的廉价电源已经找到。只要用发电机提供的电力，就能使电动机运行起来，廉价电源就在这不经意的错误中被发现了。格拉姆成为当届世博会最耀眼的明星，被誉为“电动机之父”。他的环状电枢自激直流发电机被证明性能优良，可以大规模生产使用。人类的电气化时代开始了。

1879 年，在柏林工业展览会上，西门子公司的电车赢得观众的一片喝彩。西门子电机车当时只有 3 马力，后来美国发明大王爱迪生试验的电机车（图 5.19）已达 12～15 马力。但当时的电动机全是直流电动机，只限于驱动电车。

1885 年，人们开始用碳粉来做电刷，这些措施使直流电动机的火花问题暂告缓和，并且促进了电磁负荷和单机容量的进一步提高。到 19 世纪 90 年代，直流电动机已经具备了现代直流电动机的主要结构特点。

随着电力电子技术的发展，特别是在大功率电力电子元器件问世以后，有逐步被整流电源所取代的趋势。不过，目前有些直流电源，如大型同步发电机的励磁电源及化学工业中的电镀电解等设备的电源依然采用直流发电机的供电方式。直流电动机的主要缺点是换向问题，它限制了直流电动机的极限容量，又增加了维护的工作量。

图 5.19　爱迪生发明的直流电动机

（摘自 http：//easy. sina. com. tw/news/article_newsid－107300. html）

第二节　交流电机的形成和发展

一、阿拉果试验和旋转磁场

1824 年，法国人阿拉果(1786—1853)(图 5.20)在转动悬挂着的磁针时发现其外围环上受到机械力。次年，他重复这一实验时，发现外围环的转动又使磁针偏转，从而获得了 1825 年度的科普利奖，并命名此盘为阿拉果盘，如图 5.21 所示。这个实验震动了欧洲的物理学家，谁也无法解释这个现象。法拉第称誉它为“非凡的实验”，表示他的电磁感应实验是“完满解释阿拉果现象的钥匙”，可见这一实验影响之深远。实际上，这一现象展示的就是多相感应电动机的工作原理。这个实验导致了后来感应电动机的出现。

英国科学家贝利对阿拉果试验做了进一步研究。1879 年，贝利用铜板下面 4 只电磁铁的磁力强弱顺序回转代替阿拉果圆盘试验中的永久磁铁，即依次变动 4 个磁极上的励磁电流，首次用电的方式获得了旋转磁场。

图 5.20　阿拉果
（摘自互动百科）

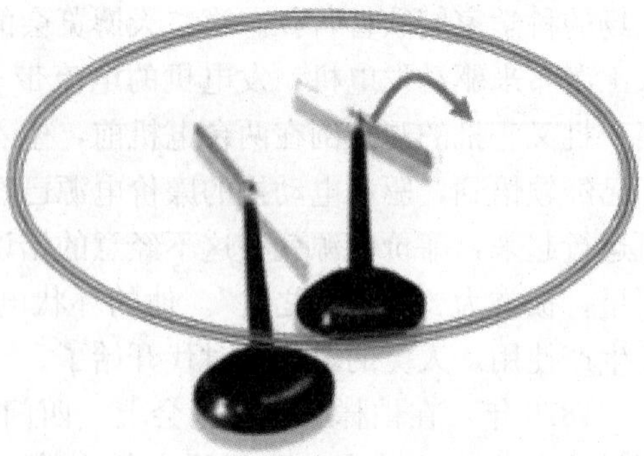

图 5.21　阿拉果盘示意图

二、交流发电机发展初期

世界上第一台交流发电机是 1832 年法国的皮克西制作的手摇永久磁铁旋转式发电机，用它可产生交流电。所以，人们很早就知道了单相交流发电机，而直流发电机中的换向器也是为了实现绕组中交变电流与端口直流电流之间的相互转换而设计的特定装置。但是，1870 年以前，由于生产上没有需要，加上当时科学水平的限制，人们对交流电的特点还不太了解。

1876 年，雅勃洛奇科夫首次采用交流发电机和开磁路式串联变压器给“电烛”供电，这是交流电用于照明的开始。

1879 年英国人拜依莱用依次变动 4 个磁极上的励磁电流而得到旋转磁场，如果在 4 个磁场的中间放一个铜盘，由于感应涡流的作用，铜盘将随着磁场的变动而旋转，这就是最初的感应电动机。

1883 年，台勃莱兹进一步在理论上阐明，两个在时间和空间上各自相差 1/4 周期的交变磁场，合成后可以得到一个旋转磁场。然而，真正用交流电产生旋转磁场，并制造出实际可用的交流发电机的，是费拉里斯和特斯拉。

1885 年，意大利物理学家费拉里斯(1847—1897)在 1884 年—1885 年从事变压器运行理论的试验研究。他发现旋转磁场并建造了两相感应电动机的实验室模型，时称费拉里斯电动机。费拉里斯对光学和电学都很有研究，并认为两者之间有密切联系。1885 年的一个黄昏，他突发灵感，从光学中两个简谐振动波可合成一束偏振光的现象中得到启发，认为同一频率的两个交变磁场，如空间相位相差 90°，则两个磁场之间的空间将会产生一个新的、运动的磁场，即旋转磁场。第二天，他请来助手，想用实验证明自己的想法。他们将四只螺线管在空间均匀布置，相对分成两组，两组螺线管线圈分别接在一台西门子单相交流发电机上。四只螺线管的中间有一只铜圆筒，其轴线在四只螺线管的交线上。布置完毕后，他们先合上一组线圈的电源，然后再合上另一组线圈的电源，然后他们发现铜圆筒旋转起来了。这个实验证明了费拉里斯设想的旋转磁场，其实验装置即费拉里斯电动机。1888 年，他提出实验报告，对旋转磁场做了严格的科学描述，为以后开发非同步电动机、自起动电动机奠定了基础。费拉里斯相信他所提出的旋转磁场理论及他所开发的新产品在科学上的价值远远超过物质上的价值，因此他有意不为自己的发明申请专利，而是在实验室向公众演示这些最新成果。

1884年霍普金森试验了交流同步发电机，同时也发现了同步发电机能作为电动机运行。但是他没有能解决同步电动机的起动问题。1884年，霍普金森发明了具有闭合磁路的变压器，同年，齐波诺斯基、德拉和勃拉弟3人又提出了芯式和壳式结构。之后，单相变压器逐渐在照明系统中得以应用，使远距离输电问题得到缓解，但又产生了新的矛盾。这就是，当时的单相交流电还不能用作电动机电源，运用交流电驱动各类生产机械的问题仍未获得解决。交流感应电动机的发明与产生旋转磁场这一研究工作紧密相连。

三、交流电机产品阶段

19世纪80年代中期，特斯拉独立地提出了依靠旋转磁场工作的感应电动机。1888年，特斯拉发明了两相绕线式交流异步电动机模型。它是根据电磁感应原理制成的，又称感应电动机。这种电动机结构简单，使用交流电，无需整流，无火花，因此被广泛应用于工业的家庭电器中，交流电动机通常用三相交流供电。1888年，他又在意大利科学院提出《利用交流电产生旋转磁场》的论文。他在爱迪生公司工作，但由于爱迪生坚持只研究直流方式，因此他就把两相交流发电机和电动机的专利权卖给了威斯汀豪斯电气公司，并于1890年提出了多相交流发电机和变压器的设想。以后特斯拉与美国威斯汀豪斯电气公司的斯科特合作研制成功了多相感应电动机，并提出了一系列专利申请，使感应电动机完善化。美国威斯汀豪斯电气公司利用特斯拉的专利于1890年制成了第一台能自动起动的同步电动机。1891年，在德国法兰克福举办的展览会上，特斯拉还提出了单相电动机的分相起动法。1893年，美国威斯汀豪斯电气公司开始成批提供异步电动机产品供工业应用。至此电动机方面的主要发明基本完成，电动机的结构已趋成熟，进入了产品发展阶段。

多利沃·多布罗沃利斯基(1861—1919)是俄国电工科学家，三相电流技术的创始人。多利沃·多布罗沃利斯基改进了测量交直流电流用的电磁式电流表和电压表。1888年，多利沃·多布罗沃利斯基制成第一台功率为2.2kW的旋转磁场式三相交流发电机，如图5.22所示，并提出了转子用铸铁制造、在转子上套有空心铜圆柱体的三相交流异步电动机。这种笼形转子使异步电动机性能得到显著改善，这就是现代电机中的鼠笼式交流异步电动机。在这个时期，他还设计了多种交流三相电路电器，如三相变压器、起动变阻器、各种测量仪器、发电机和电动机的星形和三角形连接线路等。

图5.22 旋转磁场式三相交流发电机

(摘自 http://www.cnrepair.com/html/2008-06/18713.htm)

1891年，在法兰克福举行的世界电工技术博览会上，奥斯卡和多利沃·多布罗沃利斯基演示了世界上第一个长达170km的三相输电系统。55V三相交流发电机的电流经三相变压器提高到了几万伏，顺利通电，从此三相交流发电机很快代替了工业上的直流发电机。因为三相制的优点十分明显：材料可靠，结构简单，性能好，效率高，用铜省，在电力驱动方面有重大效益。从此，各种各样的电机迅速发展起来。多利沃·多布罗沃利斯基最早提出了开关电器中目前广为采用的灭弧方法。1919年，他又提出了关于交流电能长距离(数百和数千千米)传输由于线路损耗太大可能不经济的论点。

1889年，西屋电气公司在俄勒冈州建设了发电厂，1892年成功地将15000V电压输送到了皮茨菲尔德。1896年，特斯拉的两相交流发电机在尼亚拉发电厂开始运营，3750kW、5000V的交流电一直输送到40km外的布法罗市。

1902年，瑞典工程师丹尼尔森利用特斯拉感应电动机的旋转磁场观念，首先提出同步电动机构想。同步电动机工作原理同感应电动机一样，由定子产生旋转磁场，转子绕组用直流供电，转速固定不变，不受负载影响。因此同步电动机特别适用于钟表、磁带录音机等。

19世纪90年代初开始，由交流电动机和直流电动机组成的电动机家族，被广泛应用于工业和家用电器领域。从20世纪初以来，电机无论在品种、规格、容量、产量各个方面都有了很大的发展。现代电机产品种类繁多，应用极广。世界各国每年生产的大小电机总数超过10亿台。电动机的容量小的只有几毫瓦，大的达几万千瓦。发电机的单机容量最大的已高达1.5×10^6kW。

第三节　变压器的发展与应用

一、变压器发展基础

从1831年变压器的雏形——法拉第电磁感应线圈到现在，变压器的发展已走过了180多年的道路。纵观多年来变压器技术的发展，大致可分为4个阶段：探索、初创阶段，技术成长成熟阶段，高速发展阶段和平稳发展阶段。追溯变压器的发明史，还要从法拉第和亨利说起。

1831年，法拉第进行磁生电的实验，当合上开关后，法拉第发现检流器摆动，即线圈和检流器中有电流流过。法拉第通过这个实验发现了电磁感应现象。法拉第进行这个实验的装置实际上是世界上第一台变压器雏形。

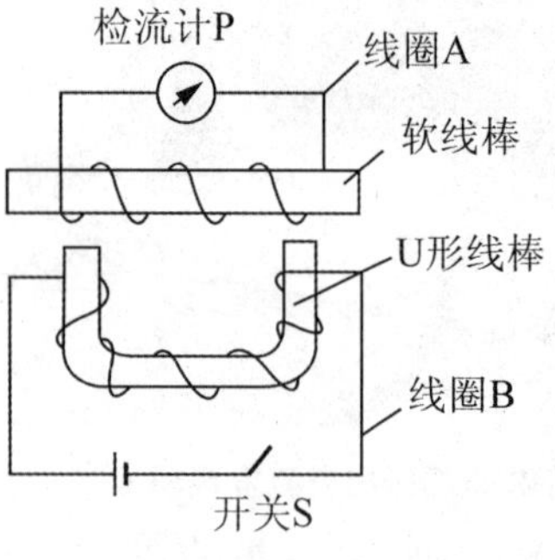

图5.23　亨利线圈
(摘自参考文献15)

但实际上最早发明变压器的是美国著名科学家亨利。1830年，亨利采用一个实验装置进行磁生电实验。当他合上开关时，发现检流计的指针摆动；打开开关时，又发现检流计的指针向相反方向摆动。实验中，当打开开关时，亨利还在线圈的两端间观察到了火花。亨利发现，改变线圈和的匝数，可以将大电流变为小电流，也可将小电流变为大电流。图5.23所示即为亨利线圈。实际上，亨利这个实验是电磁感应现象的非常直观的关键性实验，亨利这个实验装置实际上是一台变压器雏形。亨利没有急于发表他的实验成果，后来他又进行了多次实验，直到1832年才将实验论文发表在《美国科学和艺术杂志》上。但在此之前，法拉第首先公布了他的电磁感应实验，介绍了他的实验装置，因此电磁感应现象的发现权只能归法拉第，变压器的发明权也属于法拉第。亨利虽然非常遗憾地与电磁感应现象的发现权和变压器的发明权擦肩而过，但他在电学上的贡献、对变压器发明的贡献则是有目共睹的。特别值得一提的是，亨利实验装置比法拉第感应线圈更接近于现代通用的变压器。

从现代变压器原理来看，法拉第感应线圈是一只单心闭合磁路双绕组式变压器。由于当时没有交流电源，所以它是一种原始的脉冲变压器，而亨利变压器则是一种原始的双心开路磁路双绕组式脉冲变压器。

二、变压器的初创发展阶段

1831—1900年可以看作变压器的初创发展阶段。变压器和旋转电动机一样，也建立在电磁感应原理上，但属于静止电动机。1976年，交流“电烛”出现，变压器被采用，但应用范围很小。1885年布达佩斯博览会开幕，岗茨公司的12台的5kVA变压器，点燃1067盏白炽灯，轰动世界，变压器也引起人们的关注，变压器不断被推广应用和发展。1885—1900年间，变压器技术得到了长足发展，变压器开始推广应用于交流输电系统。因此1831—1900年间，变压器技术走过了探索、初创阶段，从一个普通的感应线圈发展到类似于现代结构的变压器；从单相变压器到三相变压器；从开路铁心、原边串联变压器发展至目前通用的闭路铁心、原边并联的变压器；从空气冷却变压器发展到油冷变压器，变压器基本理论形成。

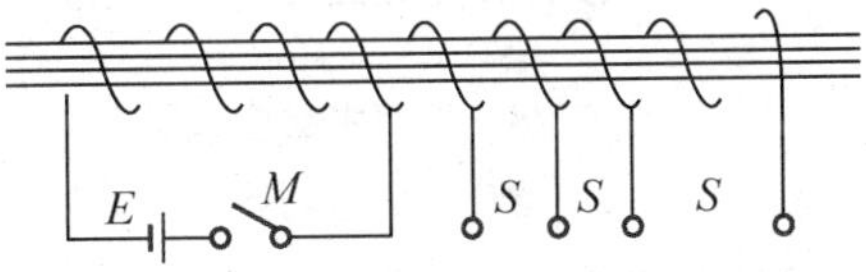

图5.24　佩奇发明的自耦变压器

(摘自参考文献15)

1835年，美国物理学家佩奇发明了一种感应线圈，这是世界上第一个自耦变压器，如图5.24所示，利用自动锤的振动使水银接通或断开电路。在副边线圈感应的电动势能使一个真空管的电火花达4.5英寸长。

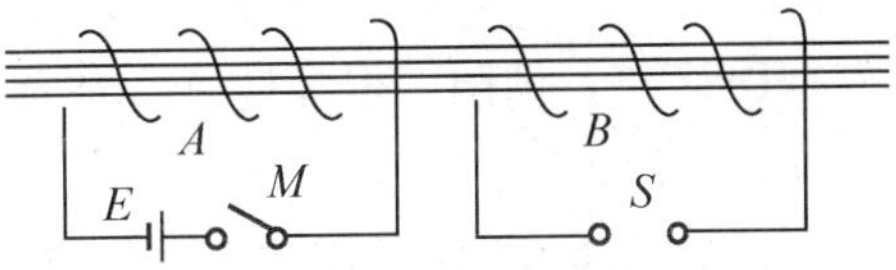

图5.25　卡兰改进的自耦变压器

(摘自参考文献15)

1837年，英国牧师卡兰将佩奇变压器分成无电气连接的两部分，当打开开关M、断开线圈A的电路时，线圈B的S两端间将会产生火花，如图5.25所示。

与法拉第、亨利的变压器一样，佩奇和卡兰变压器都是利用断续直流工作的设备，只能用于实验观察，都无实际应用价值。

图5.26　鲁姆科尔夫感应线圈

(摘自参考文献15)

德国技师鲁姆科尔夫(1803—1877)在变压器发明史上是一个贡献较大的人，制造了一些优良的感应线圈。1842年，他开始对卡兰变压器进行研究。1850年，鲁姆科尔夫制成第一只感应线圈，如图5.26所示。1851年，他提出第一个感应火花线圈(变压器)的专利。鲁姆科尔夫感应线圈的铁心用软铁丝制成，原边线圈包绕在铁心上，副边线圈则包绕在原边线圈上。原边线圈由蓄电池供电，并通过一个磁化铁心机构反复开、合水银开关，使原边线圈中通以脉动直流电反复改变方向。副边线圈中则感应一个交变电流。与以前的感应线圈相比，鲁姆科尔夫感应线圈有较大的改进。首先，副边线圈的绝缘更加可靠，线圈用涂漆铜线绕成，线圈层间用纸或漆绸绝缘，副边线圈与原边线圈则用一只玻璃管隔开；其次，鲁姆科尔夫采用前人的发明，将副边线圈分成几段，各段间彼此分开，然后串在一起。这样可使电位差最大的点(出线端 $S-S$)之间的距离最远。后来，鲁姆科尔夫对该线圈进行了改进，如将以前采用的水银开关改为酒精开关，不但可消除开关火花，而且可防止氧化；此外，他还在原边线圈中接入电容器以提高感应电压。鲁姆科尔夫线圈由于功率较大，不但可用于做实验，而且还可用于放电治疗。因此可以说，鲁姆科尔夫感应线圈是第一台有实用价值的变压器。

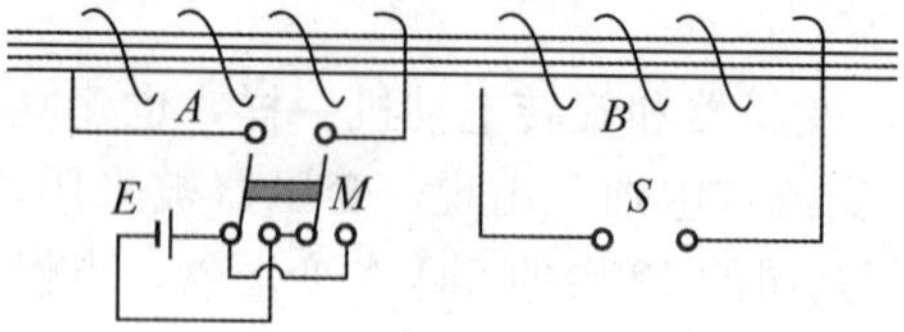

图 5.27　瓦里感应线圈

(摘自参考文献 15)

1856 年，英国电工技师瓦里(1828—1883)也对卡兰变压器做了改进。他采用一只双刀双掷开关来改变电流方向，使线圈 A 中的电流交替改变方向，从而线圈 B 中感应出一个交变电流，因此可以说，如图 5.27 所示的瓦里感应线圈是交流变压器的始祖。

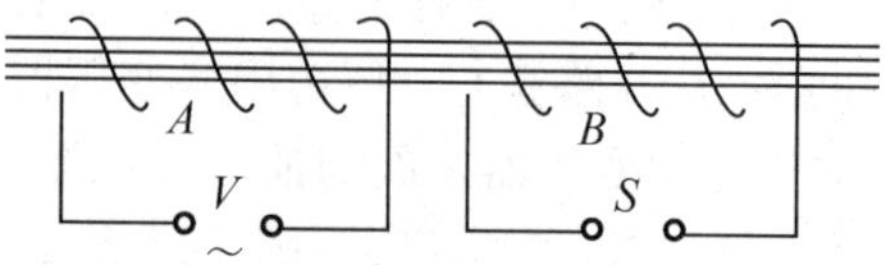

图 5.28　格罗夫感应线圈

(摘自参考文献 15)

1868 年，英国物理学家格罗夫(1811—1896)将交流电源 V 与线圈 A 相连，在线圈 B 中得到一个电压不同的交流电流。因此格罗夫感应线圈实际上是世界上第一只交流变压器，如图 5.28 所示。

1876 年，俄国物理学家雅勃洛奇科夫(1847—1894)发明了“电烛”，采用一只两个绕组的感应线圈，原边与交流电源相连，为高压侧，副边低压侧的交流电向“电烛”供电。这个感应线圈实际上是一台不闭合磁芯的单相变压器。

1882 年，俄国工程师乌萨金在莫斯科首次展出了有升压、降压感应线圈的高压变电装置。

19 世纪 80 年代后，变压器开始用于实际交流电路中。1882 年法国人高兰德(1850—1888)和英国人吉布斯在英国申请了第一个感应线圈及其供电系统的专利，这种感应线圈被称为二次发电机，如图 5.29 所示。这种二次发电机原边线圈数与副边线圈数之比为 1∶1，原边线圈串联，而副边线圈均分为数段，分别与电灯 1 相连。高兰德-吉布斯二次发电机(变压器)是一种开路铁芯变压器，它通过推进、拉出铁心来控制电压，原边线圈采用串联形式，如图 5.29 所示。1882 年 10 月，他们制成了第一台 3000V/100V 的二次发电机，1983 年又制成一台容量约为 5kVA 的二次发电机，并在伦敦郊外一个小型电工展览会上展出。当年，他们为伦敦市区铁路提供了几台小型变压器。1884 年，他们在意大利都灵技术博览会上展出了他们的变压器，

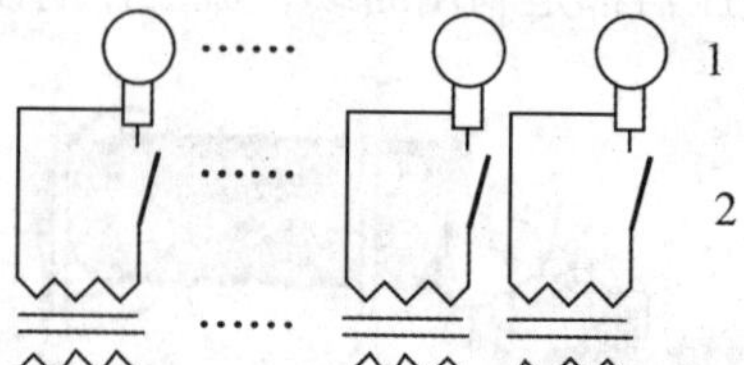

图 5.29　高兰德-吉布斯二次发电机

(摘自参考文献 15)

并表演了交流远距离输电。采用开磁路变压器串联交流输电系统，将 30kW、133Hz 的交流电输送到 40km 远处。

高兰德-吉布斯二次发电机虽然开辟了变压器的实际应用领域，但早期这种变压器存在某些缺点，如开路铁心、原边线圈串联等。1884 年，意大利都灵技术博览会召开，布拉什和岗茨工厂一批技术人员参观了该博览会，见到了会上展出的高兰德-吉布斯二次发电机。布拉什当时敏锐地觉察到这种二次发电机有很大发展前途，注意到了这种变压器的优点及不足之处。在博览会上，布拉什曾问高兰德："为什么你们的二次发电机不采用闭路铁心?"高兰德不假思索地回答："采用闭路铁心非常危险，而且很不经济。"1884 年 7 月，布拉什从都灵回到布达佩斯后，立即将都灵博览会上的所见所闻告诉了齐伯诺夫斯基和德里，他们决定立即进行变压器的改进实验。布拉什建议采用闭路铁心，齐伯诺夫斯基建议将原边线圈串联改为并联，并和德里一起进行研究实验。1884 年 8 月 7 日，他们在岗茨工厂实验杂志上介绍了有关闭合磁路铁心的变压器。1884 年冬，德里在维也纳贸易联合会展示了他们的发明。1884 年 9 月 16 日，岗茨工厂制成了第一台单相壳式、闭路铁心变压器(1400W，40Hz，120/72V，变比 1.67)，如图 5.30 所示。同年，岗茨工厂还制造了另外 4 台变压器。1885 年 5 月 1 日，匈牙利布拉佩斯国家博览会开幕，一台 150V、70Hz 单相交流发电机发出的电流，经过 75 台岗茨工厂生产的 5kVA 变压器(闭路铁心，并联，壳式)降压，点燃了博览会场的 1067 只爱迪生灯泡，其光耀夺目的壮观场面轰动了世界。因此，后来人们把 1885 年 5 月 1 日作为现代实用变压器的诞生日而加以纪念。

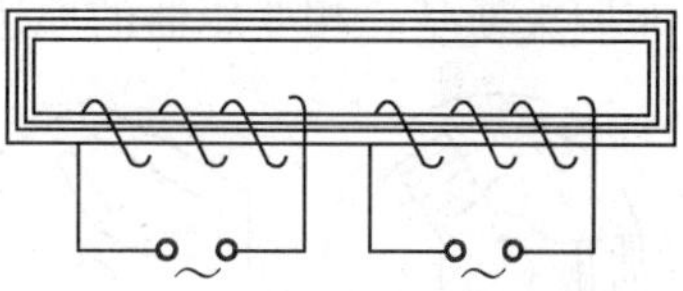

图 5.30　布拉什二次发电机

(摘自参考文献 15)

齐伯诺夫斯基-德里-布拉什(Z－D－B)变压器是变压器技术发展史上的重要里程碑，它所采用的闭路铁心、原边并联等基本结构一直沿用至今。可以说 Z－D－B 变压器已使现代变压器的结构基本定型，从此变压器正式进入交流电流的输电、配电领域，有力地推动了交流电流的普及应用，促进了现代交流电机的发展。

1888 年，岗茨工厂向德国西门子-哈尔斯克公司转让变压器专利权。不久，另外两家德国公司也购买了岗茨工厂的变压器专利权。1890 年，法国、西班牙的公司也购买了岗茨的变压器专利。从 19 世纪 80 年代后期开始，变压器在欧洲迅速推广，到 1889 年已生产 1000 台变压器，到 1899 年突破 10000 台。在 20 世纪 20 年代前，岗茨工厂在变压器制造领域一直保持世界领先水平。

1885 年春，威斯汀豪斯正想涉足交流电领域，对高兰德-布吉斯二次发电机很感兴趣，决定购买几台二次发电机。1886 年 1 月 8 日，他组建威斯汀豪斯电气公司，大踏步地进入电气(主要是交流电)领域，正式进入变压器的研究和工业化生产。1886 年 2 月，他申请了有关配电系统和闭路铁芯变压器的两项美国专利。1888 年，西屋电气公司制成 40 盏电灯用 2kW 变压器。1891 年，威斯汀豪斯电气公司制成第一台充油变压器(10kV 电压)。

美国人斯坦利 (1856—1927)1883 年开始接触交流电，对变压器在交流电系统中的作用有深刻的论述。他曾多次称变压器是"交流电系统的心脏"。1883—1884 年，他在自己的小型实验室里进行过变压器的研究。1884 年 2 月，他受雇于威斯汀豪斯，成为他的助手，主持设计制造交流系统及变压器。1885 年 9 月 29 日，他制成美国第一台原边线圈并联、闭合磁路铁心的变压器，并在西屋空气制动器公司车间里进行了试验。1885 年 10 月 23 日，他在美国申请第一个有关闭路铁芯变压器的专利；同年 11 月 23 日，他提出 3 个专利申请，其中 2 个是变压器的配电系统的专利，1 个是开路铁芯变压器的专利。这 4 个专利都转让给了威斯汀豪斯电气公司。1885 年 12 月，他主持建设美国第一个交流输电系统——Great Barringto 交流输电系统。1886 年 3 月 20 日，该系统建成投运。1890 年他离开威斯汀豪斯电气公司，1891 年他组建斯坦利电气制造公司，继续研制变压器。1891 年，斯坦利公司制成 25kVA 商用变压器。1892 年，斯坦利公司研制成 15kV 变压器，使美国交流电输电电压一举突破 10kV，从而打开了高电压输电的序幕。斯坦利也因而赢得了“电气传输之父”的美名。1903 年，他将公司并入通用电气公司。在通用电气公司，他继续指导开发变压器。因此，威斯汀豪斯电气公司和通用电气公司早期的变压器技术同宗同源，都采用壳式变压器结构，但 1918 年通用电气公司改用心式变压器。

高兰特-吉布斯二次发电机和 Z-D-B 变压器都是单相变压器，发明三相变压器的则是被誉为“三相交流电之父”的俄国科学家多利沃-多布罗夫斯基。1889 年，他为解决三相电流的传输及供电问题，开始研究三相变压器。与当时的单相变压器相比，多利沃·多布罗夫斯基三相变压器的原边、副边线圈并无太大差别，主要区别是在铁心布置方面。当年，他申请第 1 个三相变压器铁芯的专利中，3 个心柱在周向垂直对称布置，上、下与两个轭环相连。这种结构类似欧洲中世纪的修道院，故称为“Tempeltype”，如图 5.31 所示。当年 8 月，德国法兰克福世界博览会召开，在 175km 外的德国劳芬的装设了一套三相水轮发电机组向博览会上的 1000 盏电灯和一台 100 马力的三相感应电动机供电。为此，德国通用电气公司和瑞士奥立康厂分别为劳芬-法兰克福工程提供了 4 台和 2 台三相变压器。在劳芬，通用电气公司提供了 2 台三相升压变压器(每台 100kVA，变比为 1∶160，Y-Y 接)，奥立康工厂提供了 1 台升压变压器(150kVA，变比为 1∶155)；在法兰克福的两座降压变电所，则分别装有 2 台通用电气公司生产的三相降压变压器(变比为 123∶1)向电动机供电，以及 1 台奥立康工厂生产的三相降压变压器(变比为 116∶1)。实测变压器的最高效率已达到 96%。

图 5.31　三相变压器

(摘自参考文献 15)

三、20 世纪的变压器技术发展

进入 20 世纪后，变压器技术发展的主要特点是变压器理论、设计方法和制造技术日臻成熟，各种形式的变压器相继出现，变压器不仅仅是一种输电、配电设备，还进入工业控制、测量诸多领域；变压器不仅在电力工业中举足轻重，还在弱电电子领域占有一席之地。许多特殊变压器，如电焊变压器、电炉变压器相继研制成功，推广应用各种变压器结构、冷却方式、绝缘系统先后诞生和完善，适应了各种类型变压器发展的需要。变压器向大容量、高电压方向发展，其技术经济性能得到很大改善。1950 年与 1900 年相比，变压器单机容量约提高 70 倍，最高电压约提高 7 倍，但每千伏安的质量减轻到原来的1/7，同容量变压器的总损耗约下降 50%，单位质量铁心的损耗降低 1/4，变压器的运行可靠性得到很大改善。变压器单机容量迅速增大、连创新高，其最高电压节节攀升，连破记录。变压器产量猛增，其技术经济性能继续改善。

进入20世纪80年代后，世界变压器技术与发电机技术一样，进入平稳发展阶段。这一阶段主要特点是变压器单机容量和最高电压迅速增大的势头得到遏止。特种变压器、成套变电站、全密封变压器及新型变压器组件得到较快发展，发展重点转向提高产品质量、提高运行可用性、提高可靠性及改善变压器的技术经济性能。变压器工艺、绝缘技术、导磁、导电材料及计算机技术的应用得到较快发展，国外变压器厂商的兼并、合并步伐加快。

第四节　微特电机的形成与发展

特种电机是电机中的一类，主要是因为使用环境和制作工业的特殊而区别通用电机的名称。随着工业化发展及自动化技术提高，特种电机的使用范围越来越广泛，种类越来越多，如步进电动机、自整角机、直线电动机、单相异步电机、伺服电机。

一、步进电动机

步进电动机(图5.32)可以对旋转角度和转动速度进行高精度控制。步进电动机作为控制执行元器件，是机电一体化的关键产品之一，广泛应用在各种自动化控制系统和精密机械等领域。例如，在仪器仪表、机床设备及计算机的外围设备中，如打印机和绘图仪等，凡需要对转角进行精确控制的情况下，使用步进电动机最为理想。随着微电子和计算机技术的发展，步进电动机的需求量与日俱增。虽然步进电动机被大量应用，但其原理早已有之。步进电动机与电磁铁同一时期开发，法国人佛罗曼提出了将电磁铁的吸引力转化为旋转力矩的方法。当时，激磁相的切换用机械凸轮的接触点来完成，这就是步进电动机的原型。步进电动机最早是在1920年由英国人开发的。步进电动机基于最基本的电磁铁作用。1870年前后，人们开始以控制为目的的尝试，应用于氩弧灯的电极输送机构中。这被认为是最初的步进电动机。此后，在电话自动交换中广泛使用了步进电动机。后来又在缺乏交流电源的船舶和飞机等独立系统中广泛使用。1950年后期晶体管的发明也逐渐应用在步进电动机上，这使数字化的控制变得更为容易。以后经过不断改良，使得今日步进电动机已广泛运用在需要高定位精度、高分解性能、高响应性、高信赖性等灵活控制性高的机械系统中。在生产过程中要求自动化、省人力、效率高的机器中，很容易发现步进电动机的踪迹，尤其是在以重视速度、位置控制、需要精确操作各项指令动作的灵活控制性，场合步进电动机用得最多。

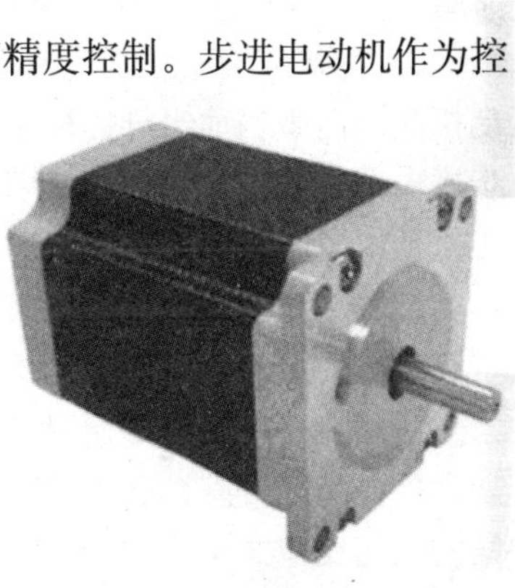

图5.32　步进电动机

(摘自http：//www.steppingmotor.cn/news-view-54-2010525.htm)

步进电动机的发展与晶体管半导体元器件的发展密不可分。1950年研制出二极管半导体，1964年开发出MOS半导体，1965年出现IC，1967年LSI使用。特别是经过1950—1965年，半导体材料的高速发展，进入20世纪70年代，由于价格便宜，可靠性高的逻辑数字电路得到广泛应用，使步进电动机的使用量急剧增加。

步进电动机的大规模应用是在1977年，两相步进电动机被应用于FDD(软盘驱动器)输出轴的驱动上。步进电动机作为执行元器件，是机电一体化的关键产品，广泛应用在各种自动化控制系统中。随着微电子和计算机技术的发展，步进电机的需求量与日俱增，在各个国民经济领域都有应用。步进电动机是将电脉冲信号变换成角位移或直线位移的执行部件。步进电动机可以直接用数字信号驱动，使用非常方便。一般电动机都是连续转动的，而步进电动机则有定位和运转两种基本状态，当有脉冲输入时，步进电动机一步一步地转动，每给它一个脉冲信号，它就会转过一定的角度。步进电动机的角位移量和输入脉冲的个数严格成正比，在时间上与输入脉冲同步，因此只要控制输入脉冲的数量、频率及电动机绕组通电的相序，便可获得所需的转角、转速及转动方向。在没有脉冲输入时，在绕组电源的激励下气隙磁场能使转子保持原有位置处于定位状态，因此非常适合于单片机控制。步进电动机还具有快速启动、精确步进和定位等特点，因而在数控机床、绘图仪、打印机及光学仪器中得到广泛的应用。步进电动机已成为除直流电动机和交流电动机以外的第三类电动机。传统电动机作为机电能量转换装置，在人类的生产和生活进入电气化过程中起着关键的作用。步进电动机可以作为一种控制用的特种电机，广泛应用于各种开环控制。

20世纪60年代后期，步进电动机本体方面随着永磁材料的发展，各种实用性步进电动机应运而生，而半导体技术的发展推进了步进电动机在众多领域的应用。在近30年间，步进电动机迅速地发展并成熟起来。从发展趋向来讲，步进电动机已经能与直流电机、异步电动机及同步电动机并列，从而成为电机的一种基本类型。步进电动机以其显著的特点，在数字化制造时代发挥着重大的用途。伴随着不同的数字化技术的发展及步进电动机本身技术的提高，步进电动机会在更多的领域得到应用。

我国步进电动机的研究及制造起始于20世纪50年代后期。50年代后期到60年代后期，主要是高等院校和科研机构为研究一些装置而使用或开发少量产品。这些产品以多段结构三相反应式步进电动机为主。70年代初期，步进电动机的生产和研究有所突破。除反映在驱动器设计方面的长足进步外，对反应式步进电动机本体的设计研究发展到一个较高水平。70年代中期至80年代中期为成品发展阶段，新品种高性能电机不断被开发。自80年代中期以来，由于对步进电动机精确模型做了大量研究工作，各种混合式步进电动机及驱动器作为产品被广泛利用。

二、自整角机

自整角机的理论基础仍是电机基础理论，利用自整步特性将转角变为交流电压或由转角变为转角的感应式微型电机，在伺服系统中被用作测量角度的位移传感器。自整角机还可用以实现角度信号的远距离传输、变换、接收和指示。两台或多台电机通过电路的联系，使机械上互不相连的两根或多根转轴自动地保持相同的转角变化，或同步旋转。电机的这种性能称为自整步特性。在伺服系统中，产生信号一方所用的自整角机称为发送机，接收信号一方所用的自整角机称为接收机。

自整角机是使用较多的一类微特电机，伴随军事工程技术的发展，自整角机广泛应用于冶金、航海等位置和方位同步指示系统和火炮、雷达等伺服系统中。

在水文测流缆道运行过程中，怎样准确地传输记录水深等数据，是非常重要的。应用自整角机的性能和工作原理、在水文测流缆道运行过程中，传输记录水深等数据，能够很好地满足水文测流过程中水深等数据直接连续递增或递减的要求，即在传输记录水深等数据时能直接连续可逆。其测量精度完全符合水文测验规范技术要求，解决了生产实际问题，具有推广应用价值。

MK75 型单管 76mm 舰炮是美国引进意大利 OTO76/62 紧凑型舰炮技术生产的仿制品，如图 5.33 所示。1976 年，美国 FMC 公司获准 OTO76/62 紧凑型舰炮的生产许可证后投产。该舰炮可进行遥控发射，用于攻击水面和空中目标。它主要由发射系统、供弹系统、瞄准及控制系统、弹药等部分组成。其舰炮随动系统由同步机、放大器、功率控制组件和执行电机等组成。同步机为读数自整角机，它将来自火控系统的信号传输给控制放大器，信号经放大后，向功率控制器提供精确控制信号，再由控制器通过执行电机控制火炮运动。

图 5.33　美制 MK75 型单管 76mm 舰炮

（摘自 http：//www.lafaye.cn/thread-451-1-1.html）

三、直线电动机

直线电动机的历史最早可追溯到 1840 年惠斯登提出和制作的不成功的直线电动机雏形。直线电动机探索实验和部分实验应用时期，由于直线电动机还没能找到唯有它能解决问题的领域，直线电动机在设计方面也没有突破性的成功，所以直线电动机在这一时期始终未能得到真正的应用。

英国人在强调直线电机的基础研究的情况下取得了不少研究成果，包括发表直线电动机理论分析文章和出版比较系统介绍直线电动机的专著，这些给直线电动机领域起到了推动作用，也使直线电动机再一次受到了重视。从 1971 年开始直线电动机进入了独立应用阶段，在这个时期研究人员终于选择了一条适合直线电动机自身发展的独特思路。各类直线电动机的应用得到了迅速地推广，出现了许多具有实用价值的产品。

在结构上，直线电动机相当于旋转电机在顶上沿径向剖开并将其圆周拉直，如图 5.34，U 形槽式直线电动机清楚展现了有两个平行磁轨的直线型结构。工作原理同旋转电机相似。它不需要任何中间环节，可直接驱动被控制对象产生直线轨迹运动，打破了传统旋转电机机械变换环节的传动形式，具有独特的优点。不存在中间环节的磨损问题，对给定路径可进行高速、高精度跟踪与定位，系统维护简单，可靠性好；具有比传统旋转电动机大得多的加减速度，由于不会像旋转电机那样受到离心力的作用，因而直线速度不受限制，进给行程长度不受限制；其结构简单，依靠电磁推力驱动，故运动安静，噪声低，从而改善了工作环境。

图 5.34　U 形槽式直线电动机

（摘自 http：//www.gzktl.com/techarticles/jszl82.htm）

直线电动机种类繁多，主要有感应式和永磁式交流直线伺服电动机、直线直流电动机、直线步进电动机和直线式开关磁阻同步电动机等。目前，在数控机床上应用的主流是感应式直线交流伺服电动机和永磁式直线交流伺服电动机。

近些年来，国内外直线电动机的发展动向可总结为3个方面：一是向高速、高精度方面发展；二是向大推力、大容量方面发展；三是向物流设备方面发展。近年来，直线电动机系统成本不断下降，在机床成本中的比例明显下跌。但目前采用直线电动机驱动仍比传统的传动装置价格要高。因此，直线电动机的应用仍着眼于高性能机床，特别是精密高速加工机床、特种加工机床、大型机床，解决传统传动方法不能解决的问题。高加速度的直线电动机传动已在加工中心、数控铣床、车床、磨床、复合加工机床、激光加工机床及重型机床上得到广泛应用。

直线电动机在高速、高精度方面的发展首推在现代机床业中的应用。传统机床的驱动装置依赖丝杆驱动，直线电动机驱动技术可以保证相当高的性能水准，以及比传统的将旋转运动转化为直线运动的电机驱动装置具备更高的效率和简便性，具有传统驱动装置无法达到的高速、高精度。美国 Ingersoll 公司是知名的机床制造商，克莱斯勒汽车公司购买了它的6台 HVM600 卧式加工中心，用来生产高级汽车发动机汽缸盖。该机床主轴转速20000r/min，X/Y/Z三轴由 GEFANUC 的直线电动机驱动。这6台加工中心每天生产300个汽缸盖，相当于11台非直线电动机驱动的加工中心的生产量。

国内自1995年以来也开展了直线电动机在机床上的应用研究，如广东工业大学研发的直线感应电机驱动的GD-3型高速数控机床进给单元，清华大学研究的长行程永磁直线伺服单元，北京机电院研发的直线电动机驱动的加工中心，浙江大学研制的圆筒形直线电动机驱动的并联机构坐标测量机和扁平永磁直线电动机驱动的磨床，北京机床研究所研发的直线电动机驱动的电火花成型机床，国防科技大学研发的活塞非圆切削中采用直线电动机驱动刀具，以及北京航空航天大学、南京航空航天大学与有关单位合作研发的机床等。2010年，中国科学院宁波材料技术与工程研究所直驱电机及应用团队成功研制了国内领先、具有自主知识产权的峰值推力达17022N、额定推力达10639N的大推力直线电动机，如图5.35所示，解决了超大型先进制造装备的技术瓶颈，并采用该直线电动机直接驱动、自行研制数控机床测试台，初步建立了大推力直线电动机在数控机床领域应用的研究平台。采用直线电动机替代传统的旋转电机加丝杠结构，可以使数控机床的结构更简单，速度更快，平稳性更高，可实现直接驱动的“零传动”和“零接触”。目前，国际上最知名的机床厂家几乎都推出了直线电动机直接驱动的机床产品，部分厂家该类机床已占其总产量的1/3以上。这类机床已被广泛应用于航空、航天、汽车、军工等领域，总销量早已超过了3000台。据预测，未来几年，世界上将有20%～40%的数控机床采用直线电动机直接驱动，而这些机床都是高档机

图5.35 大推力直线电动机

(摘自 http://manufacture.nimte.ac.cn/read.asp?id=199)

床，因而直线电动机在数控机床领域的应用极具产业化前景。

应用机床的直线电动机已具有传统传动装置无法比拟的优越性能。随着电机制造技术的改进，选择合适的直线电动机及驱动控制系统，配以合理的机床设计，完全可以生产出高性能、高可靠性的机床。现在直线电动机驱动进给速度100m/min，加速度1*g*～2*g* m/s的机床已很普遍，日本AMADA激光切割机，机床达到快进240m/min，加速度5*g* m/s的指标。

20世纪80年代开始在加拿大、日本、美国、马来西亚等应用的直线电动机城轨交通(地铁和轻轨)现在发展很快，特别是在日本和中国。日本自1990年3月起，在大阪7号线采用了直线感应电动机驱动的地铁，1991年在东京12号线采用直线电动机驱动地铁后，神户、横滨、福冈、仙台和其他城市也引入直线电动机地铁。图5.36为福冈3号线车辆用直线电动机。我国广州地铁的4号线、5号线、6号线、7号线，有的已用而有的将要用直线电机驱动地铁。国内浙江大学与上海南洋电机集团合作的直线电动机驱动地铁车正在调试中。直线电动机在大推力、大容量方面的发展除在地铁和轻轨的应用领域外，在磁悬浮交通方面的应用也是令人注目的一部分。目前一些国家在磁悬浮交通驱动技术方面仍在不断向前发展，如日本、德国、美国及其他国家已以不同的方式开展研发和推进应用。中国的沪杭磁悬浮交通线仍在进行工作。直线电动机在大推力、大容量方面的发展还体现在诸如油田抽油机类的大型设备上，其中油田采用直线电动机驱动的抽油机比传统的抽油机在同样时间内抽取同样油量，可节电20%～40%。此外，大推力、大容量直线电动机还在大型化工设备、建筑设备及其他大型工业、民用设备中得到应用，效果明显。

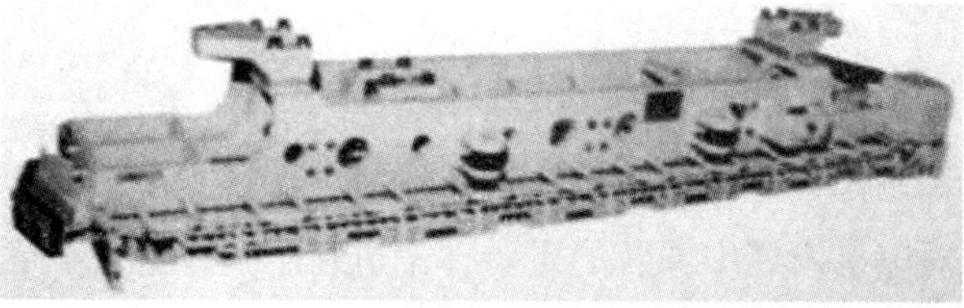

图5.36　直线电动机

(摘自 http://www.ca800.com/apply/html/2008-1-1/n25871.html)

在现代化的大规模生产过程之中，物流技术已经被提到了前所未有的高度，而物流设备的先进与否将直接影响到物流技术的发展。现代物流业发展的一个鲜明的特点是以现代先进的驱动技术、自动化技术、信息技术等为代表的高新技术的应用。发达国家企业的物流设备占项目总投资的比例一般都在20%以上，从而使得物流设备不断地改进发展，其中由直线电动机驱动的物流传输设备代表了现代先进物流传输技术的一种应用和一种潮流。一些发达国家在物流传输领域，如机场行李包输送、邮政自动化分拣、报刊书籍配送中心、工厂流水线等系统中，已基本实现了自动化。这些设备普遍采用具有国际领先水平的直线电动机作为驱动系统，适应多批量灵活安排的需求，代表着目前世界物流传输技术的发展水平。

四、单相异步电动机

1891年，英国人大卫制成了实验型单相感应电动机，这台电动机环形定子上有6个极，相对的2个极上的线圈串成1组，共3组。一组串入电抗器，3组同接于一个单相电源。转子结构为环形，用粗铜线绕制为6段，短路连接。1897年，该电机改装后投入实际应用中，定子采用开槽的叠片，转子采用斜槽鼠笼式转子。

1895年，威斯汀豪斯电气公司开始生产单相感应电动机。

1889年，特斯拉设计了带辅助相的单相感应电动机，从而实现了单相感应电动机不能自起动的问题。

我国清华大学教授章名涛(1907—1985)从1944年起担任清华大学电机系主任。1937年，在他著述的《单相感应电动机之理论及“张量”分析》一文中，国内首先将克朗的张量分析方法用于单相感应电动机的分析，文中采用变换矩阵的方法可以求出笼形导条中的电流，这在当时是具有一定创新的。

图5.37　单相异步电动机

(摘自互动百科)

单相异步电动机是一种将电能转化为机械能的装置，如图5.37所示。通常单相异步电动机容量都较小，只需单相电源供电，使用方便，广泛应用于工农业及生活电器等领域，如洗衣机、电风扇、冰箱、空调、水泵、鼓风机、榨汁机、豆浆机等。

在结构方面，普通的单相感应电动机与多相笼形电动机类似，只是定子绕组排列不同。单相绕组产生两个相等的正向和反向旋转磁势波，由于它们是对称的，当电机静止时，它会产生两个大小相等、方向正好相反的转矩，这两个转矩相互抵消使电动机本身没有合成起动转矩，此时如果采用辅助手段使电动机起动，则将会产生一个沿着起动方向的合成转矩，从而使电动机持续地运转下去。

本章小结

电机在电气工程发展中占有重要地位。本章从历史角度介绍了电机形成和发展的过程。本章可以获得传统直流电机、交流电机、变压器和新型电机的历史背景和发展历程，对电机发展中涉及的重要理论进行了简单介绍。希望本章的学习能够激发读者对电机系统理论学习的兴趣。

推荐阅读

1. 戴庆忠．电机史话．东方电机 1997(4)：100－110.

2. 包叙定．中国电机工业发展史：百年回顾与展望．北京：机械工业出版社，2011(06)：60－81.

3. 中国高效电机的发展前景分析——武汉索特南洋电机有限公司．http：//www.whnanyang.com

4. 周明安，朱光忠．步进电动机驱动技术发展及现状．机电工程技术．2005(02)：35－36.

5. 陈伟华，李秀英，姚鹏．中国中小型电机产业现状及发展趋势(待续)．电机与控制应用，2008(01)：16－17.

6. 陈伟华，李秀英，姚鹏．中国中小型电机产业现状及发展趋势(续)．电机与控制应用，2008(01)：1－4.

7. 唐丽婵，齐亮．永磁同步电机的应用现状与发展趋势．装备机械，2011(01)：7－12.

8. 肖艳．微特电机行业的市场及发展趋势．电机技术，2008(04)：56－57.

第 6 章

传统发电方式的发展

内容提要

截至 2010 年年底，在中国总发电装机容量 9.6219×10^8kW 中，73.4%为火电，22.2%为水电，核电为 1.1%，风电为 3.2%。而其他如太阳能、生物质、潮汐能、地热能等占总数的 0.1%左右。由此可见，传统发电方式在我国电力工业中占有重要地位。本章将从第一次工业革命开始揭开电力工业发展的历程，并对火电、水电、核电三大传统发电方式的发展史、基本情况、特点做简要的介绍。

名言警句

一个人的奋斗，不论成败，只是在把世界雕琢完美，尽你所能，沉静和坚毅地尽力去做。

——詹姆斯·瓦特

第一节　第一次工业革命与蒸汽机

一、第一次工业革命

工业革命又称产业革命，它是社会生产从手工劳动到机器生产的飞跃，即发明、使用机器并用机器生产取代手工生产的过程。而这一过程首先出现在英国工场手工业新兴的棉纺织业。

马克思说：“市场总是在扩大，需求总是在增加。工场手工业也不能满足这种需求了。于是，蒸汽和机器就引起了工业中的革命。”市场的扩大是导致工业革命发生的直接原因。手工工场的生产能力无法满足日益扩大的国内和国际市场的需要。

图 6.1　珍妮纺纱机
(摘自百度文库)

1733 年，机械师凯伊发明了飞梭，大大提高了织布速度，棉纱顿时供不应求。1765 年，织工哈格里夫斯发明了“珍妮纺纱机”，如图 6.1 所示，大幅度增加了棉纱产量。“珍妮纺纱机”的出现首先在棉纺织业中引发了发明机器、进行技术革新的连锁反应，揭开了工业革命的序幕。此后，在棉纺织业中出现了骡机、水利织布机等机器。不久，在采煤、冶金等许多工业部门，也都陆续有了机器生产。

随着机器生产的增多，原有的动力如畜力、水力和风力等已经无法满足需要。1785年，瓦特制成的改良型蒸汽机投入使用，提供了更加便利的动力，大大推动了机器的普及和发展，并得到迅速推广。蒸汽机的出现，使工业革命进入一个崭新的发展阶段，因此人们把第一次工业革命时期称为“蒸汽时代”。1840年前后，英国的大机器生产已基本取代了工厂手工，工业革命基本完成。英国成为世界上第一个工业国家。此后，法国、德国、美国、日本等国也纷纷加入工业革命的行列，到19世纪末，这些国家都先后完成了工业革命。

18世纪下半期开始于英国的工业革命，是近代以来的第一次世界性技术革命。蒸汽机的发明和普遍应用，从根本上改变了生产的面貌，提高了劳动效率。正是因为蒸汽动力的运用，使运输机械发生了巨大的变革；汽船的发明开辟了世界航运史上的新时代；火车的鸣叫，召唤了一个“铁路时代”的到来，铁路使世界经济连成一体，机器代替手工，宣告了第一次工业革命的胜利完成。在工业革命推动下，资本主义要迅速发展就必须进行全球性的扩张，从而把全世界落后的自然经济地区纳入了资本主义世界市场体系，资本主义世界市场初步形成。

二、瓦特与蒸汽机的产生

詹姆斯·瓦特(1736—1819)是英国著名的发明家，是工业革命时期的重要人物，英国皇家学会会员和法兰西科学院外籍院士，如图6.2所示。瓦特改进、发明的蒸汽机，对近代科学和生产有着巨大的贡献，他导致了第一次产业技术革命的兴起，极大地推进了社会的发达程度，对当时社会生产力的发展做出了杰出贡献。后人为了纪念他，将功率的单位称为瓦特，常用符号“W”表示。

图6.2 詹姆斯·瓦特
(摘自百度文库)

一天晚上，瓦特和一个小女孩在家里喝茶。瓦特不停地摆弄茶壶盖，一会儿打开，一会儿盖上，当他把茶壶嘴堵住时，蒸汽顶开了茶盖。一旁的外祖母对瓦特的这种无聊动作极为不满，并训斥了他。瓦特并不介意，他一心想着蒸汽的力量，从此萌发制造蒸汽机的念头。

17世纪中叶，英国的采矿业发展很快，矿井越挖越深，矿井积水成了大问题。传统落后的蓄力作业排水已经严重阻碍了采矿业的发展，人们迫切需要一种新的高效动力来代替蓄力，蒸汽机就这样应运而生了。1698年，英国的一位技师塞莱斯发明了实用的无活塞式蒸汽机。这种机器在矿井中得到应用，被称为“矿山之友”，但受当时材料和技术的限制，无法推广。后来经过改进，直到18世纪，英国的铁匠纽可门才制成第一台能把热能转变为机械能的较原始的蒸汽机。这种机器用高压蒸汽即可排水，效率也有较大提高。但是，这种蒸汽机结构不合理，耗煤多，活塞只能做往复运动，不能做旋转运动，因此热效能较低。1705年纽可门在另一位工人考利的帮助下，发明了一种更加适用的大气活塞式蒸汽机，称为纽可门蒸汽机。由于纽可门蒸汽机坚固耐用，又相当简单，因此很快在英国的矿场得到推广。1764 年，格拉斯哥大学的一台纽可门蒸汽机坏了，让瓦特去修理。这是一个难得的好机会，这成了早就向往研究蒸汽机的瓦特涉足这一技术领域的开始。瓦特修理好机器后发现，机器虽然修好了，但纽可门蒸汽机本身存在着很多问题。他总结了它的两大缺点：一是活塞动作不连续，活塞只能做往复的直线运动，不能做旋转运动，这就限制了蒸汽机的适用范围；二是蒸汽浪费太大，蒸汽的绝大部分热量没有用来做功，而消耗在使汽缸的一冷一热上。瓦特计算了一下，真正产生效用的蒸汽仅有总蒸汽量的 1/4。

他通过大量实验并根据格拉斯哥大学教授布莱克提出的潜热、比热理论进行分析，对旧式蒸汽机进行深入研究。瓦特自筹资金，租了一间地下室，买了必要的设备，反复实验，经历了无数次挫折和失败，在工人的帮助下，终于在 1765 年设计了一种汽缸分离的冷凝器。按照设计，冷凝器与汽缸之间用一个调节阀门相连，使它们既能连通又能分开。这样，既能把做功后的蒸汽引入缸外的冷凝器，又可以使汽缸内产生同样的真空，避免了汽缸在一冷一热过程中热量的消耗。根据瓦特的理论计算，这种新蒸汽机热效率将是纽可门蒸汽机的 3 倍。1781 年，瓦特受行星绕日做圆周运动的启发，制造出了一套被称为“太阳和行星”的齿轮联动装置，把活塞往返的直线运动转变为齿轮的旋转运动。由于对传统结构的这一重大革新，瓦特的这种蒸汽机真正成为了能带动一切工作机的动力。1782 年，瓦特又把原来的单向汽缸改成双向汽缸，并首次把引入汽缸的蒸汽由低压蒸汽变为高压蒸汽。通过这一系列技术飞跃，纽可门蒸汽机完全变为了瓦特蒸汽机，如图 6.3 所示。

图 6.3　蒸汽机

（摘自百度文库）

瓦特改进发明的蒸汽机是对近代科学和生产的巨大贡献，具有划时代的意义。蒸汽机的发明所产生的影响正如伯尔芒图所述：“蒸汽机的发明完成了工业的集中。它使工业的相互依赖关系更加密切同时又使工业的发展归于统一。”蒸汽机的发明这一重大事件，开始了工业革命的最后的、最具有决定性的阶段。到 19 世纪 30～40 年代，蒸汽机已在全世界广泛应用，使人类进入了所谓的“蒸汽时代”。瓦特蒸汽机带来了英国和欧洲第一次工业技术革命的兴起，极大地推进了社会生产力的发展。1819 年 8 月 25 日瓦特逝世后，人们在他的讣告中这样赞颂他的蒸汽机：“它武装了人类，使虚弱无力的双手变得力大无穷，健全了人类的大脑以处理一切难题。它为机械动力在未来创造奇迹打下了坚实的基础，将有助于并报偿后代的劳动。”

蒸汽机问世的意义在于如下几点。

(1) 解决了工业发展中的动力问题，自此以后，只要有煤作为燃料开动蒸汽机，就可根据需要建立工厂，不再受河流的限制。

(2) 促使工业革命轰轰烈烈地展开，出现了发明和使用机器的热潮。瓦特蒸汽机应用于运输业中，导致蒸汽轮船和机车的出现，交通运输业发生了彻底的改变，人们的交往更加方便，经济和文化联系也更加密切。

(3) 推动人类社会由此进入“蒸汽时代”。

蒸汽机是工业革命时期最伟大的发明。蒸汽机的广泛利用，使英国建立起大工厂。那些高耸入云的烟囱，喷出缕缕烟雾，庞大的厂房，发出隆隆的轰鸣，打破了中世纪田园生活的恬静——历史已跨进了一个新的时代。

第二节 电力工业发展的历程

一、电力工业的萌芽期

瓦特蒸汽机出现后，机器生产在几乎所有工业部门得到迅速发展，而蒸汽动力驱动的轮船和火车又使交通运输更加便捷，大大促进了生产力的发展。从19世纪60～70年代开始，各种各样使用电力的新发明纷纷涌现，彻底改变着人们的生产和生活。发电机和电动机相继问世，使电力开始用于带动机器。随后，电灯、电话、电车、电影和无线电报等如雨后春笋般涌现出来。电力的广泛应用，推动了电力工业和电器制造业等一系列新兴工业的迅速发展，而新机器的发明和制造，反过来也推动了电力的广泛应用。列宁指出：“电力工业是最能代表最新技术成就，代表19世纪末20世纪初的资本主义的一个工业部门。”电力取代蒸汽动力而成为工业发展的重要动力，人类社会进入“电气时代”。工业革命出现了新的技术革命浪潮，内燃机、汽车、合成化工技术、规模化的炼钢技术等相继发明出来，促进了工业的迅速发展，这就是第二次工业革命。

1819年，丹麦科学家奥斯特发现了电流的磁效应，开始揭示电和磁之间的关系。

1831年，法拉第反复试验，发现电磁感应现象，为制造电机提供了基本原理，他又制造了一台利用磁力产生电流的机器，将机械能转化为电能，从此，打开了电能宝库的大门。

1866年，德国人西门子经几年努力研制出自激式发电机，“廉价地、轻易地产生出无限强的电流”，被公认为电力技术最重要阶段的开端。但这种发电机还有许多缺点，又经过许多人的不懈努力，发电机逐步得到改进。

到19世纪70年代，发电机才真正由实验室步入实际生产领域。同时，使电能再转变为机械能的电动机也迅速发展进步，并开始应用于工业生产。电能传递速度快，传输损失小，能远距离输送，并可以按用户需要科学分配能量。电站可建在水源、燃料、交通各方面条件适合的地方，便于集中生产，集中管理，完全能满足资本主义生产的经营方式。电力的广泛使用，促成一大批新的工业部门诞生，从根本上改变了资本主义生产的面貌。

二、格拉姆与电力工业

齐纳布·格拉姆，是比利时-法国发明家，1826年4月4日生于比利时的热埃-伯德内的一个公务员家庭里；1901年1月20日卒于法国上塞纳省的布瓦-戈龙柏。他在学校里的成绩欠佳，不过，他的双手非常灵巧，摆弄电气设备确是一把高手。1856年，格拉姆来到巴黎后就一直在巴黎地区生活，在一家专门制造电气设备的公司里找到一份工作。1867年，他制成了一台改进型的交流发电机；1869年，他又制出了一台直流发电机。虽说法拉第和亨利早已从原理上确定了制造发电机的可行性，但他们制成的发电机只是一些实验性装置。真正能用于工业生产的发电设备是由格拉姆实现的。电力工业就建立在格拉姆的这两台发电机上。

1870年，年近半百的格拉姆根据帕其努悌的设计方案，兼纳西门子的电磁铁式发电机原理，制成了性能优良的发电机。不同于先前的实验性装置，格拉姆的作品是真正能用于工业生产的发电设备。他希望把这种发电机加以推广，实现大规模制造。当时，格拉姆已经是发明和工程圈子内小有名气的人物，但在普通人眼里，他至多是工匠兼小工厂的小老板，他的推广计划陷入停顿。然而历史总是充满着意外，1873年维也纳世博会就在不经意间影响了世界。以今天的眼光看，那时维也纳的主角是齐纳布·格拉姆。在展览的时候，他偶然接错了线把其他发电机的电接在自己的发电机，竟然产生了动力。这个让工程师们欣喜若狂的错误导致了电动机的发明，拉开了电气时代的序幕。

世界最早的电厂是1875年法国巴黎火车站的电厂，第一座正规的电厂是1882年美国纽约的珍珠街电厂，其有6台直流发电机，总容量670kW。

电力工业初期依靠水电和凝汽式火力发电站，工业发达国家水能资源大部分开发后，电力发电技术在狭窄的领域里进行，即不断提高汽轮发电机的温度、压力，由低温低压、中温中压、高温高压向亚临界、超临界的方向发展，采用更大型的发电机、汽轮机和锅炉。但是20世纪60年代以后，凝汽式发电机技术几乎没有多大进展，电站的平均效率稳定在35%左右。而且新电站比老电站造价要高得多，且可靠性差。到了60年代，工业发达国家把电力工业推向核电，核电有了发展，但是1979年的三哩岛核泄漏事故和后来的切尔诺贝利事故，对核电站的安全提出了更高的要求，核电造价急剧上升，带动了核电电价上升，核电开始冷却。这时燃气蒸汽联合循环电站的造价降低到燃煤凝汽式电站的50%左右，效率提高到55%～60%，建设工期降到几个月，大型联合循环电站可以做公用发电厂；小型的可做热电冷联产发电装置。用天然气作为燃料发电，氮氧化物可削减90%，SO_2可减少为零；更由于天然气供应充足，价格下跌，且燃料来源广泛，于是成为世界各国步入21世纪可持续发展的桥梁。在后面章节将对火电、水电、核电3种传统发电方式做简单的介绍。

三、中国电力工业的序幕

中国电力工业的开端几乎和世界同步。1879年，英国人毕晓浦在上海乍浦路利用蒸汽直流发电机进行弧光灯发光试验，获得成功，国内第一盏台灯在上海问世；1882年，英国人立德尔等在上海南京路创办上海电气公司，安装16马力(约11.63kW)发电机组，是中国第一座发电厂，标志着中国电力工业的开始。

上海这家电厂的出现，比法国巴黎火车站电厂晚7年，和爱迪生在美国建立的第一座电厂同年，比俄国彼得堡电厂早1年，比日本东京电灯公司早5年。

19世纪末，中国第一批电厂陆续亮相。1888年，台湾巡抚刘铭传在台北创立台湾兴市公司，安装小型蒸汽发电机，开始了燃煤发电；同年，两广总督张之洞在广州采用燃油机组发电，100盏白炽灯照亮了总督衙门；同年，军机处机器制造局在河北宣化开设龙烟铁矿，建立了20kW自备电厂；1890年，北洋大臣李鸿章兴办北洋水师，在大连创办大石船坞电灯厂；1898年，上海官办南市电灯厂发电，1906年转为商办，更名上海内地电灯公司。这期间，武昌、唐山、大沽、杭州、苏州、长沙等地，一批官办、商办电厂陆续出现。

四、飞跃发展的新中国电力工业

回顾130多年的中国电力发展历史，前60多年电力发展停滞不前，缓慢异常，新中国成立后的60多年，电力发展突飞猛进，连续60年平均每年都以10%以上的速度发展，这是史无前例、举世瞩目的成就。

我国的电力工业从1882—1949年，经过67年装机容量只达到1.85×10^6kW；而在1949年新中国成立后的60多年中，中国的电力工业取得了迅速的发展，为国民经济的发展做出了巨大的贡献。年发电量从1949年的4.31×10^9kW增长到1997年的1.1342×10^{12}kW，增长了263倍，平均年增长率12.3%。相应地，装机容量从1949年的1.85×10^6kW发展到1997年的2.5424×10^8kW，增长了137.4倍，平均年增长率10.8%。平均每年以10%以上的速率增长，到1998年全国装机容量已达到277GW以上，跃居世界第2位。特别是进入20世纪90年代以来，我国的电力平均每年新增装机容量超过17GW，实现装机容量8年翻一番，终于缓解了60多年的持续缺电局面，使电力供应有所缓和；同时从1998年开始撤销电力部，成立国家电力公司，以此为标志，在中国结束了由国家垄断电力的局面，由此向建立统一、竞争、有序的电力市场迈进，逐步与国际接轨，与国际电力改革潮流一致。

目前，我国电力行业主要由五大发电集团和四小豪门占据。五大发电集团包括中国华能集团公司、中国大唐集团公司、中国华电集团公司、中国国电集团公司、中国电力投资集团公司。五大发电集团都坚持以电为主，积极发展电力上下游产业，形成合理的相辅相成的产业链条，以服务于公司的发展战略。中国华能集团公司提出了“以电为核心、煤为基础、电煤路港运一体化”的产业发展战略；中国华电集团公司提出了“坚持以电为核心，上下延伸，内外并举，大力发展电力、煤炭、金融、电力工程技术、境外产业”；中国电力投资集团公司坚持“以电为核心，煤为基础，产业一体化协同发展”的战略。四小豪门有华润电力、国华电力、国投电力、中广核。在经营效益方面，四小豪门已经超过五大电力集团。

由于我国人口众多、幅员辽阔、人均用电水平低，我国发电工业的发展速度，是世界上任何国家都无法比拟的。发电工业的建设和发展必须依靠改革，依靠科技，依靠人才。要改革电力体制，建立竞争有序的电力市场，使我国电力融入全球电力，逐步与国际接轨；要高举“科技兴电”大旗，抓紧研究大电网的电网互联技术、清洁煤燃烧和电力环保技术；要培养和依靠人才，要实行产、学、研的结合，增强科技创新能力；要依靠工程、制造、经济、社会各类专家，为在21世纪我国发电工业攀上新的高峰而奋斗。

第三节　主力电源——火力发电

火力发电在发电能源中有非常重要的地位，世界上大多数国家以火电为主，火电占80%以上的有中国和意大利，占60%～75%的有美国、日本、德国、俄罗斯和英国等。

一、世界火力发电发展史

1875年，法国巴黎火车站建成世界上第一座火电厂并开始发电，采用很小的直流发电机专供附近照明用电，19 世纪巴黎路灯如图 6.4 所示。美国、俄国、英国也相继建成小火电厂。1886 年，美国建成第一座交流发电厂。1882 年，中国在上海建成一座装有 1 台 12kW 直流发电机的火电厂，供电灯照明用，标志着中国火力发电的开始。

随着发电机、汽轮机制造技术的完善，输变电技术的改进，特别是电力系统的出现，以及社会电气化对电能的需求，20 世纪 30 年代以后，火力发电进入大发展的时期，火力发电厂如图 6.5 所示。火力发电机组的容量由 200MW 级提高到 300～600MW 级(50 年代中期)，到 1973 年，最大的火电机组达 1300MW。大机组、大电厂使火力发电的热效率大为提高，每千瓦的建设投资和发电成本也不断降低。到 20 世纪 80 年代后期，世界最大的火电厂是日本的鹿儿岛火电厂，容量为 4400MW。但机组过大使得可靠性、可用率降低，因而到 20 世纪 90 年代初，火力发电单机容量稳定在 300～700MW。

图 6.4　19 世纪巴黎路灯

(摘自百度文库)

图 6.5　火力发电厂

(摘自百度文库)

二、中国火力发电技术发展历程

我国火力发电技术发展历程见表 6－1。

表 6－1　我国火力发电技术发展历程

时间	机组容量	事件
1956 年 2 月 19 日	6×10^3 kW	第一台国产 6×10^3 kW 机组在安徽淮南市田家庵电厂投入运行
1958 年 12 月	1.2×10^4 kW	我国首创的 1.2×10^4 kW 双水内冷汽轮发电机组在上海南市电厂开始发电
1956 年	2.5×10^4 kW	黑龙江富拉尔基电厂 2 台 2.5×10^4 kW 机组是新中国最早建设的高温高压机组
1960 年 9 月	5×10^4 kW	第一台国产 5×10^4 kW 双水冷汽轮发电机组在上海闸北发电厂投入运行
1967 年	1×10^5 kW	国产 1×10^5 kW 双水内冷汽轮发电机在北京高井电厂投入运行
1969 年 9 月 21 日	1.25×10^5 kW	上海电机厂制造的国产第一台 1.25×10^5 kW 超高压汽轮发电机组在吴泾电厂投入运行
1972 年	2×10^5 kW	中国首台 2×10^5 kW 双水内冷汽轮发电机组在辽宁朝阳电厂投入运行

续表

时间	机组容量	事件
1975 年	3×10^5 kW	中国首台 3×10^5 kW 亚临界双水内冷汽轮发电机组在河南姚孟电厂投入运行
1992 年	5×10^5 kW	中国首台从捷克引进的 5×10^5 kW 汽轮发电机组在山西神头二厂投入运行
1989 年 10 月	6×10^5 kW 亚临界	安徽省平圩发电厂第一台国产 6×10^5 kW 机组投产，成为我国电力工业更新换代的重要标志
1992 年 6 月 10 日	6×10^5 kW 超临界	我国第一台从国外引进的 6×10^5 kW 超临界机组在华能上海石洞口第二电厂正式投产发电
2000 年	8×10^5 kW	从俄罗斯引进全套设备的 8×10^5 kW 超临界机组在辽宁绥中发电厂投入运行
2004 年	9×10^5 kW	从国外引进的 9×10^5 kW 超临界机组在上海外高桥电厂正式投产发电
2006 年 11 月 28 日	1×10^6 kW	首台 1×10^6 kW 超临界机组在华能浙江玉环电厂投入运行
2012 年	1×10^6 kW	已投产和在建的 1×10^6 kW 超超临界机组达 59 台

三、火力发电简介

火力发电厂简称火电厂，是利用煤炭、石油、天然气作为燃料生产电能的工厂。其能量转换过程是燃料的化学能→热能→机械能→电能。凝汽式燃煤电厂生产过程如图 6.6 所示。

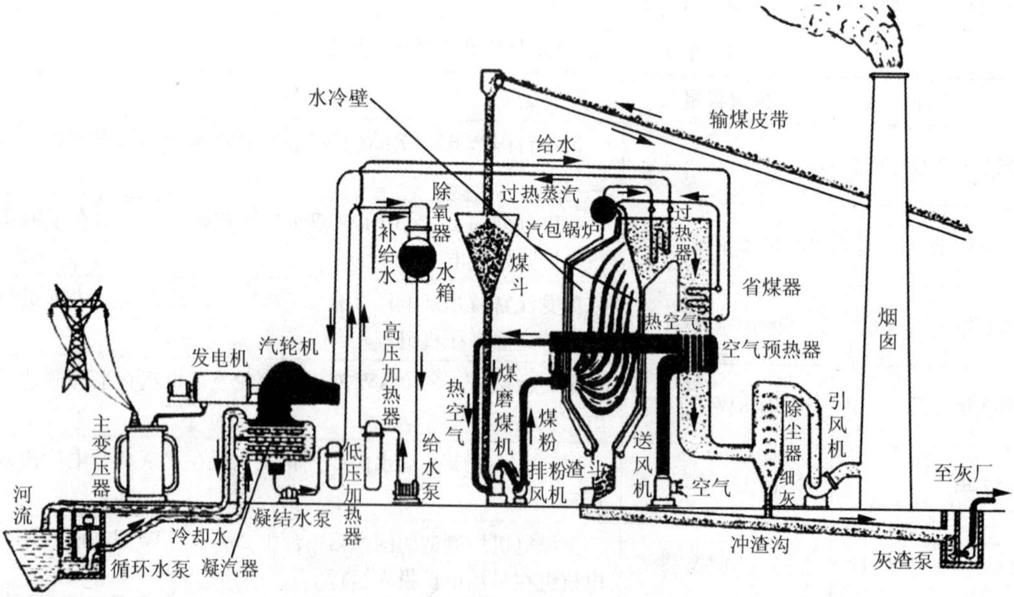

图 6.6　凝汽式燃煤电厂生产过程示意图

（摘自百度文库）

1. 火力发电厂生产过程概述

火力发电厂生产过程简述如下：利用燃料中的化学能在锅炉中燃烧，转化为热能，这种热能被锅炉中的水吸收成为具有一定温度、一定压力的蒸汽，这种具有相当热量的蒸汽冲动汽轮机转动，使热能转化为动能——机械能，汽轮机借助于这个旋转的动能带动发电机旋转，而发电机将赋予的机械能转变为电能。

整个生产过程可分为 3 个阶段，如图 6.6 所示。

1）燃烧系统

燃料的化学能在锅炉中转变为热能，加热锅炉中的水使之变为蒸汽，称为燃烧系统。燃烧系统包括输煤系统、制粉系统、烟风系统和除灰除尘系统，是用皮带输送机将煤从煤场通过电磁铁、碎煤机然后送到煤仓间的煤斗内，再经过给煤机进入磨煤机进行磨粉，磨好的煤粉通过空气预热器吹来的热风，将煤粉打至粗细分离器，粗细分离器将合格的煤粉(不合格的煤粉送回磨煤机)，经过排粉机送至粉仓，给粉机将煤粉打入喷燃器送到锅炉进行燃烧。而烟气经过电除尘脱出粉尘再将烟气送至脱硫装置，通过石浆喷淋脱出硫的气体经过吸风机送到烟囱排入天空。

2）汽水系统

锅炉产生的蒸汽进入汽轮机，推动汽轮机旋转，将热能转变为机械能，称为汽水系统。汽水系统由锅炉、汽轮机、凝汽器、水泵、加热器及其管路组成；水在锅炉中被加热成蒸汽，经过加热器进一步加热后变成过热的蒸汽，再通过主蒸汽管道进入汽轮机。由于蒸汽不断膨胀，高速流动的蒸汽推动汽轮机的叶片转动从而带动发电机。在膨胀过程中，蒸汽的压力和温度不断降低。蒸汽做功后从汽轮机下部排出，排出的蒸汽称为乏汽，它排入凝汽器。在凝汽器中，汽轮机的乏汽被冷却水冷却，凝结成水。凝汽器下部所凝结的水由凝结水泵升压后进入低压加热器和除氧器，提高水温并除去水中的氧(以防止腐蚀炉管等)，再由给水泵进一步升压，然后进入高压加热器，回到锅炉，完成水—蒸汽—水的循环。给水泵以后的凝结水称为给水。汽水系统中的蒸汽和凝结水在循环过程中总有一些损失，因此，必须不断向给水系统补充经过化学处理的水。补给水进入除氧器，同凝结水一起由给水泵打入锅炉。

3）电气系统

由汽轮机旋转的机械能带动发电机发电，将机械能转变为电能，称为电气系统。电气系统包括发电机、励磁系统、厂用电系统和升压变电站等。

发电机的机端电压和电流随其容量不同而变化，其电压一般为 10～20kV，电流可达数千安至 20kA。因此，发电机产生的电，一般由主变压器升高电压后，经变电站高压电气设备和输电线送往电网。极少部分电通过厂用变压器降低电压后，经厂用配电装置和电缆供厂内风机、水泵等各种辅机设备和照明等用电。

2. 火电厂的分类

1）按燃料分类

(1) 燃煤发电厂，即以煤为燃料的发电厂。

(2) 燃油发电厂，即以石油(实际是提取汽油、煤油、柴油后的渣油)为燃料的发电厂。

(3) 燃气发电厂，即以天然气、煤气等可燃气体为燃料的发电厂。

(4) 余热发电厂，即用工业企业的各种余热进行发电的发电厂。此外还有利用垃圾及工业废料作燃料的发电厂。

2) 按原动机分类

(1) 凝汽式汽轮机发电厂。

(2) 燃汽轮机发电厂。

(3) 内燃机发电厂。

(4) 蒸汽-燃汽轮机发电厂等。

3) 按供出能源分类

(1) 凝汽式发电厂，即只向外供应电能的电厂。

(2) 热电厂，即同时向外供应电能和热能的电厂。

4) 按发电厂总装机容量分类

(1) 小容量发电厂，其装机总容量在100MW以下的发电厂。

(2) 中容量发电厂，其装机总容量在100～250MW范围内的发电厂。

(3) 大中容量发电厂，其装机总容量在250～600MW范围内的发电厂。

(4) 大容量发电厂，其装机总容量在600～1000MW范围内的发电厂。

(5) 特大容量发电厂，其装机容量在1000MW及以上的发电厂。

5) 按蒸汽压力和温度分类

(1) 中低压发电厂，其蒸汽压力在3.92MPa($40kgf/cm^2$)、温度为450℃的发电厂，单机功率小于25MW；地方热电厂。

(2) 高压发电厂，其蒸汽压力一般为9.9MPa($101kgf/cm^2$)、温度为540℃的发电厂，单机功率小于100MW。

(3) 超高压发电厂，其蒸汽压力一般为13.83MPa($141kgf/cm^2$)、温度为540/540℃的发电厂，单机功率小于200MW。

(4) 亚临界压力发电厂，其蒸汽压力一般为16.77MPa($171kgf/cm^2$)、温度为540/540℃的发电厂，单机功率为300～1000MW不等。

(5) 超临界压力发电厂，其蒸汽压力大于22.11MPa($225.6kgf/cm^2$)、温度为550/550℃的发电厂，机组功率为600MW及以上，德国的施瓦茨电厂。

火电厂的种类虽然很多，但其生产过程不外是利用燃料燃烧所产生的热量把水加热，使水受热后变为蒸汽和过热蒸汽，过热蒸汽推动汽轮机，汽轮机带动发电机，发电机发电。其能量转换过程也是相同的。

3. 火力发电的特点

火力发电的优点：①技术成熟，目前成本较低；②不受地域限制，对地理环境要求低；③发电材料来源广。

火力发电的缺点：①环境污染大，可持续发展前景暗淡；②所用能源为不可再生资源；③耗能大，效率低。

第四节　清洁电源——水力发电

水能资源是一种非常宝贵的再生资源，而水力又是一种获得廉价电力的来源。水力发电是水能利用的主要形式，它是利用河流中以水的落差(水头)和流量为特征值所积蓄的势能和动能，通过水轮机将水能转换为机械能，然后带动发电机发电，通过输电线将强大的电流输送到用电部门。

一、水力发电发展历程

人们利用水力发电大约是在 19 世纪 80 年代。1878 年，在法国巴黎附近建造的塞尔曼兹电站是当时世界上最早的水电站。美洲第一座水电站建于美国威斯康星州阿普尔顿的福克斯河上，由一台水车带动两台直流发电机组成，装机容量 25kW，于 1882 年 9 月 30 日发电。这些雏形电站的建立，揭开了近代大型水电站的序幕。欧洲第一座商业性水电站是意大利的特沃利水电站，于 1885 年建成。中国大陆第一座水电站——石龙坝水电站，于 1910 年 7 月建于云南省螳螂川上，1912 年发电。

我国是世界上水力资源最丰富的国家之一，理论水力资源约有 6.94×10^8kW，可以经济开发容量约有 4.02×10^8kW，居世界首位。因此，积极开发水力资源，提供廉价电力，对实现现代化有着重大意义。我国的水力资源分布较广，地形、地质条件优越，河流峡谷多，有利于建造水电站。虽然我国蕴藏着十分丰富的水力资源，但在新中国成立前，我国仅有云南的石龙坝、吉林的丰满、四川的桃花溪等寥寥几个小水电站。新中国成立后，我国水电建设获得了迅速发展。1952 年先后试制成功了 800kW 和 3000kW 水轮发电机组，1959 年新安江水电站 7.25×10^4kW 水轮发电机制造成功，标志着我国水力发电建设达到了相当水平。

随着电力工业的不断发展，许多大中型水电站相继建成。特别是长江葛洲坝水电站的建成，标志着我国水电建设已步入一个新的里程碑，葛洲坝 170MW 水电机组至今仍是世界上最大的低水头转桨式机组。改革开放的大潮推动了水电事业的快速发展，1998 年研制成功了单机容量为 400MW 的李家峡机组和单机容量为 550MW 的二滩机组。举世瞩目的三峡水电站，单机容量为 700MW 级巨型的水轮发电机组目前已投入使用。

二、水力发电简介

水力发电是利用河流、湖泊等位于高处具有位能的水流至低处，将其中所含的位能转换为水轮机的动能，再以水轮机为原动力，推动发电机产生电能。利用水力(具有水头)推动水力机械(水轮机)转动，将水能转变为机械能，如果在水轮机上接上另一种机械(发电机)随着水轮机转动便可产生电，这时机械能又转变为电能。水力发电在某种意义上讲是水的位能转变为机械能，再转变为电能的过程。因水力发电厂所产生的电力电压较低，要输送给距离较远的用户，就必须将电压经过变压器增高，再由空架输电线路输送到用户集中区的变电所，最后降低为适合家庭用户、工厂用电设备的电压，并由配电线输送到各个工厂及家庭。在天然河流上，修建水工建筑物，集中水头，通过一定的流量将“载能水”输送到水轮机中，使水能→旋转机械能→带动发电机组发电→输电线路→用户。

1. 水轮机和水轮发电机

水轮机和水轮发电机是水力发电的核心部件。

水轮机把水流的势能转换为旋转机械能的动力机械，它属于流体机械中的透平机械。早在公元前100年前后，中国就出现了水轮机的雏形——水轮，用于提灌和驱动粮食加工器械。现代水轮机则大多数安装在水电站内，用来驱动发电机发电。在水电站中，上游水库中的水经引水管引向水轮机，推动水轮机转轮旋转，带动发电机发电。做完功的水则通过尾水管道排向下游。水头越高、流量越大，水轮机的输出功率也就越大。水轮机的作用如图6.7所示。

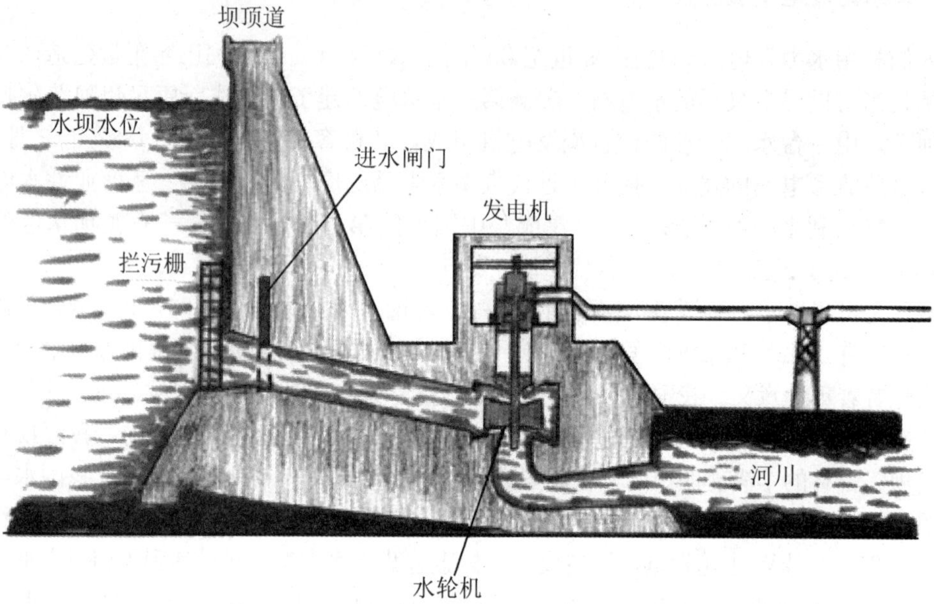

图6.7 水轮机的作用

（摘自百度文库）

水轮发电机是指以水轮机为原动机将水能转化为电能的发电机，水轮发电机如图6.8所示。水流经过水轮机时，将水能转换为机械能，水轮机的转轴又带动发电机的转子，将机械能转换为电能而输出，是水电站生产电能的主要动力设备。产生电能的基本原理：转子转动——转子中由励磁电流产生的按正弦分布的旋转磁场切割定子三相对称绕组——定子三相绕组中产生三相正弦交变电动势——定子三相绕组与负载连通后，电路在电动势的作用下有电流通过——向负载输出电能。

图6.8 水轮发电机

水轮发电机由转子、定子、机架、推力轴承、导轴承、冷却器、制动器等主要部件组成。定子主要由机座、铁心和绕组等部件组成。定子铁心用冷轧硅钢片叠成，按制造和运输条件可做成整体和分瓣结构。

2. 水力发电的分类

(1) 按水源的性质分为常规水电站，即利用天然河流、湖泊等水源发电；抽水蓄能电站，利用电网负荷低谷时多余的电力，将低处下水库的水抽到高处上存蓄，待电网负荷高峰时放水发电，尾水收集于下水库。

(2) 按水电站的开发水头手段分为坝式水电站、引水式水电站和混合式水电站 3 种基本类型。

(3) 按水电站利用水头的大小分为高水头(70m 以上)、中水头(15～70m)和低水头(低于 15m)水电站。

(4) 按水电站装机容量的大小分为大型、中型和小型水电站。一般装机容量 5000 千瓦以下的为小水电站，5000～10 万千瓦为中型水电站，10 万千瓦或以上的为大型水电站或巨型水电站。

3. 水力发电的特点

水力发电的优点：①不耗燃料，成本低廉；②水火互济，调峰灵活；③综合利用，多方受益；④取之不尽，用之不竭；⑤不污染环境，能源洁净。

水力发电的缺点：①受自然条件限制；②一次性投资大，工期长；③事故后果严重；④大型工程对环境、生态影响较大。

水能是一种取之不尽、用之不竭、可再生的清洁能源。但为了有效利用天然水能，需要人工修筑能集中水流落差和调节流量的水工建筑物，如大坝、引水管涵等。因此工程投资大、建设周期长。但水力发电效率高，发电成本低，机组启动快，调节容易。由于利用自然水流，受自然条件的影响较大。水力发电往往是综合利用水资源的一个重要组成部分，与航运、养殖、灌溉、防洪和旅游组成水资源综合利用体系。

第五节　命运难测的电源——核电

核电具有容量大、运行小时数高、发电波动性小、经济成本低等诸多优点，能满足工业化大规模使用，可有效取代煤电，具备产业化发展的条件。在诸多的清洁能源中，作为当前技术较为成熟、运行比较稳定的发电技术，核电具有明显的优势。

一、核电的发展历程

1. 蓬勃发展的世界核电

人类首次实现核能发电是在 1951 年。1951 年 8 月，美国原子能委员会在爱达荷州一座钠冷块中子增殖实验堆上进行了世界上第一次核能发电实验并获得成功。1954 年，在库尔恰托夫的主持下，苏联建成了世界上第一座核电站——奥布灵斯克核电站。1957 年，美国建成发电功率为 9 万千瓦的希平港原型核电站。这些成就证明了利用核能发电技术的可行性。20 世纪 60 年代后期，在试验性和原型核电机组基础上，陆续建成电功率在 30 万千瓦以上的压水堆、沸水堆、重水堆等核电机组，它们在进一步证明核能发电技术可行性的同时，使核电的经济性也得以证明：核电可与火电、水电相竞争。

目前，核电在许多国家和地区已承担基本负荷，世界上 30 多个国家已运行核电机组

441座，核电已占世界总发电量的20%。从已运行的核电站装机容量来看，美国居首位，装机容量占全世界的1/4，其次是法国、日本、德国和俄罗斯。从发展速度来看，法国、日本和韩国保持着较高的发展速度，目前法国核能发电量已占法国总发电量的80%。

2. 中国核电发展阶段

1）核能研究阶段

在20世纪70年代末，我国已经有了核动力应用的想法，但是由于历史原因，研究所被精简缩编，名存实亡，研究工作虽然一直没有停顿，但影响了工作的进行。一些基础科研项目基本停止，核电的科研工作未能展开。

2）核电技术起步阶段

核电技术起步阶段是我国的核电技术开始阶段，但是由于我国核电政策的不完善，使得我国的核动力研究主要应用于核动力舰艇上，1971年9月，我国自己建造的第一艘核动力舰艇安全下水，试航成功，其后20年，我国核电仍为零。值得一提的是，我国在此期间进行了核电站的概念设计，但是进度缓慢，秦山核电站的设计即从此时开始，但后来停止了，如同整个世界核电的大潮流一样。

1984年我国第一座自己研究、设计和建造的核电站——秦山核电站破土动工，表明中国核电事业的开始。自1991年12月15日并网发电以来，已安全运行10多年，累计发电200多亿千瓦·时。

3）黄金复苏阶段

中国核电从秦山核电开始，大亚湾核电为转折，历经10年，终于迎来了核电的春天，各个项目如雨后春笋，不断开工。

进入21世纪，国家对核电的发展做出新的战略调整。国务院已颁布了《核电中长期发展规划》，提出了到2020年核电装机容量达到4000万千瓦、在建1800万千瓦的目标，这个目标有可能更高。

3. 走入低谷的世界核电

然而，日本地震所引发的核电站事件，把全世界推向了核泄漏恐慌之中。2011年3月，日本地震引发了海啸，造成了福岛核电站爆炸并引发了核泄漏，核泄漏对日本及周边地区人们的正常生产生活造成了极大损伤。这一事故引起了国际社会重新审视核电的安全性。在核电行业没有解决安全性之前，大部分国家不再审批新的核电站建设项目。在瑞士，3座已经经过批准的核电站建设项目被立即停止；德国宣称计划放弃核能；我国也表示将暂时不再审批新的核电站。

二、核灾

核灾不像一般的灾害，如地震和海啸过后，民众还可回到家园，进行生活和经济的重建，而核灾却是恐怖的噩梦。

1986年4月26日，苏联切尔诺贝利核电站发生大爆炸，其放射性云团直抵西欧，造成约8000人死于辐射导致的各种疾病。

4月26日凌晨，位于苏联乌克兰加盟共和国首府基辅以北130km处的切尔诺贝利核电站发生猛烈爆炸，反应堆机房的建筑遭到毁坏，同时发生了火灾，反应堆内的放射性物质大量外泄，周围环境受到严重污染，造成了核电史上迄今为止最严重的事故。

4月25日，切尔诺贝利核电站第4号反应堆的工作人员违反操作规程连续切断反应堆的电源，使主要冷却系统停止工作。于是堆心温度迅速升高，造成氢气过浓，以至26日凌晨发生猛烈爆炸，爆炸引起机房起火，浓烟使人呼吸困难，放射性物质不断外溢。核电站所在地区有25000居民，这些居民从26日晨开始疏散，疏散共用了34h。

切尔诺贝利核电站大爆炸影响：周边地区共有约3万多平方公里的土地遭受了严重污染，确诊为不同程度急性放射病者134人，有28人在数周内死亡，另有2人死于化学爆炸和烧伤，有14人在10年内死亡。到2006年，官方的统计结果是，从事发到目前共有4000多人死亡。

关于切尔诺贝利核泄漏相关的数字。

10倍：绿色和平组织称切尔诺贝利核泄漏危害被低估了10倍。

800年：专家称消除切尔诺贝利核泄漏事故后遗症需800年。

9.3万人：20多年前的切尔诺贝利核电站事故造成致癌死亡人数约为9.3万。

27万人：27万人因切尔诺贝利核泄漏事故患上癌症，其中致死9.3万。

34万人：核泄漏事故发生后，苏联立即疏散了11万多人，随后数年，又从污染严重地区搬迁了23万人，前后共疏散34万余人。

20亿人：建立在白俄罗斯国家科学院研究成果上的报告说，全球共有20亿人口受到切尔诺贝利事故的影响。

切尔诺贝利核电站本身有很大的设计缺陷。它采用苏联独有的一种反应堆技术——压力管式石墨慢化沸水堆。使用石墨作为慢化剂，轻水作为冷却剂，在压力管内沸腾。系统只有一个回路，没有安全壳。一旦失水，堆心内的石墨在高温下就容易燃烧。在切尔诺贝利事件中，工作人员操作违规，引起了反应堆的爆炸。同时，由于没有安全壳设计，大火引起的高温导致放射性物质直接进入1200m的高空，向四周扩散核污染物，最终造成惨剧。

2011年3月13日，日本核灾爆发，唤醒了各国20世纪的核灾记忆。

日本政府目前已撤离核电厂半径20km内的近20万住民，因为这20km周边的城镇测出辐射量超出平常值的6600倍。而距离福岛240km的东京，一度测出辐射量超出平常值21倍。

这场灾难并非难测的天灾，更非神秘的末日预言，而要正视核电厂设计耐震系数不足的问题；沸水式反应炉炉心隔板设计不良，可能发生控制棒无法正常进入的问题；配管裂缝可能导致的冷却水外泄问题等。日本福岛电厂核灾重新唤起了全球社会对核电站选址、核电产业的质疑和反思。

三、核电站发电原理

核电站是利用核分裂或核融合反应所释放的能量产生电能的发电厂。目前商业运转中的核能发电厂都是利用核分裂反应而发电的。核电站一般分为两部分，如图6.9所示，利用原子核裂变生产蒸汽的核岛(包括反应堆装置和一回路系统)和利用蒸汽发电的常规岛(包括汽轮发电机系统)，使用的燃料一般是放射性重金属，如铀、钚。产生核裂变反应的设备称为反应堆。用于发电的反应堆有压水堆、重水堆、沸水堆、高温气冷堆、铀冷快堆等，当前世界上建得最多的是压水堆核电站。

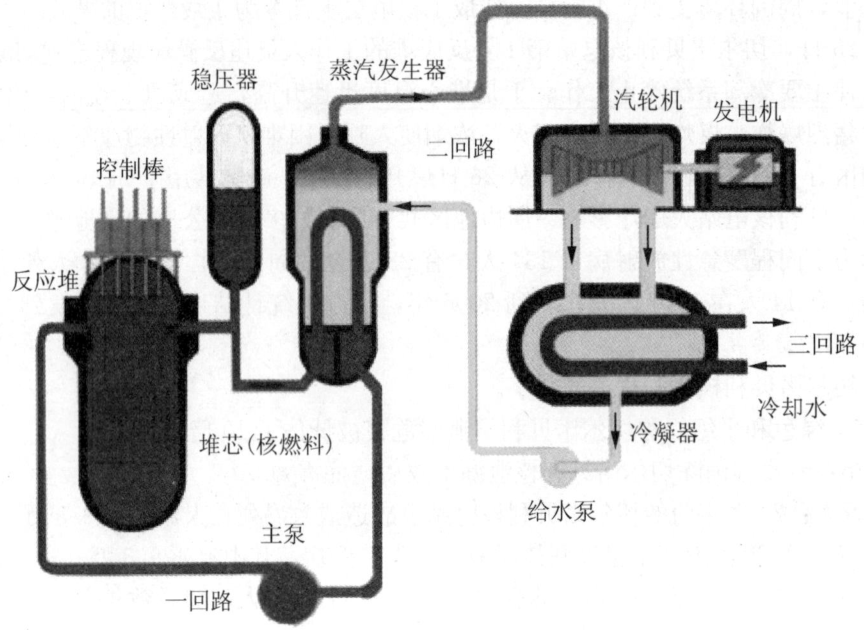

图 6.9 核能发电原理示意图

(摘自百度文库)

核电站与火电站发电过程相同，均是热能—机械能—电能的能量转换过程，不同之处主要是热源部分。火电站是通过煤等燃料在锅炉设备中燃烧产生热量，而核电站则是通过核燃料链式裂变反应产生热量。核能发电的能量来自核反应堆中可裂变材料(核燃料)进行裂变反应所释放的裂变能。裂变反应指铀- 235、钚- 239、铀- 233 等重元素在中子作用下分裂为两个碎片，同时放出中子和大量能量的过程。反应中，可裂变物的原子核吸收一个中子后发生裂变并放出两个或三个中子。若这些中子除去消耗，至少有一个中子能引起另一个原子核裂变，使裂变自持地进行，则这种反应称为链式裂变反应。实现链式反应是核能发电的前提。

核岛中主要的设备为核反应堆及由载热剂(冷却剂)提供热量的蒸汽发生器，它替代常规火电站中蒸汽锅炉的作用。常规岛的主要设备为汽轮机和发电机及其相应附属设备，常规岛的组成与常规火电站汽轮机大致相同。

四、核电的特点

核电的优点：①核能是地球上储量最丰富的能源，又是高度浓集的能源；②核电是清洁的能源，有利于保护环境；③核电的经济性优于火电；④以核燃料代替煤和石油，有利于资源的合理利用。

核电的缺点：①所用能源具有放发射性，危害较大；②基础投资成本大，风险高；③容易受政治因素影响；④废弃物处理成本较大。

本 章 小 结

纵观发电工业发展史，传统发电方式在能源体系中占据着重要的地位。可以肯定，在今后相当长的一段时间内，传统发电方式将仍是主导电源。世界发电工业的发展趋势也告诉我们，人类进入了知识经济时代，为了保护生态环境，节约能源，实现可持续发展，必须对电力工业进行彻底的改造，重新塑造电力工业。在布鲁塞尔成立的国际热电联产(ICA)的国际电力组织声称：其宗旨是推动世界范围的清洁、高效、分散的电力生产，并预言这是下个世纪电力工业的发展方向。我们必须紧跟世界潮流，迎接发电工业新时代的到来。

推荐阅读

1. 世界之最。

世界最大火电厂——日本鹿儿岛电厂。

位于日本茨城县鹿儿岛临海工业区，与鹿儿岛炼油厂相邻。全厂装机容量 440 万千瓦，共 6 台超临界压力机组，其中 4 台 60 万千瓦 ，2 台 100 万千瓦。全部燃油。第一台机组 1968 年投运，1975 年全部建成。电厂自动控制水平较高，全厂职工仅 200 余人，实行 4 班运行。

世界上最大的水电站——中国三峡水电站，如图 6.10 所示。

三峡水电站位于中国南部的长江上，距湖北省宜昌市约 40 公里。它是世界上规模最大的水电站，也是中国有史以来建设最大型的工程项目。三峡水电站 1992 年获得中国全国人民代表大会批准建设，1994 年正式动工兴建，2003 年开始蓄水发电。

三峡水电站大坝高程 185 米，蓄水高程 175 米，水库长 600 多公里，总投资 954.6 亿元人民币，安装 32 台单机容量为 70 万千瓦的水电机组。三峡电站最后一台水电机组，2012 年 7 月 4 日投产，这意味着，装机容量达到 2250 万千瓦的三峡水电站，成为全世界最大的水力发电站和清洁能源生产基地。

2. 中国之最。

中国最大的火力发电厂——内蒙古托克托发电厂，如图 6.11 所示。它位于呼和浩特市南约 70km 的托克托县境内，托克托电厂总装机容量为 480 万千瓦，整个工程分 4 期，每期安装 2 台 60 万千瓦机组。到 2010 年，托克托园区的装机总容量突破 6000 兆瓦，成为亚洲最大的火力发电基地。

图 6.10　世界上最大的水电站——中国三峡水电站
(摘自百度文库)

图 6.11　中国最大的火力发电厂——内蒙古托克托电厂
(摘自百度文库)

中国最早的水电站——石龙坝水电站，如图 6.12 所示。

图 6.12　中国最早的水电站——石龙坝水电站

（摘自云南网）

石龙坝水电站是 1908 年(清光绪三十四年)由昆明商人招募商股、集资筹建的。这座电站于 1910 年开工，1912 年两台 240 千瓦水轮发电机组安装完并开始发电，后经过 7 次扩建，于 1958 年装机容量达到 6000 千瓦。至今石龙坝水电站仍在运行，这也是世界上较早修建的水电站之一。石龙坝水电站的建设是在腐败无能的清王朝国家主权丧失的时候，云南仁人志士以阻止帝国主义开发掠夺我国水能资源的特殊方式，奏响了兴国兴邦的强音，是中国人民不甘屈辱、奋发图强的爱国义举。石龙坝水电站的建设，开创了我国民间学习、引进国外先进技术设备，自建、自管、自用的成功范例，造就了我国第一支水电工人队伍。

图 6.13　中国最大的核电站——大亚湾核电站

（摘自百度文库）

中国最大的核电站——大亚湾核电站，如图 6.13 所示。

大亚湾核电站于 1987 年开工，使用压水型反应堆技术，安装两台 90 万千瓦发电机组，于 1994 年全部并网发电。大亚湾核电站建成后，中国政府决定在大亚湾核电站以西 1 千米处继续建造一座新的核电站，定名为岭澳核电站，岭澳核电站规划安装 4 台 100 万千瓦发电机组，到目前有两台运行，大亚湾——岭澳核电站目前共有 4 台发电机组，总装机容量 380 万千瓦。

3. 熊信银．发电厂电气部分．北京：中国电力出版社．2009.
4. 火力发电网．http：//www. chinatpg. com/.
5. 核电之窗．http：//np. chinapower. com. cn/.
6. 能源网．http：//power. nengyuan. com/.

第7章

电的储存

内容提要

电的储存技术是电学发展过程中的重要技术，本章主要介绍电池技术的发展历史，蓄电池、干电池及一些电池新技术。通过本章的学习，应该了解电池技术的历史、现状及发展趋势。

名言警句

勤勉的人，每周七个全天；懒惰的人，每周七个早晨。

——英国谚语

第一节　电池技术的发展史

“环保”已经成为了现在最流行的词汇之一。环保的核心是“新能源”，而新能源的核心则是电池。电池已经诞生了200多年，现在仍然在前进。无论是过去还是现在，电池的目标都没有改变：随时随地让人享受电能的巨大作用。

在古代，人类可能就已经在研究电的储存了。1932年，在伊拉克巴格达附近发现了一个有数千年历史的黏土瓶，里面有一根插在铜制圆筒里的铁条，这可能是用来储存静电的。

在1745—1746年，穆欣布罗克发明了莱顿瓶，莱顿瓶被普遍认为是最早的存储电的容器。这是电学发展中极为重要的一步，也吸引了更多的科学家对电学进行深入的研究。今天我们在各种电器中广泛应用的电容器，就是根据莱顿瓶的原理制成的。然而，莱顿瓶存储的电是通过摩擦起电得到的。这种方法相当麻烦，不能提供持续稳定的电流，所以电的使用也受到严格的限制。

1786年，意大利解剖学家伽伐尼在做青蛙解剖时因为偶然的行为而发现了“生物电”。伽伐尼的发现引起了物理学家们的极大兴趣。意大利物理学家伏打也重复了这一试验，得到了与伽伐尼不同的见解，由此引发了科学史上有名的“蛙腿论战”。也正是因为伏打的异议，促使伽伐尼进行了更加严密的实验，很快修正了自己的解释，并从实验中获得了动物体内确实存在动物电的新证据，从而为一门全新的学科——电生理学的建立奠定了基础。伏特也通过试验结果对伽伐尼的新见解进行反击，由此发明了有名的“伏打电堆”。“伏打电堆”实际上就是串联的电池组，成为早期电学实验、电报机的电力来源。伏特在这场“蛙腿论战”中取得了辉煌的战果——他不但证明了金属接触电的存在，还发明了人类最早的化学电池，即伏特电堆，使人类的电学研究从此告别了靠摩擦起电的“静电”时代，跃入“动电”时代，从而导致了以后电化学、电磁学等一系列重大的科学发现和发明。伽伐尼的一个偶然发现引出了电生理学的建立和伏打电池的发明，这在科学史上一直被传为佳话。

1836 年，英国的丹尼尔又对“伏打电堆”进行了改良：使用稀硫酸做电解液，解决了电池极化问题，制造出第一个不极化、能保持平衡电流的锌-铜电池。该电池又被称为“丹尼尔电池”。此后，又陆续有去极化效果更好的“本生电池”和“格罗夫电池”等的问世。但是，这些电池都存在电压随使用时间延长而下降的问题。

1860 年，法国的普朗泰发明了用铅做电极的电池。这种电池具有的特征是，当电池使用一段使电压下降时，可以给它通以反向电流，使电池电压回升。因为这种电池能充电，可以反复使用，所以将它称为“蓄电池”。然而，无论哪种电池都需在两个金属板之间灌装液体，因此，搬运就会很不方便。此外，蓄电池所用液体都是硫酸，在搬动时就非常危险。1860 年，法国的雷克兰士又发明了“湿电池”。雷克兰士制造的电池很简陋，但是价格非常便宜，所以，一直到 1880 年雷克兰士发明的电池才被改进的“干电池”所取代：负极被改成锌罐(即电池的外壳)，电解液变为糊状而非液体。这种电池基本上就是现在我们所熟知的碳锌电池。

第二节 蓄 电 池

蓄电池，又称可充电电池，是一种可以被重新完全充电的电池。

蓄电池是通过充电将电能转变为化学能储存起来，使用时再将化学能转变为电能释放出来的一种化学电池，其转变的过程是可逆的。当蓄电池已完全放电或部分放电后，两电极板表面形成新的化合物，这时，若用适当的反向电流通入蓄电池，就可以使在放电过程中形成的化合物还原为原先的活性物质，供下次放电时使用，此过程称为充电，即将电能以化学能的形式储存在蓄电池中。电池接通负载供给外电路电流的过程称为放电。蓄电池的充电和放电过程可以重复循环多次，故蓄电池又称为二次电池。

在对蓄电池进行分类时，如果按所使用的电解质溶液分类，蓄电池可以分为酸性和碱性两大类；按正负极板所使用的活性物质材料分类，又可以分为铅酸蓄电池、镉镍蓄电池、铁镍蓄电池、银锌蓄电池、镉银蓄电池等几种，其中铅蓄电池为酸性电池，后 4 种为碱性电池。

蓄电池有 5 个首要参数：电池的容量、标称电压、内阻、放电终止电压和充电终止电压。

电池的容量平常用 Ah(安时)表示，1Ah 即是能在 1A 的电流下放电 1h。单元电池内活性物质的数量决定单元电池含有的电荷量，而活性物质的含量则由电池运用的资料和体积决定，因而平常电池体积越大，容量越高。与电池容量相干的一个参数是蓄电池的充电电流。蓄电池的充电电流通常用充电速率C表示，C为蓄电池的额定容量。例如，用2A电流对1Ah电池充电，充电速率即是2C；同样地，用2A电流对500mAh电池充电，充电速率即是4C。

电池刚出厂时，正负极之间的电势差称为电池的标称电压。标称电压由极板资料的电极电位和内部电解液的浓度决定。当环境温度等发生变化时，单元电池的输出电压也将有变化，另外，电池的输出电压与电池的富余电量也存在必然联系。

电池的内阻取决于极板的电阻和离子流的阻抗。在充放电过程中，极板的电阻是不变的，然而，离子流的阻抗将随电解液浓度的变化和带电离子的增减而变化。

放电终止电压(简称放终)是指一种电池放电的底线电压值。放电终止电压低于额定电压。

充电终止电压(简称充终)指的是在充电状态下允许的顶点电压值。充电终止电压高于额定电压，充电完成阶段的电压不允许超过充电终止电压。

蓄电池主要有铅酸蓄电池、镍镉电池、镍铁电池、镍氢电池、锂离子电池、锂离子聚合物电池、全钒氧化还原液流电池等。

下面分别对铅酸蓄电池几类蓄电池进行简单的介绍。

一、铅酸蓄电池

铅酸蓄电池通常也被称为铅蓄电池，是蓄电池的一种。铅酸蓄电池是最早的蓄电池，是1859年由普朗泰发明的，至今已有100多年的历史。

铅酸蓄电池的电极主要由铅制成，电解液是硫酸溶液，一般分为开口型电池和阀控型电池两种：前者需要定期注酸维护，后者为免维护型蓄电池；如果按电池型号分类，又可以将铅酸电池分为小密、中密及大密3类。

铅酸蓄电池的结构一般包含正极板、负极板、隔板、电池槽、电解液和接线端子等，负极为填满海绵状铅的铅板，正极为填满二氧化铅的铅板，电解质为1.28%的稀硫酸。在充电时，电能转化为化学能，放电时化学能又转化为电能。电池在放电时，金属铅是负极，发生氧化反应，被氧化为硫酸铅；二氧化铅是正极，发生还原反应，被还原为硫酸铅。电池在用直流电充电时，两极分别生成铅和二氧化铅。移去电源后，它又恢复到放电前的状态，组成化学电池。因为铅蓄电池能反复充电、放电，因此被称为二次电池。

蓄电池的原理是通过将化学能和直流电能相互转化，在放电后经充电后能复原，从而达到重复使用效果。铅蓄电池的电压为2的倍数。

铅蓄电池的放电化学反应为铅酸蓄电池中的正极活性物质(二氧化铅)与负极活性物质(海绵铅)和电解液(稀硫酸溶液)，反应生成硫酸铅和水；充电化学反应为硫酸铅和水转化为二氧化铅、海绵铅与稀硫酸；在总的化学反应过程就包含上述的充电反应和放电反应，由于在放电反应及充电反应中，没有额外物质减少或增加，因此为可逆反应。

铅酸蓄电池的价格低廉、原材料易于获得，在使用上又具有充分的可靠性，适用的环境温度范围广。但是，由于最初是用原电池对其充电的，实用价值不大。20世纪初，铅酸蓄电池历经了许多重大的改进，能量密度、循环寿命、高倍率放电等方面的性能都得到了提高。

1912年爱迪生发表专利，提出在单体电池的上部空间使用铂丝，当有电流通过时，铂被加热，成为氢、氧化合的催化剂，使析出的 H_2 与 O_2 重新化合，返回电解液中。但是，该专利并未能付诸实现，其原因在于：①铂催化剂很快失效；②气体不是按氢 2 氧 1 的化学计量数析出，电池内部仍有气体发生；③存在爆炸的危险。

20 世纪 60 年代，美国 Gates 公司发明了铅钙合金，引发了对于密封铅酸蓄电池的开发热，世界各大电池公司投入了大量人力物力进行开发。

1969 年，美国实施了登月计划，密封阀控铅酸蓄电池和镉镍电池被列入了月球车用动力电源，尽管最后还是采用了镍镉电池，但密封铅酸蓄电池技术从此得到了发展。1969—1970 年，美国 EC 公司制造了大约 350000 只小型密封铅酸蓄电池，该电池采用玻璃纤维棉隔板、贫液式系统，这是最早的商业用阀控式铅酸蓄电池。

1975 年，Gates 公司在经过多年努力并付出高昂代价的情况下，获得了一项 D 型密封铅酸干电池的发明专利，成为 VRLA 的电池原型。

1979 年，GNB 公司在购买 Gates 公司的专利后，又发明了 MFX 正板栅专利合金，开始大规模宣传并生产大容量吸液式密封免维护铅酸蓄电池。

1984 年，VRLA 电池在美国和欧洲得到小范围应用。

1987 年，随着电信业的飞速发展，VRLA 电池在电信部门得到迅速推广使用。

正当 VRLA 电池越来越受到使用者的青睐时，英国电信部门 1991 年对正在使用的 VRLA 电池进行了检查和测试，发现 VRLA 电池的性能并不像厂商宣传的那样优秀，电池出现了热失控、燃烧和早期容量失效等现象，这引起了电池工业界的广泛讨论，并对 VRLA 电池的发展前途、容量监测技术、热失控和可靠性产生了怀疑。由于 VRLA 电池是一种还需要管理的电池，采用“免维护”容易引起误解，原来提到的“密封免维护铅酸电池”名称正式被“VRLA 电池”取代。

针对上面提到的问题，1992 年，电池专家和生产厂家的技术员纷纷发表文章提出建议和看法。其中，Dr. Darid Feder 提出利用测电导的方法对 VRLA 电池进行监测；I. C. Bearinger 从技术方面评述 VRLA 电池的先进性。这些文章对 VRLA 电池的发展和推广应用起了很大的促进作用。

1992 年，世界上 VRLA 电池用量在欧洲和美洲都大幅度增加，在亚洲国家电信部门提倡全部采用 VRLA 电池；1996 年 VRLA 电池基本取代传统的富液式电池，VRLA 电池已经得到了广大用户的认可。

图 7.1　铅酸蓄电池

（摘自维基百科）

目前，铅酸蓄电池(图 7.1)产品主要有下列几种：①起动型蓄电池，主要用于汽车、摩托车、拖拉机、柴油机等起动和照明；②固定型蓄电池，主要用于通信、发电厂、计算机系统，作为保护、自动控制的备用电源；③牵引型蓄电池，主要用于各种蓄电池车、叉车、铲车等动力电源；④铁路用蓄电池，主要用于铁路内燃机车、电力机车、客车起动、照明的动力；⑤储能用蓄电池，主要用于风力、太阳能等发电用电能储存。

在铅酸蓄电池的应用方面。中密及小密电池可广泛用于 UPS 不间断电源、控制开关、报警器、汽车牵引电源等；大密电池主要应用于大型基站的通信后备电源。在使用铅酸蓄电池时，应注意硫酸液面高度，以免发生意外。

二、镍镉电池

镍镉电池(图 7.2)是一种流行的蓄电池。这种电池是一种以氢氧化镍(NiOH)及金属镉(Cd)作为产生电能的电气化学设备。

镍镉蓄电池的正极材料为氢氧化亚镍和石墨粉的混合物，负极材料为海绵状镉粉和氧化镉粉，电解液通常为氢氧化钠或氢氧化钾溶液。当环境温度较高时，使用密度为 1.17～1.19 的氢氧化钠溶液；当环境温度较低时，使用密度为 1.19～1.21 的氢氧化钾溶液；当环境温度低于－15℃时，使用密度为 1.25～1.27 的氢氧化钾溶液。为兼顾低温性能和荷电保持能力，密封镍镉蓄电池采用密度为 1.40 的氢氧化钾溶液。为了增加蓄电池的容量和循环寿命，通常在电解液中加入少量的氢氧化锂(大约每升电解液加 15～20g)。

图 7.2　镍镉蓄电池

(摘自环球经贸网)

镍镉蓄电池充电后，正极板上的活性物质变为氢氧化镍[$Ni(OH]_2$)，负极板上的活性物质变为金属镉；镍镉电池放电后，正极板上的活性物质变为氢氧化亚镍，负极板上的活性物质变为氢氧化镉。

下面对放电过程中发生的电化学反应分正极和负极来介绍。

(1) 负极反应：负极上的镉失去两个电子后变成二价镉离子 Cd^{2+}，然后立即与溶液中的两个氢氧根离子 OH^-结合生成氢氧化镉 $Cd(OH)_2$，沉积到负极板上。

(2) 正极反应：正极板上的活性物质是氢氧化镍[$Ni(OH]_2$)晶体，镍为正三价离子(Ni^{3+})，晶格中每两个镍离子可从外电路获得负极转移出的两个电子，生成两个二价镍离子 $2Ni^{2+}$，与此同时，溶液中每两个水分子电离出的两个氢离子进入正极板，与晶格上的两个氧负离子结合，生成两个氢氧根离子，然后与晶格上原有的两个氢氧根离子一起，与两个二价镍离子生成两个氢氧化亚镍晶体。

同样，在充电过程中的化学反应也分为正极和负极来介绍。充电时，将蓄电池的正、负极分别与充电机的正、极相连，电池内部发生与放电时完全相反的电化学反应，即负极发生还原反应，正极发生氧化反应。

(1) 负极反应：充电时负极板上的氢氧化镉，先电离成镉离子和氢氧根离子，然后镉离子从外电路获得电子，生成镉原子附着在极板上，而氢氧根离子进入溶液参与正极反应。

(2) 正极反应：在外电源的作用下，正极板上的氢氧化亚镍晶格中，两个二价镍离子各失去一个电子生成三价镍离子，同时，晶格中两个氢氧根离子各释放出一个氢离子，将氧负离子留在晶格上，释出的氢离子与溶液中的氢氧根离子结合，生成水分子，然后，两个三价镍离子与两个氧负离子和剩下的两个氢氧根离子结合，生成两个氢氧化镍晶体。

蓄电池充电结束时，充电电流将使电池内发生分解水的反应，在正、负极板上将分别有大量氧气和氢气析出。从上述电极反应可以看出，氢氧化钠或氢氧化钾并不直接参与反应，只起导电作用。从电池反应来看，充电过程中生成水分子，放电过程中消耗水分子，因此，充、放电过程中电解液浓度变化很小，不能用密度计检测充放电程度。

镍镉电池使用过程中，如果电量没有全部放完就开始充电，下次再放电时，就不能放出全部电量。例如，镍镉电池只放出80％的电量后就开始充电，充足电后，该电池也只能放出80％的电量，这种现象称为记忆效应。

电池全部放完电后，极板上的结晶体很小。电池部分放电后，氢氧化亚镍没有完全变为氢氧化镍，剩余的氢氧化亚镍将结合在一起，形成较大的结晶体。结晶体变大是镍镉电池产生记忆效应的主要原因。

对比其他种类的蓄电池，镍镉电池的优点是以较小质量储存一定数量的能量，充电效率很高，放电时终端电压变化不大，内阻小及对充电环境要求不高。镍镉电池的缺点是记忆效应及镉会导致重金属污染。

三、镍铁电池

19世纪末，蓄电池的应用已相当普遍，但当时的蓄电池是用铅和硫酸制成的。铅和硫酸在发生化学反应时能产生电流，但硫酸的腐蚀性太强，铅无法承受硫酸的侵蚀，用不了多久就会损坏，寿命非常短，所以这种铅硫酸电池引起用户极大不满，人们也迫切需要找到其他材料来制作蓄电池。

镍铁电池由爱迪生在1901年发明，是众多蓄电池中的一种。它的阴极是氧化镍，阳极是铁，电解质(电解液)是氢氧化钾。这种电池的电压通常是1.2V。由于铁资源非常丰富，因而，镍铁蓄电池的成本相对较低；这种电池经久耐用，能够经受一定程度的使用事故，如过度充电、过度放电、短路、过热，经受上述损害后仍能保持很长的寿命，能够被持续充电且储存大概20年后仍能工作。因而，镍铁蓄电池一般作为后备使用。然而，这种电池也具有较多的缺点：自放电严重，低温性能差，比能量和比功率较低，放电电压较低(约在1V上下)单位质量(体积)储存的电能少，不能很好地储存电能，而且与铅酸电池相比时其制造成本较高。目前，镍铁蓄电池几乎已经被淘汰了。

四、镍氢电池

镍氢电池（图7.3）由氢离子和金属镍合成，电量储备比镍镉电池多30％，比镍镉电池更轻，使用寿命也更长，并且对环境无污染。因此，镍氢电池使用非常广泛。镍氢电池的主要缺点是价格较贵，比镍镉电池要贵得多。

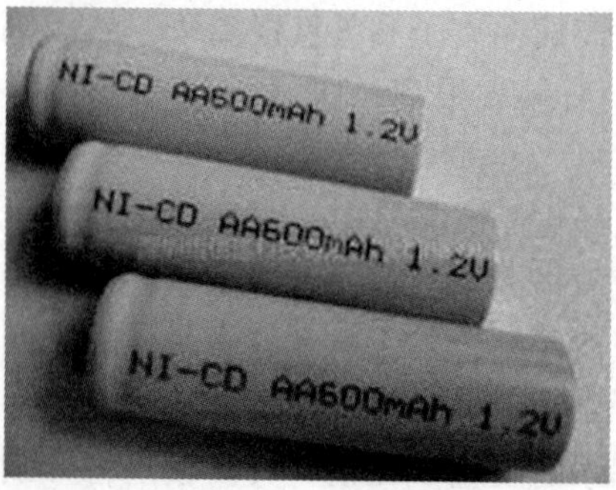

图7.3 镍氢电池
(摘自百度图片)

镍氢电池中的“金属”部分实际上是金属氢化物。在镍氢电池的制造上，它们主要分为两大类。最常见的是AB_5一类，A是稀土元素的混合物(或者)再加上钛(Ti)；B则是镍(Ni)、钴(Co)、锰(Mn)，(或者)还有铝(Al)。而一些高容量电池的“含多种成分”的电极则主要由AB_2构成，这里的A则是钛(Ti)或者钒(V)，B则是锆(Zr)或镍(Ni)，再加上一些铬(Cr)、钴(Co)、铁(Fe)和(或)锰(Mn)。所有这些化合物扮演的都是相同的角色：可逆地形成金属氢化物。电池充电时，氢氧化钾(KOH)电解液中的氢离子(H^+)会被释放出来，由这些化合物将它吸收，避免形成氢气(H_2)，以保持电池内部的压力和体积。当电池放电时，这些氢离子便会经由相反的过程而回到原来的地方。

对于镍氢电池的长期保养来说，使用低频脉冲-大电流的充电方式要比使用涓流充电方式更能保持好电池状态。新买回来的，或者是长时间未使用的镍氢电池，需要一段“激活”时间来恢复电池电量。因此，一些新的镍氢电池需要经过几次充电-放电循环才能达到它们的标称电量。

在镍氢电池的使用过程中，必须小心。对于串联在一起的几个电池(如数码照相机中4个AA电池的通常排列方式)，要避免电池完全耗尽电能，进而发生“反向充电”。反向充电将会对电池产生不可挽回的损害。不过，通常这些设备(如数码照相机等)能够检测串联电池的放电电压，当它下降到一定程度时，便自动关闭，以保护电池。虽然单个镍氢电池只会一直放电直到电压为0，并不会有过热或爆炸的危险，但过度放电会对电池造成永久性损害，减损容量，严重时难以再充电使用。镍氢电池对过放电的承受程度远远低于镍镉电池。厂商技术规格均有规定最低放电电压，一般在1.0～1.1V会停止放电。此外，有时周期性地将电放至最低允许电压然后再充满有利于保持电池的容量与质量。

镍氢电池具有较高的自放电效应，每个月约为总电量的30%或更多。这要比镍镉电池每月20%的自放电速率高。电池充得越满，自放电速率就越高；当电量下降到一定程度时，自放电速率又会稍微下降。电池存放处的温度对自放电速率有十分大的影响。正因为如此，长时间不用的镍氢电池最好充到40%的“半满”状态。

镍氢电池广泛地应用于一些消费性电子产品、遥控玩具、混合动力车辆(如丰田的Prius)中，在部分纯电池动力车也使用镍氢电池(如通用汽车的Honda Civic Hybrid、本田的Honda EV Plus、福特汽车的Ford Ranger EV)。

镍氢合金的主要来源是稀土，而我国的稀土资源占世界总储量的70%以上，发展镍氢电池具有得天独厚的优势。因此，我国镍氢电池的研制与开发，受到了国家八六三计划的大力支持，被列为“重中之重”项目。在八六三计划“镍氢电池产业化”项目的推动下，我国的镍氢电池及相关材料产业实现了从无到有、赶超世界先进水平的奋斗目标。在该计划的支持下，科研人员攻克了储氢合金制备等关键技术，取得了一大批创新性成果，镍氢电池产业化项目在实施过程中共取得了15项发明和实用新型专利，制定了50余项镍氢电池的标准及检测方法，为促进中国电池产品的更新换代和稀土资源的开发利用做出了贡献。

图7.4 电动车锂电池

(摘自 http://www.ise-asia.com/cn/index.asp)

五、锂电池

锂电池是指电化学体系中含有锂(包括金属锂、锂合金和锂离子、锂聚合物)的电池。锂电池大致可分为两类：锂金属电池和锂离子电池。锂金属电池通常是不可充电的，且内含金属态的锂。锂离子电池不含有金属态的锂，并且是可以充电的。电动车的锂电池如图7.4所示。

最早出现的锂电池是锂金属电池，是由伟大的发明家爱迪生发明的，使用反应：$Li+MnO_2 \rightleftharpoons LiMnO_2$。该反应为氧化还原反应，通过该反应放电。由于锂金属的化学特性非常活泼，使得锂金属的加工、保存、使用，对环境要求非常高。所以，锂电池长期没有得到应用。

现在成为主流的是锂离子电池。它主要依靠锂离子在正极和负极之间的移动来工作。正极材料可选的材料很多，目前主流产品多采用锂铁磷酸盐，放电时正极锂离子嵌入，充电时正极锂离子脱嵌。负极材料多采用石墨，新的研究发现钛酸盐可能是更好的材料，放电时负极锂离子脱嵌，充电时负极锂离子嵌入。

现在，锂离子电池大量应用在手机、笔记本电脑、电动工具、电动车、路灯备用电源、航灯、家用小电器上，可以说是最大的应用群体。目前开发的大容量锂离子电池已在电动汽车中开始试用，预计将成为21世纪电动汽车的主要动力电源之一，人造卫星、航空航天和储能方面得到应用。随着能源的紧缺和世界环保方面的压力。锂电现在被广泛应用于电动车行业，特别是磷酸铁锂材料电池的出现，更推动了锂电池产业的发展和应用。

锂离子电池的工作电压高、体积小、质量轻、能量高、无记忆效应、无污染、自放电小、循环寿命长，是21世纪发展的理想能源。锂电池也有一些缺点，如安全性较差，高温、过充都容易发生爆炸；锂离子电池均需保护线路，防止电池被过充、过放电；生产要求条件高，成本高；不使用会自然老化。

随着科技的不断进步，蓄电池技术得到了发展，出现了一些新型的蓄电池，如太阳能蓄电池、胶体电池等。

第三节　干　电　池

干电池是一种伏打电池，是一种以糊状电解液产生直流电的化学电池。干电池是一次性电池，即使用一次后就被废弃的电池。在日常生活中干电池的使用最为普遍，如手电筒照明、收音机等。根据1995年统计资料表明，全世界干电池总产量为250亿只。干电池的剖面图如图7.5所示。

干电池的鼻祖在19世纪中期诞生。1860年，法国的雷克兰士发明了碳锌电池，这种电池很容易制造，且最初潮湿水性的电解液逐渐用黏浊状类似糨糊的方式取代，于是装在容器内时，“干”性的电池出现了。

1887年，英国人赫勒森发明了最早的干电池。相对于液体电池而言，干电池的电解液为糊状，不会溢漏，便于携带，因此获得了广泛应用。

随着科学技术的发展，干电池已经发展成为一个大的家族，到目前为止已经约有100多种。常见的有锌-锰干电池、镁-锰干电池、锌-空气电池、锌-氧化汞电池、锌-氧化银电池、锂-锰电池等。

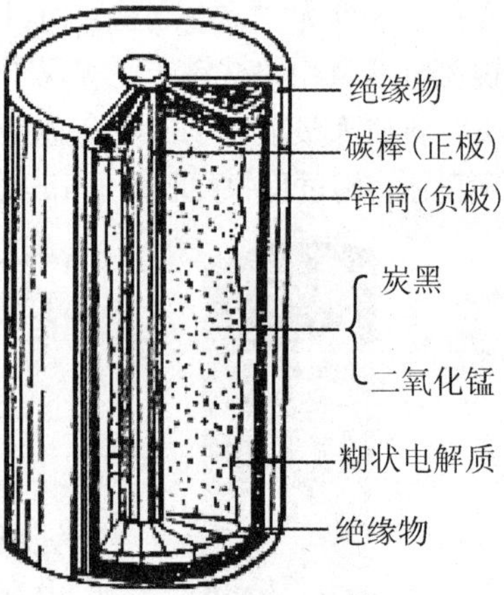

图7.5　干电池剖面图

(摘自百度百科)

下面就几种常见的干电池进行简单的介绍。

一、锌-锰干电池

锌-锰干电池（图 7.6）简称锌-锰电池，是以二氧化锰为正极，锌为负极，氯化铵水溶液为主电解液的原电池，俗称干电池。锌-锰电池的开始电压为 1.55～1.75V，公称电压为 1.5V。最适宜的使用温度为 15～30℃。

图 7.6 锌-锰干电池

（摘自 Google 图片）

根据锌-锰电池结构上的不同，可分为糊式锌-锰干电池、纸板式锌-锰干电池、薄膜式锌-锰干电池、氯化锌-锰干电池、碱性锌-锰干电池、四极并联锌-锰干电池、迭层式锌-锰干电池等。

根据电解质酸碱性质，又分为酸性锌-锰电池和碱性锌-锰电池。

酸性锌-锰干电池是以锌筒作为负极，并经汞齐化处理，使表面性质更为均匀，以减少锌的腐蚀，提高电池的储藏性能，正极材料是由二氧化锰粉、氯化铵及炭黑组成的一个混合糊状物。正极材料中间插入一根碳棒，作为引出电流的导体。在正极和负极之间有一层增强的隔离纸，该纸浸透了含有氯化铵和氯化锌的电解质溶液，金属锌的上部被密封。这种电池是 19 世纪 60 年代法国的勒克兰谢发明的，故又称为勒克兰谢电池或炭锌干电池。我国目前主要的酸性锌-锰电池主要品牌有大公、牡丹、中华、天鹅、555 等。

碱性锌-锰电池简称碱锰电池，它在 1882 年被研制成功，1912 年开发，但是直到 1949 年才投入生产。当用 KOH 电解质溶液代替 NH_4Cl 做电解质时，无论是电解质还是结构上都有较大变化，电池的比能量和放电电流都能得到显著的提高。碱性锌锰电池采用了高纯度、高活性的正、负极材料，以及离子导电性强的碱作为电解质，使电化学反应面积成倍增长。它具有这样一些优点：①开路电压为 1.5V；②工作温度范围宽在－20～＋60℃，适于高寒地区使用；③大电流连续放电其容量是酸性锌锰电池的 5 倍左右；④低温放电性能很好，因此碱性锌-锰电池的产量非常大。根据统计资料，1995 年全世界的碱性锌-锰电池产量为 70 亿只。美国、欧洲和日本的碱性锌-锰电池年增长率超过 12%，美、欧、日国内碱性锌-锰电池所占市场比例分别为 72%、52%和 29%。1995 年我国碱性锌-锰电池总产量近 3 亿只，品牌主要有南孚、双鹿、白象等，且都已经达到国际标准。

二、镁-锰干电池

镁-锰干电池和锌-锰干电池的原理是一样的，镁筒作为负极，正极材料是由二氧化锰粉、氯化铵及炭黑组成的混合糊状物。正极材料中间插入一根碳棒，作为引出电流的导体。在正极和负极之间有一层增强的隔离纸，该纸浸透了含有氯化铵和氯化镁的电解质溶液，金属镁的上部被密封。

镁-锰干电池的开路电压为 1.60～1.80V，工作电压为 1.3～1.4V，其电荷量比同体积锌-锰干电池人一倍左右。它有良好的温度适应性，能在－20～＋60℃条件下使用，在储存期中其电荷量下降率仅每年 3%左右，因此其储存寿命可长达 5 年。但电池不宜长时间间歇使用，开始使用时有电压滞后现象，使用完后电池体积会膨胀。

镁储备型电池的储存寿命可达 10 年以上；能在任何场合且在临时使用时加清水或海

水使之活化，活化后半小时内即可使用；工作电压十分平稳；使用寿命一般为 0.5～24h。镁电池目前主要供军事通信和气象测候仪、海难救生设备和高空雷达仪等使用。

三、锌-空气电池

锌-空气电池(图 7.7)是一类结构特殊的干电池，负极采用了锌合金，而正极材料则是空气中的氧，所以又称锌-氧电池。在储存时一般保持密封，基本上没有自放电。

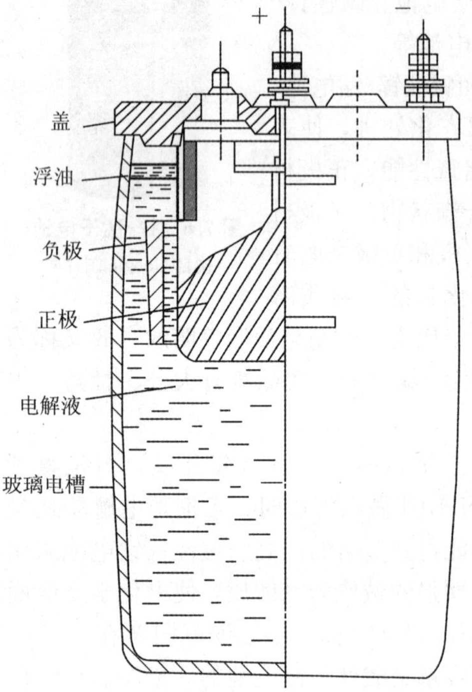

图 7.7　锌-空气电池

(摘自互动百科)

锌-空气电池使用多孔活性炭电极做正极，铂或其他材料做催化剂，锌粉制成膏状后，压制成片状或采用涂膏的方法制成极板做负极。锌-空气电池分为中性和碱性两个体系，分别用字母 A 和 P 表示，其后再用数字表示电池的型号。

锌-空气电池的开路电压为 1.4～1.5V，有纽扣式、圆柱形和方形等多种形状。

锌-空气电池的电压为 1.4V 左右，放电电流受活性炭电极吸附氧及扩散速度的制约。每一型号的电池有其最佳使用电流值，超过极限值时活性炭电极会迅速劣化。电池的荷电量一般比同体积的锌-锰电池大 3 倍以上。大型锌-空气电池的电荷量一般在 500～2000Ah，主要用于铁路和航海灯标装置上。纽扣式锌-空气电池的电荷量为 200～400mAh，已广泛用于助听器中。

锌-空气电池的发明已经有上百年的历史，它具有能量高、容量大、工作电压平稳、使用寿命长、性能稳定、无毒无害、安全可靠、没有爆炸隐患、资源丰富、成本低廉等优点，是非常优秀的储能材料。1995 年以色列电燃料有限公司首次将锌-空气电池用于 EV(电动汽车)上，使得锌-空气电池进入了实用化阶段。美国 Dreisback Electromotive 公司及德国、法国、瑞典、荷兰、芬兰、西班牙和南非等多个国家也都在 EV 上积极地推广应用锌-空气电池。

另一方面，由于锌-空气电池内部含有高浓度的电解质(氢氧化钾，具有强碱性，强腐蚀性)，一旦发生渗漏，将腐蚀电池附近部件，而且这种腐蚀是不可修复的。同时，电池上有孔，电池在激活使用后存放时间很短，所以，锌-空气电池较易发生电池漏液。因此，使用锌-空气电池的场合要及时更换耗尽的电池，经常检查电池状况，较长时间不用时要取出电池。

四、锌-氧化银电池

锌-氧化银电池(图 7.8)又称银锌电池或氧化银电池，是以银的氧化物做正极、锌做负极、碱性溶液做电解质的一种电池。它具有放电平稳、较高的能量与质量比等优点，但因为银的成本较高，一般以做成纽扣电池为主，或用在一些要求较高、能承受此高成本的特定场合，如某些鱼雷或潜水艇。

锌-氧化银电池的电压较高，锌-氧化银一次电池的公称电压标示为 1.55V，高于碱性电池的 1.5V 与水银电池的 1.35V。放电过程中，电压对放电时间的曲线平坦，也就是说，可长期保持近于相同的电压。与碱性电池随着电量减少，电压也逐步下降的情况不同。

图 7.8 锌-氧化银电池
（摘自百度图片）

锌-氧化银扣式电池具有容量大、放电电压平稳、储存性能较好等优点，常用于电子手表、计算器、小型仪表等微型电器做电源。锌-氧化银扣式电池用“SR”表示，其后加上电池的尺寸，直径在前，由 1 或 2 位数组成，取整数；高度在后，由 2 位数组成，取 1 位整数和第一位小数。由于这种电池成本较高，部分应用领域已被纽扣式碱性锌-锰电池所取代。

在锌-氧化银电池中，负极的锌与电解液中的成分可以产生化学反应，因而受腐蚀而消耗，这不但会减损电池的可用容量，且会产生氢气，造成电池内部压力增高而膨胀。为了抑制这样的作用，通常会在锌表面覆以少量水银，但也造成废弃的电池对环境产生汞污染。因此，锌-氧化银电池应切实回收，以免污染环境。

五、锂-锰电池

锂-锰电池(图 7.9)全称为锂-二氧化锰电池。锂-锰电池是用锂金属作为阳极和阴极二氧化锰，与锂盐溶解在有机溶剂中。小型锂电池在一些便携式电子设备很常用，如便携式计算机、手表、摄像机、数码照相机、温度计、计算器、笔记本式计算机的 BIOS、通信设备、遥控车门锁等。它们有许多不同的形状和大小，常见的有 3V 的“硬币”型锂-锰电池，一般直径为 20mm、厚度为 1.6～4mm。

总体来讲，干电池的使用非常广泛，不仅适用于手电筒、半导体收音机、收录机、照相机、电子钟、玩具等，而且适用于国防、科研、电信、航海、航空、医学等国民经济中的各个领域。

图 7.9 锂-锰电池
（摘自百度图片）

然而，如果对于电池的使用或者回收不当，会造成环境的污染，并对人们的身体健康造成极大的危害。

电池对环境污染非常严重，一节干电池可以污染数十立方米的水。甚至随生活垃圾处理可以引起诸如日本水俣病之类的危害，一节 5 号废电池就可以使 $1m^2$ 的土地荒废。废电池在填埋处理一个月内，其金属外壳就会被腐蚀穿孔，废电池中的有害物质就会进入土壤、水体，对环境造成污染。据环保专家测试，如果 6t 生活垃圾中混入一粒含汞电池，当这些垃圾进行填埋后，土壤中汞的浓度就会超过安全标准；若废电池混入生活垃圾进入焚烧厂，则其中的汞、镉等金属将会在高温下气化排入大气，使大气环境受污染，影响人类的健康。

废电池中含有汞、镉、铅、锌等重金属有毒物质。人若汞中毒，会损害中枢神经系统，死亡率高达 40%；镉的主要危害是肾毒性，还会续发“痛痛病”（引起骨质疏松、软骨病和骨折），同时还是致癌物质；人体食用含铅的食物，会影响酶及正常血红素合成，影响神经系统；锰为人体必需的微量元素，但吸收过量则可引起中毒，锰可以经呼吸道进入，也可经消化道进入，肝为锰的主要蓄积器官，吸入过量的锰可在中枢神经系统内蓄积，其排出比其他器官慢；镍通常从饮食中摄入，被认为可诱发肺癌和鼻窦癌；等等。

因此，对于电池的回收一定要有足够的重视。

第四节　电池新技术

电池从伏打电堆的发明算起，至今已有200多年的历史了。电池技术得到了很大的发展，电池的应用也非常广泛，可以说，在日常生活中我们每天都得和电池打交道。然而，目前常用的电池还存在许多缺点，近年来，一些新的电池技术也逐渐产生并得到了一些应用。下面将对电池的缺点和一些电池新技术进行简单介绍。

一、常用电池的缺点

(1) 电池的容量有限。对于干电池不能说其容量，因为电池是一次性电池，用完一般不能再使用。但可以测试一些干电池的电量，如5号碱性南孚电池电量大概相当于容量2100～2500mAh的镍氢电池一次性放电量。蓄电池的容量也是有限的。例如，目前我们使用的手机电池容量一般为1600mAh。

(2) 存在环境危害。不管是干电池还是蓄电池，其中可能都含有一些重金属，当将这些电池废弃或者焚烧时，就会对土壤、空气等造成极大的污染，进而影响人们的身体健康。

(3) 寿命较短。干电池为一次电池，只要电池的电量用完其寿命也就终止，一般为2～3年。蓄电池是可以反复充放电的，但是，其寿命也是有限的。蓄电池的寿命通常和保养维护的好坏直接相关，保养维护得不好，其寿命可能只有几个月；如果维护保养得很好，蓄电池的寿命可达4年以上。

除了上述几方面的缺点之外，目前常用的电池可能还存在价格较高、资源浪费严重、电压不平稳等缺点。

尽管电池存在这样一些缺点，但是，我们并不能说不再使用电池。在日常生活中，我们对于电的需求还非常旺盛，如汽车、手机等。然而，我们不可能随时发电以满足这些需要。所以，就迫切需要研究一些新的电池技术，以解决电池存在的上述缺点，特别是环境危害方面的问题。

近年来，一些新的电池技术也逐渐产生，并逐渐得到了应用，如太阳能电池技术、燃料电池技术、生物能电池技术等。下面我们对燃料电池技术做简单的介绍。

因为是将燃料通过化学反应释放的化学能转变为电能而输出，所以，被称为燃料电池。燃料电池是公认的高效、便捷及有益于环境的绿色能源装置。燃料电池的最大特点是反应不涉及燃烧，它利用物质发生化学反应时释放的能量直接将其转换为电能，工作时需要连续不断地向其供给活物质——燃料与氧化剂，能量转换率高达80%以上。燃料电池是利用水电解的逆反应的“发电机”，由正极、负极和夹在中间的电解质构成，其中负极供给燃料、正极提供氧化剂。中间是电解质，如果电解质是固体，就被称为固体氧化物燃料电池。

二、电池新技术

目前，关于燃料电池，主要有如下一些新技术。

（1）液态甲醇燃料电池。液态甲醇燃料电池是由美国航天局下属喷气推进实验室与南加州大学合作研制出的一种利用液态甲醇产生电能的电池。与其他燃料电池相比，这种“直接甲醇燃料电池”在发电时不需要添加任何燃料，也不排放任何污染物，其发电副产品为水和二氧化碳，如此生成的电能相对更清洁。此外，直接甲醇燃料电池还具有设计简单和能量密度高等特点。这种燃料电池今后有望用于国防、军工行业及商业领域，市场前景广阔。

（2）微生物燃料电池技术。英国的科学家研究出了一种微生物燃料电池，以及能够自我供能的机器人，使得微生物成为一种未来的可持续性的能源。这种机器人可以将任何有机物质分解转换为电能供自己使用，未来人们可以派它去条件恶劣的灾区执行搜寻幸存者的任务。由于机器人会自动利用环境中的一切有机物为自己供能，所以不必像使用普通电池那样担心它能量耗尽。另外，科学家还研制出一种微生物燃料电池，可以将飞虫或者老鼠等生物的尸体分解转换为电能为电子供电，但利用自然生物材料是否合适仍然存在争议。微生物燃料电池应用广泛，如果将它放入污水池中，在清理水质的同时还能发电，可谓一举两得。

（3）氢燃料电池催化剂。美国洛斯阿拉莫斯和橡树岭国家实验室的研究人员开发了一种不需要贵金属的新型氢燃料电池催化剂，有望解决氢燃料电池推广过程中的主要障碍，使氢燃料电池从个人设备到汽车等多个领域具有广泛应用。该新型碳-铁-钴催化剂通过加热聚苯胺、铁、钴盐生成，不含贵金属铂，但几乎与铂催化剂一样有效耐用。使用该催化剂的燃料电池能有效地将氢气和氧气变成水，而不会产生大量不需要的过氧化氢。大量过氧化氢的产生会使燃料电池的产出能量减少50%，同时还可能破坏燃料电池的膜。通常情况下，由非贵金属制备的类似催化剂容易在高度酸性情况下降解，但这种新型催化剂却能保持稳定。与铂催化剂相比，新型催化剂的成本极低。研究结果证实，这种新催化剂使氢燃料电池的能量更高、效率更高且寿命更长，且能让电池在不断充放电的过程中损耗更小。

（4）新材料技术。韩国原子力研究院和韩国能源技术研究院共同研究，成功开发出了可提高燃料电池能效的两种新材料：一种为可使固体氧化物燃料电池（SOFC）在低温状态下运作的“碳素薄膜银纳米粉末催化剂”；另一种为不仅可大幅缩小甲醇燃料电池（DMFC）体积，而且还能提高能效的“放射线照射高分子燃料电子膜”。碳素薄膜银纳米粉末可取代用稀贵金属制成的催化剂，使SOFC能在650℃的高温下达到最大功效；放射线照射高分子燃料电子具有过滤甲醇并只许氢离子透过的特性，可制作小体积高能效DMFC电池。

总体来说，燃料电池的优点：①没有燃烧环节，效率高；②污染小；③没有机械能到电能的转换过程，无噪声；④电可以通过燃料电池的方式进行存储、携带。然而，燃料电池也具有一些缺点：①燃料、氢气、CH_4等，不易获取，成本高；②燃料的携带需要液化、高压等措施，存在一定的危险性。

但是，我们坚信，随着工业技术的不断提高，这些问题都会得到有效、妥善的解决。

本章小结

电的存储技术的发展史实际上就是电池技术的发展史。本章首先对电池技术的发展进行简单的介绍；然后对一些电池技术进行了介绍，如蓄电池技术、干电池技术和电池新技术，指出了各类电池技术的特点。随着人们越来越重视环保，对于电池技术也将提出越来越高的要求，一些新的电池技术必将逐步取代一些陈旧的技术。

推荐阅读

1. 刘胜永，张兴．新能源分布式发电系统储能电池综述．电源技术，2012，36(04).

2. 王光亮．电能储存技术的分类及特点．江西电力职业技术学院学报，2008，21(03).

3. 爱迪生发明镍铁碱电池的故事。

19 世纪末，许多电器已经诞生，如电灯、电话机、电报机、电唱机等。这些电器的问世，给人们的生活带来了便利和欢乐。

然而，这些电器都是要用电的。没有了电，这些东西就毫无利用价值。电的来源有两个途径：一是由发电机发电，二是由蓄电池供电。蓄电池便于携带，使用方便，但它供电的时间太短，因为当时的铅蓄电池是由铅和硫酸制成的。但由于硫酸的腐蚀性非常强，铅易被腐蚀掉，电流也就不能产生了。这种蓄电池使用时间短，因此，人们将它称为“短命蓄电池”。

爱迪生，这位伟大的发明家，已经意识到解决蓄电池“短命”问题的重要性：如果不延长蓄电池的供电时间，将会影响许多电器的使用。因此，在 20 世纪即将来临的时候，发明一种“长寿”的蓄电池，比发明其他电器更有意义。于是，爱迪生把研制新型蓄电池的工作排上了日程。

一旦确定了目标，爱迪生便把全部的精力投入工作。在他的头脑里，其他事情，包括衣食住行似乎都淡化了，只清晰地留下研究工作。

一天，爱迪生在家里吃饭时，突然举着刀叉的手停在空中，面部表情呆滞。他的夫人习惯了他的这类事，知道他正考虑蓄电池的问题，便关切地问：“蓄电池‘短命’的原因在哪里?”“毛病出在内部，要治好它的根，看来要给他开个刀，换器官。”

“大家不是都认为只能用铅和硫酸吗?”夫人脱口而出。她想了想，对她的丈夫——爱迪生说这种话毫无意义。他不是在许多“不可能”之中创造了奇迹吗？于是，夫人连忙纠正道：“世上没有不可能的事，对吗?”

爱迪生被夫人的这番话逗乐了。“是啊，世界上没有什么不可能的事，我一定要攻下这个难关。”爱迪生暗暗地下定决心。

经过反复试验、比较、分析，爱迪生确认问题出在硫酸上。因此方案与原来设想的一样：用一种碱性溶液代替酸性溶液——硫酸，然后找一种金属代替铅。当然这种金属应该会与选用的碱性溶液发生化学反应，并能产生电流。

问题看起来很简单，只要选定一种碱性溶液，再找一种合适的金属即可。然而，做起来却是异常的困难。

爱迪生和他的助手们夜以继日地做实验。一个春天过去了，又一个春天过去了，苦战了3年，爱迪生试用了几千种材料，做了4万多次的实验，可依然没有什么收获。这时，一些冷言冷语也向他袭来，可爱迪生并不理会，他对自己的研究充满信心。

有一次，一位不怀好意的记者向他问道："请问尊敬的发明家，您花了3年时间，做了4万多次实验，有些什么收获?"

爱迪生笑了笑说："收获嘛，比较大，我们已经知道有好几千种材料不能用来做蓄电池。"

爱迪生的回答，博得在场人的一片喝彩。那位记者也被爱迪生的坚韧不拔的精神所感动，红着脸为他鼓掌。

正是凭着这种精神，爱迪生将他的试验继续下去。

1904年，爱迪生终于用氢氧化钠(烧碱)溶液代替硫酸，用镍、铁代替铅，制成了世界上第一台镍铁碱电池。它的供电时间相当长，在当时可以算是"长寿"了。

正当助手们欢呼试验成功的时候，爱迪生十分冷静。他觉得，试验还没有结束，还需要对新型蓄电池的性能做进一步的验证。因此，他没有急着报道这一重大新闻。

为了试验新蓄电池的耐久性和机械强度，他用新电池装配6部电动车，并让司机每天将车开到凸凹不平的路面上跑100英里；他将蓄电池从4楼高处往下摔来做机械强度实验。

经过严格的考验，不断地改进，1909年，爱迪生向世人宣布：他已成功地研制出性能良好的镍铁碱电池。

为了纪念爱迪生付出的辛勤劳动，人们称镍铁碱电池为"爱迪生蓄电池"。

第8章

电力传输技术的发展

内容提要

电力传输技术是关系到国计民生的重要技术，本章通过电力传输技术的发展历程，介绍电力传输的开端、发展、壮大。通过本章的学习，学生应该了解直流、交流输电的历史、现状、各自的特点，以及特高压电网、智能电网发展的必然性。

名言警句

如果你希望成功，当以恒心为友，以经验为参谋，以当心为兄弟，以希望为哨兵。

——爱迪生

第一节　直流输电技术

前面章节中，我们介绍了火力发电、水力发电、核电等主要发电形式，不论哪种发电方式，发电厂发电最终要为用户所使用，就必须要通过传输系统(架空线路或者电缆)来实现。图 8.1 所示的是电力系统框架结构。

如图 8.1 所示，发电厂与用电负荷之间必须要有完成传输任务的电力网，而为了保证这个传输过程稳定、高效，就必须有一套有效的控制系统对整个电力系统进行监控。

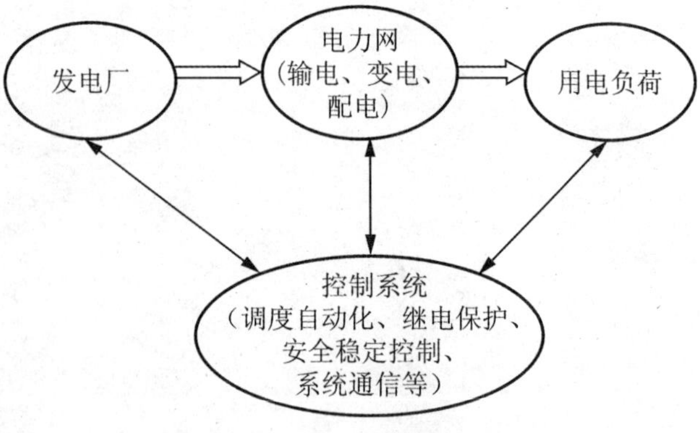

图 8.1　电力系统框架结构

长期以来电力传输都是通过交流传输网络从发电厂传输到用电终端的。然而，100 多年前，当电刚刚走进人类的日常生活时，工程师们主要致力于研究直流电，发电站的供电范围也很有限，而且主要用于照明，还未用作工业动力。到现在，直流输电已有百余年的发展历史。按照年代划分，可将直流输电的发展阶段划分为创始阶段、试验阶段、发展阶段和大力发展阶段。

1882年，大发明家爱迪生(图8.2)的电气照明公司(创建于1878年)在纽约建立了世界上第一座发电站，安装了3台110V“巨汉”号直流发电机，这是爱迪生的研究团队于1880年研制的，这种发电机可以为1500个16W的白炽灯供电。从此，白炽灯的光芒照耀着世界，人类开始进入电的世界。

图8.2　爱迪生

(摘自百度百科)

1882年法国物理学家马赛尔·德普勒(1843—1918)，如图8.3所示。1882年马赛尔·德普勒用装设在米斯巴赫煤矿中的直流发电机，以1.5～2.0kV电压，沿着57km的电报线路，把电力送到在慕尼黑举办的国际展览会上，完成了有史以来的第一次直流输电试验，这一项电的归属于技术创新的开发工作，推动了试验产业革命。

科学的道路总是崎岖的，直流输电在当时碰到一个十分棘手的问题：由于电压不高，要输送很大的功率，就要加大电流；而电流越大，线路上损失的功率就越多，损失在输电导线上的电压也越大。随着输电距离的增大，这种损失更是很大。那时的直流输电效率很低，只有25%，而75%的电能被消耗在了输电线路上。

图8.3　马赛尔·德普勒

(摘自百度百科)

为提高输电电压，当时采用了直流发电机串联的方法。随着直流发电机制造技术的提高，到1885年，直流输电电压已提高到6000V。1912年直流输电的电压、功率和距离分别达到125kV、20MW和225km。

由于不能直接给直流电升压，进一步提高大功率直流发电机的额定电压又存在着绝缘等一系列技术困难，使得输电距离受到极大的限制，不能满足输送容量增大和输电距离增加的要求；而且高电压大容量直流发电机的换向有困难，运行方式复杂，可靠性差，因此阻碍了直流输电的发展。

从物理学的基本原理出发，来解释这个问题，任何一台发电机发出的功率总是有限的，假设一台直流发电机所能发出的最大功率为P，电压为$U=110\text{V}$(以“巨汉号”直流发电机为例)，那么必然有：

$$P=UI \tag{8-1}$$

传输所使用的电缆总是有电阻的，记为R，物理常识告诉我们，相同截面面积的同一种材料的导线，长度越长，它的电阻值也就越大。那么导线上必然会有电能损耗P'：

$$P'=I^2\times R=\left(\frac{P}{U}\right)^2\times R \tag{8-2}$$

而这个损耗显然和R成正比例，也就和导线的长度成正比。

另一方面，导线和用电设备之间实际上是并联关系，因此，电压U在导线上必然会存在一个电压降，我们称这个电压降为电压损耗。这将使得终端用电设备实际上不能获取与U等值的电压。我国现有标准规定，电压损耗不可以低于10%。当然对不同电气设备有不同的要求。实际上，当时的这套110V直流传输系统所传输的距离不能超过1km，可见这个方案是不足以大范围推广的。

那么如何解决这个问题呢？

真正的答案其实就在式(8-2)中，在发电机输出功率 P 一定的情况下，要减小损耗，则要么减小 R，要么增大 U。

要减小电阻 R 应怎么实现呢？物理知识告诉我们，不同材料的电阻值不一样，那么我们可以采用电阻值较小的材料来实现，如果有超导就更好了，所以超导技术也是目前正受到许多科学工作者密切关注的一个研究方向。比较简单的做法就是采用多回路，简单地讲，当两个相同导线并联时，其总的电阻值将减少为原来单个的一半。这个原理在现在的电力系统中应用最为广泛，我们称其为加强网架。很显然，这样成本提高了。

因此增大电压 U 是最可靠的途径，为了能够远距离传输，现在的电压等级已经上升到相当高的级别，交流 500kV 已经投入运行，1000kV 正在研究中，直流的电压等级也上升到 800kV。

要知道，在 100 多年前，要把一个 110V 的直流电压升高几乎是不可能完成的。而交流电却可以通过变压器轻松改变电压等级。一直到 1954 年，高压直流输电技术才首次应用于瑞典大陆与哥特兰岛之间的输电线路。由阿西亚公司(ASEA，今 ABB 集团)完成。这套系统采用汞弧阀，通过 90km 的水下电缆供给 20MW 的功率。

同时，世界上几乎所有的大型发电厂都采用交流发电机组，交流发电机发出的是交流电，要把这种高压、大功率的交流电转换为直流电，不是一件容易的事情，随着半导体技术的不断发展，1957 年，晶体闸流管(简称晶闸管)的诞生使得这一难题得到解决。其原理就是今天我们随处可见的半导体整流技术。1972 年，加拿大采用晶闸管阀建立了伊尔河系统，它连接新布伦瑞克省和魁北克省的一个 320MW 背靠背输电系统。这是现代直流输电的一项里程碑性的伟大工程。如今，晶闸管阀已经成为直流换流站的标准设备，高压直流输电技术也得到了迅猛发展。在 1975 年，全世界投入运行的直流工程只有 11 项，输电容量也只有 5GW。而初步统计，截至 2003 年，国外投入运行的高压直流输电工程有 70 个之多，输电容量更是达到了 53281MW。其中不乏输电线路超过 1000km 的巨型输电系统。

我国高压直流输电工程虽然起步较晚，但是发展很快，目前，我国已经成为世界上直流输电线路最多、直流输送容量最大的国家。由于交直流系统共存，形成了大规模的交直流电力系统，其运行的复杂性和难度在国际上是罕见的。

舟山直流输电工程是我国工程技术人员全部依靠自己的力量建设的第一项直流输电工程，±100kV，500A，容量为 100MW，线路全长 54km，1989 年正式投入运行。葛南(葛洲坝—上海南桥)高压直流输电系统是我国引进的第一个高压直流输电工程，±500kV，1200MW，输电距离 1080km；天生桥—广州，±500kV，1800MW，线路全长 980km；贵广Ⅰ，±500kV，2700MW，936km；贵广Ⅱ，±500kV，2700MW，1210km。此外，三峡—广州，三峡—华东等±500kV 直流输电工程也已经投入运行。目前，我国正在发展特高压 1000kV 和±800kV 直流骨干网架，其中±800kV 有云广，溪洛渡—华中，华东，向家坝—华中，华东。向家坝—上海±800kV 特高压直流示范工程是目前世界上电压等级最高、输送容量最大、输电距离最远、技术水平最先进的直流输电工程，如图 8.4 所示，是引领世界直流输电技术发展的创新工程，承担着将西南清洁水电大规模输送到负荷中心，促进我国电力工业可持续发展的重要使命。

图 8.4　±800kV 特高压直流输电带电作业

(摘自国家电网官方网站)

值得一提的是，在建的德宝(德阳—宝鸡)高压直流输电工程将新增四川电网北部出川通道，实现四川与西北电网水火互济、丰枯互补，跨流域优化资源配置，同时也完善了四川电网的网架结构，提高了电网防灾、抗灾能力。更具历史意义的是，它的建成运行意味着我国电力系统在实现“西电东送，南北互联，全国联网”的伟大目标的征途上迈出了坚实的一步，实现了西部电网与川渝电网的互联。

直流输电系统主要分为以下几种形式。

一、单极线路方式

1）单极单线路方式

(1) 用一根架空导线或电缆线，以大地或海水作为返回线路组成的直流输电系统。

(2) 正常运行时，电流经大地或海水构成回路。应注意接地板的材料、埋设方式和对地下埋设物的腐蚀及对地下通信线路、航海罗盘的影响等问题。

(3) 通常采用正极接地的方式。

2）单极两线制方式

(1) 用一根导线代替大地作为返回线路的单极线路方式。

(2) 单极两线单点接地是将导线任一根在一侧换流站进行单点接地。这种方式避免了电流从地中或海水中流过，又把某一导线的电位拉到0。

单极线路方式的缺点：当负荷电流在流过导线时，要产生不小的电压降。所以仍要考虑适当的绝缘强度。这种方式大多用于无法采用大地或海水作为回路，以及双极方式的过渡方案。

二、双极线路方式

1）双极两线中性点两端接地方式

(1) 将整流站和逆变站的中性点均接地，两极对地电压分别为+V和−V。正常运行时，接地点之间没有电流通过(由于两侧变压器的阻抗和换流器控制角的不平衡，总有不平衡电流流过)。

(2) 当某一方的换流器和线路有故障时，可以利用健全极和大地作为回路维持单极运行方式。葛南直流就采用这种方式。

2）双极中性点单端接地方式

双极中性点单端接地运行方式在整流侧或逆变侧中性点单端接地。正常运行时，与双极两线中性点两端接地方式相同；有故障时，将无法运行(没有形成回路)。

3）双极中性线方式

(1) 将两端中性点用导线连接起来，在任一侧接地。

（2）当一极发生故障时，能用健全极继续输送功率，同时避免了大地和海水作为回路。

双极中性线运行方式在减轻电磁干扰、防止腐蚀方面有优点，在日本被标准采用，但经济上增加了一定的投资。

4）“背靠背”换流方式

“背靠背”换流方式即没有直流线路，整流站和逆变站在一起的直流输电系统使用于不同额定频率或者相同额定频率非同步运行的交流系统之间的互联。

由于没有直流输电线路，直流系统可用较低的额定电压，这样整个直流系统的绝缘费用可降低，有色金属的消耗量和电能损耗的增加就减少。

实际上，一直以来，发电厂基本都采用三相交流同步发电机发电，发出的电也一直采用高压交流输电网络进行传输，高压直流输电技术的发展也就是近20年来才走进人们的视野。既然交流输电一直单独为人类服务了近1个世纪之久，为什么又将使用被淘汰了的直流输电技术呢？要回答这个问题，先要了解交流输电技术的相关知识。

第二节　交流输电技术

一般来讲，发电厂和用户在空间上是独立的，如水电厂总是建在河流、峡谷等远离市区的野外。发电厂发出的电必须通过传输线路输送到用户终端。如前所述，为了减少输电线路中电能的损失，只能提高电压。在发电站将电压升高，到用户地区再把电压降下来，这样就能在低损耗的情况下，达到远距离输电的目的。而要改变电压，直流就不如交流那么方便了，变压器的出现，使得交流电可以高效、可靠、简单地从一个电压等级变为另一个电压等级，因此采用交流输电就可以实现远距离传输的目的。1888年，由费朗蒂设计的伦敦泰晤士河畔的大型交流电站开始输电。他用钢皮铜心电缆将10000V的交流电送往相距10km外的市区变电站，在这里降为2500V，再分送到各街区的二级变压器，降为100V供用户照明。此后，俄国的多利沃——多布罗沃斯基又于1889年最先制出了功率为100W的三相交流发电机，并被德国、美国推广应用。事实成功地证实了高压交流输电的优越性，进而在全世界范围内迅速推广。

随着社会的不断进步，我国的电力事业也取得了辉煌的成就，就我国国情来讲，电力资源上存在很大的不平衡，可以由简单地概括为：“能源富裕区往往是消费贫困区，能源贫困区却总是消费大户”，这主要是由以下几个因素造成的。

（1）水力及煤炭等主要动力资源的分布是由自然条件决定的，一般都远离负荷中心。

（2）南方水电资源丰富，北方火电资源丰富。

（3）水电因季节变化会有发电量的波动。

（4）目前在甘肃、新疆、内蒙古等地广泛开发的新能源，如风力发电与东、南地区用电负荷中心相距甚远。

我国能源分布概况见表8-1。

表 8-1　我国能源分布概况

地区	能源资源比重			
	煤炭	水力	石油/天然气	合计
华北	64	1.8	14.4	43.9
东北	3.1	1.8	48.3	3.8
华东	6.5	4.4	18.2	6
中南	3.7	9.5	2.5	5.6
西南	10.7	70	2.5	28.6
西北	12	12.5	14.1	12.1

为了把巨大的电力从不同的地域输送到用户终端，实现全国资源整合、科学合理的调度，让电力资源得到最大效率的利用，就必须实现全国联网，而我国地域辽阔，要把如此广阔地域上的电力资源整合到一起，其输电电压必须要足够高。目前，已经拥有 220kV 及以上输电线路 3×10^5km，基本形成了 500kV 为主的主干网架；750kV 输变电示范工程也已经在 2005 年建成并投入运行。我国的电网已经进入了大容量、远距离、交直流、特高压输电的新时期。

中国国家电网公司以建设和运营电网为核心业务，承担着保障更安全、更经济、更清洁、可持续的电力供应的基本使命，经营区域覆盖全国 26 个省(自治区、直辖市)，覆盖国土面积的 88%，供电人口超过 10 亿人，管理员工超过 150 万人。公司运营菲律宾国家输电网和巴西 7 家输电特许权公司。2010 年，该公司名列《财富》世界企业 500 强第八位，是全球最大的公用事业企业。

第三节　特高压输电技术

众所周知，我国国土面积辽阔，资源分布不均，西部的水力、煤炭、风力、太阳能等可用于发电的资源十分丰富，但经济相对落后，对电力的需求远远没有经济发电，而资源又相对短缺的东部地区大，所以西电东送就成了解决这个资源部平衡问题的一个有效途径。从西到东，上千千米的距离，采用普通电压等级，线路的损耗过大，将使得传输失去意义。所以要必须不断提高输电电压的等级，特高压输电技术就是在这样一种时代背景下应运而生的。

特高压输电技术是指使用 1000kV 及以上的电压等级输送电能。它是在超高压输电的基础上发展的，其目的仍是继续提高输电能力，实现大功率的中、远距离输电，以及实现远距离的电力系统互联，建成联合电力系统。与普通高电压输电方式相比，特高压输电具有明显的优势。据估算 1 条 1150kV 特高压输电线路的输电能力相当于 5～6 条 500kV 线路，或 3 条 750kV 线路；这就意味着：采用特高压输电技术可减少铁塔用材 1/3，节约导线 1/2，节省包括变电所在内的电网造价 10%～15%。1150kV 特高压线路走廊约仅为同等输送能力的 500kV 线路所需走廊的 1/4。在节约大量原材料的同时，对于我国这样一个人口稠密、土地宝贵的国家来讲，将产生巨大的经济效益和社会效益。

在国际上，美国、前苏联、日本和意大利都曾建成交流特高压试验线路，并且进行了大量的交流特高压输电技术研究和试验，但是，最终只有前苏联和日本建设了交流特高压线路。

苏联由于它极其辽阔的国土面积，发展特高压技术是其提高国家电网效率的必由路径，因此，从 1981 年开始动工建设 1150kV 交流特高压线路，分别是埃基巴斯图兹—科克契塔夫 494km，科克契塔夫—库斯坦奈 396km。到 1985 年 8 月，世界上第一条 1150kV 线路埃基巴斯图兹—科克契塔夫在额定工作电压下带负荷运行，后延伸至库斯坦奈。遗憾的是，由于苏联的解体，这两项凝聚着苏联人民汗水、闪耀着人类智慧光芒的伟大工程最终沦为区域电网，电压等级降为 500kV。1992 年 1 月 1 日，通过改接，哈萨克斯坦中央调度部门把 1150kV 线路段电压降至 500kV 运行。在此期间，埃基巴斯图兹—科克契塔夫线路段及两端变电设备在额定工作电压下运行时间达到 23787h，科克契塔夫—库斯坦奈线路段及库斯坦奈变电站设备在额定工作电压下运行时间达到 11379h。1981—1989 年，苏联还陆续建成特高压线路 1500km，总体规模达 2400km，目前全部降压至 500kV 运行。

与此同时，我国的电力工作者正迈着坚实的步伐，跨越电力工程上的一个又一个难关，2011 年 12 月，我国第一条电压等级最高、输送规模最大的 1000kV 特高压输电工程，在我国的山西到湖北的特高压网络上投入满负荷运行，标志着我国在高压输电领域达到世界领先水平。煤炭大省山西开始向水电大省湖北方向输电，输送能力达到 500 万千瓦的世界纪录。一天可以向华中地区输送一亿多度电，那么就相当于把 6 万多吨煤炭输送到华中地区。变输煤为输电特高压改变了我国传统能源的输送方式，可以把我国西部丰富的水电、风电等清洁能源送到东部。这项工程是我国，也是世界上第一个投入商业运行的特高压输电工程。它意味着我们步入了世界输电技术的前沿，图 8.5 所示为特高压线路作业。目前，我国已取得 450 多项自主知识产权的特高压专利技术，相关国际组织已经把中国特高压推荐为国际标准电压。“十二五”我国将建成“三纵三横”特高压交流骨干电网，全国跨区输电比例将从目前的不到 10%提高到 20%。

图 8.5 特高压线路作业

(摘自中国能源网)

如前所述，电压等级越高，损耗越小，那么为什么不把电压等级升到 2000kV、3000kV，甚至更高呢?

对于交流特高压而言，目前主要有两大技术攻关重点：一是制造出可调的并联电抗器，二是研制 1000kV 电压等级的双断口断路器。目前这两个关键技术问题已经基本解决。对于直流特高压电网而言，其技术攻关关键是开发 6in(1in≈2.54cm) 晶闸管。目前，日本已经研制出了 6in 晶闸管，我国在研制 6in 晶闸管方面也已经具备了一定的基础。

另一方面，好的性能必然意味着高的代价，以高压直流输电为例，由于其必须使用昂贵的换流站，所以，当传输距离小于800km时，其系统造价相对于交流输电来讲就失去了优势，我们称其为等价距离。

总之，任何一项技术必须同时满足技术与经济两方面的要求才能得到推广。不考虑政治因素，如果全世界人民能够携手建设一个全球联网的电力系统，提高电力应用效率，平衡世界能源分布不均，那么将造福人类。

不要认为这不可实现，目前国家电网公司已经迈出了跨国输电的坚实步伐。

2008年年初，国家电网公司发布了《关于转变电网发展方式、加快电网建设的意见》(以下简称《意见》)。《意见》首次公开明确了特高压电网较为详细的建设规划："十二五"、"十三五"期间，特高压电网全面发展，形成以华北、华中、华东为核心，联结各大区电网、大煤电基地、大水电基地和主要负荷中心的坚强网架。到2020年，建成特高压交流变电站53座，变电容量3.36亿千伏安，线路长度4.45万公里；建成直流输电工程38项，输电容量1.91亿千瓦，线路长度5.23万公里。特高压及跨区、跨国电网输送容量达到3.73亿千瓦。电网技术装备和运行指标达到国际先进水平。

第四节　智能电网

电网在运行过程中会遇到各种各样的、不可预料的问题，造成系统停电，给人民群众的生产、生活带来不便，甚至造成巨大损失。

2003年8月14日，北美地区发生了有史以来最严重的大面积断电事故，根据事后统计，该次大停电，北美的纽约、底特律、克利夫兰、渥太华、多伦多等重要城市及周边地区近5000万人口受到影响，部分经济活动也出现停滞。事故发生后，美国关闭了位于纽约等4个州境内的9座核电站。停电当天，纽约市发生了60起严重火灾，电梯救援行动多达800次，紧急求救电话接近8万次，急诊医疗服务求助电话也创纪录地达到5000次。美国三大汽车制造厂也停止生产、地铁停驶、交通阻塞、班机延误，民众生活面临种种不便。据当时纽约市政厅的估算，大面积停电引起地铁、隧道、桥梁关闭，商家停业，仅在税费上就使纽约市政府少收了近5000万美元；同时，政府在大停电期间动用了上万名警察和国民卫队执勤，需支付的加班费在500万～1000万美元之间；另外，市政府还要支付2000多万美元垃圾清扫、修理受损公用设施的费用；而加上各行业的营业收入损失，整个经济损失大概为250亿～300亿美元。

类似的大停电事故在世界上多次上演，给电力工作者提出了巨大的挑战，如何避免这类事故的发生或者减小其发生的概率，引起了无数的专家学者、工程技术人员的注意。

我们仅以2009年为例，全世界范围内的部分停电事故如下。

1. 欧洲

2009年1月13日，英国曼彻斯特市地区停电，约3.7万商住用户受到影响，警钟因停电误鸣，银行和门市关闭，电话服务中断，列车服务一度受阻20min。事故原因是由于一条高架电缆出现了问题。

2009年2月10日，一场风速高达125km/h的狂风袭击了法国大部分地区，狂风刮倒了大量树木和电力铁塔，导致60多万户家庭电力中断。

2. 非洲

2009年1月15日，厄瓜多尔发生大规模临时停电事故，全国70%的地方受到了影响，厄瓜多尔首都基多大部分地区因为停电事故陷入一片黑暗。

2009年3月以来，喀麦隆杜阿拉出现多次长时间停电的情况。事故原因主要是大部分电力配送设备已老化，各大城市进行设备更新工程，一些地区的地下电网也需改道。

3. 北美

2009年1月15日，加拿大最大城市多伦多西区因一处变电站进水而处于停电状态，受影响居民多达10万人。当地数十所学校16日被迫停课，交通因红绿灯瘫痪而出现严重拥堵，地铁部分路段停运。

2009年1月，冰风暴袭击美国中部地区，导致130多万户住宅和商用建筑断电。

4. 亚洲

2009年3月19日，塔利班武装人员炸毁巴基斯坦北部城市白沙瓦的一座变电站，造成该市大部分地区停电。

2009年6月2日，一只野生猴子悄悄溜进日本东北电力公司青森分公司位于该市佐井村的变电站，在不为人知的情况下破坏了变电站的关键部位，造成共计7000余户停电，波及3万余人。受停电影响，当地政府一度停止正常工作，附近的中学当日也因此被迫停课。

2009年7月1日～5日，中国广西出现大范围强降雨天气，桂江、柳江、龙江、西江河水猛涨，超过警戒水位，广西全区有8个市、47个县，造成258万人受灾。受洪灾影响，广西电网所辖10kV以上线路跳闸243条，其中220kV线路3条，110kV线路5条，35kV线路28条，10kV线路207条。被迫停运线路202条、配变(台区)3362台。受停电影响的工业用户16285户，居民用户25.93万户。

5. 大洋洲

2009年3月30日，澳大利亚最大城市悉尼遭遇严重大规模停电。悉尼市内所有的交通信号灯全部无法运行，导致市内严重的交通堵塞；所有的办公场所都无法正常办公；悉尼歌剧院取消了晚上所有的演出；悉尼港口停止了部分的运输；主要股票交易也因为停电而不得不中止。停电总共影响了7万户家庭或商户，城市近郊的一些地区也受到影响。停电原因是由于输电的高压电缆出现了故障。

通过上述停电事故我们可以看出，停电事故不会因为地域、国别、经济发展程度等而有所区别，也不会因为季节不同而有所改变。而引起停电事故的原因也是千差万别，让人难以预料，除了传统的因为过载引起的停电外，战争、恶劣气候、自然因素等也有可能引起停电，如野生的猴子。

在这种背景下，智能电网诞生了。它是建立在集成的、高速双向通信网络的基础上，通过先进的传感和测量技术、先进的设备技术、先进的控制方法及先进的决策支持系统技术的应用，实现电网的可靠、安全、经济、高效、环境友好和使用安全的目标，智能电网的主要特征包括自愈、激励和包括用户、抵御攻击、提供满足21世纪用户需求的电能质量、容许各种不同发电形式的接入、启动电力市场，以及资产的优化高效运行。智能电网的主要特征表现为以下几个方面。

（1）强壮：在电网发生大扰动和故障时，仍能保持对用户的供电能力，而不发生大面积停电事故；在自然灾害、极端气候条件下或外力破坏下仍能保证电网的安全运行；具有确保电力信息安全的能力。

（2）自愈：具有实时、在线和连续的安全评估和分析能力，强大的预警和预防控制能力，以及自动故障诊断、故障隔离和系统自我恢复的能力。

（3）兼容：支持可再生能源的有序、合理接入，适应分布式电源和微电网的接入，能够实现与用户的交互和高效互动，满足用户多样化的电力需求并提供对用户的增值服务。

（4）经济：支持电力市场运营和电力交易的有效开展，实现资源的优化配置，降低电网损耗，提高能源利用效率。

（5）集成：实现电网信息的高度集成和共享，采用统一的平台和模型，实现标准化、规范化和精益化管理。

（6）优化：优化资产的利用，降低投资成本和运行维护成本。

时任国务院总理温家宝在十一届全国人大四次会议上做政府工作报告时强调，要加强现代能源产业和综合运输体系建设。推进传统能源清洁利用，加强智能电网建设，大力发展清洁能源。

随着我国社会不断发展，坚信智能电网几年内必将走进我们的日常生活，为我们提供稳定、高效、廉价、清洁的能源。为我国经济的持续高速增长，人民生活水平的不断提高，以及全球温室效应的解决提供有力保障。

第五节 科学家轶事

本节我们向大家介绍一位被历史尘封多年的科学巨星，他对人类的文明进步做出了巨大贡献，然而却很少有人知道他的名字，他就是尼古拉·特斯拉。

1856年6月10日，尼古拉·特斯拉（1856—1943）出生在奥地利-匈牙利省一个名为斯米湾的小村庄，如图8.6所示。

图8.6 尼古拉·特斯拉
（摘自百度百科）

传说特斯拉能将自己的发明事先在头脑里完全想好，他甚至不需要实验、模型和图纸。在这种方式下他发展了自己的方法，把创造性的想法付诸实践。特斯拉能敏锐地区分哪些想法以图像的方式进入他的头脑，哪些是经过具体分析后得到的。特斯拉解释说：“当有些人设计了一个想象中的装置的时候，唯一存在的问题是如何将他的原始想法付诸实践。这就是为什么用这种方式得到的发明缺乏细节，有时出现比较低级错误的原因。”他从来不急于实验验证。当有了一个想法时，他立即开始在头脑中精心制作。他可以在头脑中随意修改、设计、改进它，起动装置并让它运转。对他而言，在实验室或在大脑里检验是一样的。他甚至能考虑到妨碍发明装置正常运行的方面……用这种方式他能完美地实现自己的想法而无须动手，只要最后在脑中对产品进行具体的检查即可。20 年间他所有的发明都是以这种方式完成的，无一例外，没有任何以几何图像的形式。

如果读者对以上近乎神话般描述有所怀疑的话，则应被赞赏，因为你有理性的思想，但是如果看到有关特斯拉的生平简介时，不知你是否会怀疑自己这份难得的理性呢？

1882 年——在布达佩斯(匈牙利首都)一个公园散步时，特斯拉发现了可逆磁场。

1883 年——在斯特拉斯堡受雇于爱迪生大陆公司，制造了第一个感应电动机模型。

1884 年——前往美国，开始在爱迪生实验室工作。

1885 年——离开爱迪生实验室，成立自己的公司并开始生产多相交流电动机和发电机。

1888 年——5 月 16 号在美国电子和电气工程师学会上做了题为《交流电输送和交流电机系统》的报告。

1890 年——他公布了高频电对生理影响的结果。

1891 年——做了题为《极高频率交流电实验及其在人造无线发光中的应用》的报告，申请了“共振传送器的星形振荡器”的专利。

1892 年——在伦敦皇家科学院做了题为《发光及其他高频现象》的报告，在电气工程师协会上做了《高压高频下的交流电实验》的报告，并在巴黎做了同样的报告。

1893 年——在芝加哥世界展览会上吸引了公众的注意。他让高频电流通过自己身体并演示了可逆磁场模型，即所谓的“特斯拉的旋转铁蛋”。

1895 年——5 月 13 号，特斯拉在纽约的实验室毁于火灾。

1897 年——在无线电工程技术领域注册了 20 项发明专利。

1898 年——注册了无线控制技术(在纽约中央公园的湖里进行了遥控自动化小艇的实验，取得了极大成功)。

1899—1900 年——特斯拉在科罗拉多泉进行实验。

1901—1905 年——特斯拉在纽约附近的长岛建造 Wardenclyffe 塔。

1909—1922 年——特斯拉只注册了机械方面的专利(泵、流速计、无叶涡轮)。

特斯拉一生取得约 1000 项专利发明，和爱迪生不同，这些发明均为特斯拉的个人发明。

1912 年，由于特斯拉和爱迪生在电力方面的贡献，两人被同时授予诺贝尔物理学奖，但是两人都拒绝领奖，理由是无法忍受和对方一起分享这一荣誉。

但我们更相信特斯拉是一个普通的人，他不是神，他的一切成功都源于他的辛勤付出，为了献身科学研究事业，特斯拉终身未娶。他为了把构思转变成现实发明，舍不得睡觉，每天只睡 2 个多小时。尽管拥有多项能够让他富甲天下的发明专利，但特斯拉却不曾利用它们为自己牟利，特斯拉常年经济拮据、穷困潦倒。在 1943 年 1 月 5 日晚间到 8 日早上之间的某个时间，特斯拉在纽约旅馆孤独地死于心脏衰竭，享年 86 岁。因为拒绝出售他的交流电专利(最终这项专利一直免费为后人所使用)，特斯拉临终时已经债台高筑。

然而特斯拉的逝世并不意味着人们会将他忘却。

1893年，特斯拉演示了无线电广播的可能性。4年之后，他获得了无线电技术的专利。然而，美国专利局于1904年将其专利权撤销，转而将这项专利授予马可尼。特斯拉的支持者认为，这一举动可能是受到马可尼在美国的经济后盾人物，如爱迪生、安德鲁·卡耐基影响的结果。1943年，在特斯拉去世后不久，美国最高法院重新认定特斯拉的专利有效。这一决定承认他的发明在马可尼申请相关专利之前就已完成。

1960年，巴黎度量委员会正式确定把磁场强度的衡量单位命名为"特斯拉"，这是为了纪念他在电磁技术上做出的重大贡献。

关于尼古拉·特斯拉的故事今天的互联网上有许多的信息可供我们品评，经过时间的洗礼，今天的人们对他会做何评价呢?

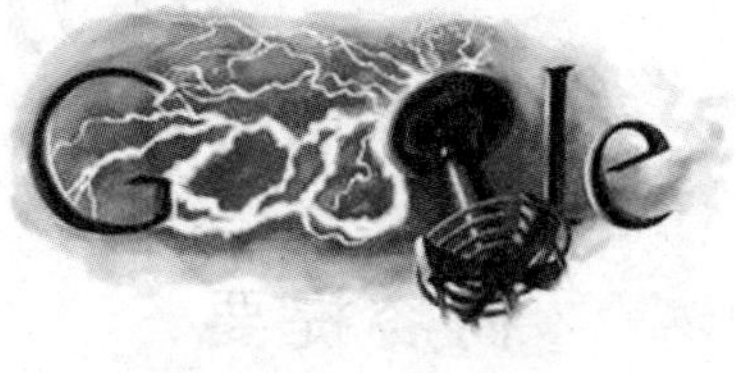

图 8.7 Google图标

2009年7月10日，谷歌使用了一个奇怪的"Google"图标，如图8.7所示。该图标的使用，是为了纪念一位伟大的发明家。他就是尼古拉·特斯拉，那天正是他的生日。

本章小结

本章简要介绍了电力系统从创建、发展、到壮大、完善的完整过程，并对电力系统发展过程中遇到的各种难题都进行了分析，并对各个时期的主要科学家的历史贡献做了阐述。通过本章的学习，读者不但要掌握电力系统的历史、现状及今后的发展趋势，对其中可能遇到的各种关键技术难题有大致的了解，更要通过历史的学习，学习电力行业科学家的科研精神，并践行。

推荐阅读

1. 刘振亚. 智能电网知识读本. 北京：中国电力出版社，2010.

2. [美] 切尼. 被埋没的天才：科学超人尼古拉·特斯拉. 陈璐，译. 重庆：重庆出版社，2010.

3. 杨晓萍. 高压直流输电与柔性交流输电. 北京：中国电力出版社，2010.

第 9 章

电力系统稳定与控制

内容提要

电力系统为人们的生活带来了便捷，使得工业飞速发展，人类的生产生活都离不开电力，同时不断扩大的大型互联系统的稳定性问题也日益突出。本章将介绍电力系统控制的发展历程，电力系统稳定性问题的提出和提高系统稳定性的措施。

名言警句

但凡人能想象到的事物，必定有人能将它实现。

——儒勒·凡尔纳

第一节　电力系统控制的发展历程

现代电力系统是一个复杂的互联大系统，具有规模大、分布广、非线性强等特点，电力系统的安全稳定运行具有极为重要的意义，一旦其稳定性遭受破坏，并造成大规模的停电事故，就会给国民经济和人民生活造成巨大损失和严重危害。

以 1977 年 7 月发生在纽约的断电事故为例，按其产生的社会和经济损失估计，占爱迪生电力公司发配电净资产的 20%，而事故控制技术的花费，只占该公司发配电净资产的 1%。1983 年 12 月 27 日发生在瑞典首都附近的断电事故损失估计有几亿瑞典克朗。

施加控制是维持电力系统安全稳定运行的重要而有效的措施。因此，对于电力系统的控制成为一种迫切需要。在近几十年的实践中，一些控制技术在电力系统中得到了应用和发展。

下面主要介绍 4 种控制理论在电力系统中的应用。

一、古典控制理论

古典控制理论是以传递函数和拉普拉斯变换进行控制建模和分析的，对于电力系统输入输出关系对应性好的单个元器件的控制非常有效，在电力系统初级阶段得到了广泛应用。目前在电力系统的底层控制中仍然经常用到古典控制理论方法。

二、现代控制理论

现代控制理论是一种以状态空间建模与线性代数相结合的方法，分析方法是时域的，并基于线性化模型，应用于多输入多输出系统。电力系统发展到一定程度，特别是在输入控制变量和输出变量都很多的情况下，且有复杂的时域控制的发电机组时，初期多采用这种控制理论方法。这种方法的难点在于线性关系的寻找非常困难。

三、非线性控制理论

随着电力系统的发展，庞大的电力系统网架结构中大量存在的相互作用是非线性的，大多数过程控制系统都属于非线性的。线性处理只能是非线性作用在一定条件下的近似。在电力系统控制中，一些非线性理论方法得到了广泛的应用，如基于微分几何理论的非线性系统反馈精确线性化方法，大范围直接反馈线性化方法。

（1）基于微分几何理论的非线性系统反馈方法。电力系统的微分几何控制研究始于20世纪80年代初。电力系统强非线性是诱发其研究微分几何控制的主要原因，传统的局部线性化方法由于其对大干扰的不适用，使所设计的控制器对工况不具备鲁棒性，而大范围的微分几何控制则克服了这一缺点，使控制器几乎对所有运行点都起作用。该方法的核心是精确反馈线性化，通过局部微分同胚的变换，将仿射型非线性系统转化为线性系统，从而利用成熟的线性系统控制理论进行设计。在20世纪80年代初，为克服传统的局部线性化方法对大干扰的不适用，微分几何方法被引入电力系统控制。这些年来，在众多学者的研究下，电力系统的微分几何控制取得了有意义的成果。微分几何方法被广泛应用于发电机励磁控制、气门控制等。由于我国著名电力系统及控制论专家卢强院士等人的不懈努力，使我国在电力系统微分几何控制方面居国际领先水平。目前基于微分几何的非线性最优全数字式励磁控制器已在我国的焦作、渤海湾、沙角A及葛洲坝等电厂推广使用，运行良好。

（2）直接反馈线性化(DFL)法。该方法通过定义一个新的控制输入将非线性系统线性化为线性系统，然后依据隐函数存在定理求解反馈控制律。DFL方法理论清晰，不需要进行复杂的数学推导，在电力系统非线性控制中得到了大量的研究。由于DFL方法的研究是基于输入输出微分方程展开的，研究方法本身就有一定的不足之处，并且该方法主要用于研究单输入单输出非线性系统，对于多输入多输出非线性系统的研究成果不多。此外，该方法构成的虚拟反馈控制量中需要系统输出的高阶导数或系统的全部状态，在物理实现上存在一定的困难。

（3）逆系统方法。逆系统方法是非线性反馈线性化方法中的一种比较形象直观且易于理解的方法。它的基本思想是：首先，利于被控对象的逆系统构成一种可用反馈实现的逆系统，将被控对象补偿成为具有线性传递关系的伪线性复合系统；然后，利用线性系统控制理论来完成综合。逆系统方法的特点：物埋概念清晰，既直观又易于理解，不需要高深的数学理论知识。且该方法控制的系统模型可以不受仿射非线性形式的限制，具有一定的普遍性。

四、人工智能控制理论

人工智能技术是对计算机计算功能的延伸，使其能尽量模仿人类大脑的求解、感知、学习、推理、执行等功能，主要有专家系统、模糊集理论、人工神经网络、基因算法、模拟退火法等。利用这些技术进行控制即为人工智能技术。由于它们具有处理各种非线性(包括强非线性)的能力，以及容许模型不精确性和参数不确定性，几乎已经渗透到电力系统的所有方面。

(1) 人工神经网络(ANN)。电力负荷预报是神经网络应用于电力系统最早也是研究得最多的一个重要课题，有的研究成果已达到了实用阶段。目前这个系统已在美国的20多家电力公司得到了应用。人工神经网络在电压稳定评估及发电机的自适应控制等方面都得到了应用。总的来讲，神经网络在电力系统中还处于初步应用阶段，有很多具有特色的神经网络模型结构与算法在电力系统中还没有得到应用，随着对ANN理论的进一步研究，今后其在电力系统中的应用前景是十分广阔的。

(2) 模糊集理论。电力系统的模糊集方法就是利用模糊经验知识来解决电力系统的一类模型问题。国外学者对电力系统模型问题的研究起步较早，我国王平洋教授于1985年发表了《概说模糊集及模糊系统在电力工业中的应用》，从此国内学者也开始将模糊集理论应用于电力系统。电力系统涉及的模糊集理论主要包括模糊模式识别，模糊规则及模糊控制等。其中，模糊控制是从行为上模拟人的模糊推理和决策过程的一种实用控制方法，它适于解决因过程本身的不确定性、不精确性及噪声而带来的困难。由于电力系统十分庞大复杂，因而模糊集理论在电力系统中有着广泛的应用背景，在规则、运行、控制及诊断等领域都取得了十分丰富的研究成果。为了提高电力系统的动态稳定性，避开传统方法依赖电力系统详细的数学模型、鲁棒性较差，以及自适应控制中计算时间较长实现相对困难等不足，在电力系统稳定控制中引入了模糊控制。

(3) 专家系统。电力系统的规划、运行和控制目前主要是由有经验的规划人员和调度人员借助于自动化技术来完成的。一方面由于传统数值分析方法缺乏启发性推理的能力，同时也无法进行知识积累。另一方面由于电力系统自身的复杂性，一些必要的数学模型及状态量难以获取，单纯的数值方法难以满足电力系统的要求，因此引入电力专家的经验知识是十分必要的。专家系统在电力系统中的应用范围很广，包括对电力系统处于警告状态或紧急状态的辨识、提供紧急处理、系统恢复控制、非常慢的状态转换分析、切负荷、系统规划、电压无功控制、故障点的隔离、配电系统自动化、调度员培训、电力系统的短期负荷预报、静态与动态安全分析，以及先进的人机接口等方面。虽然专家系统在电力系统中得到了广泛的应用，但仍存在一定的局限性，如难以模仿电力专家的创造性；只采用了浅层知识而缺乏功能理解的深层适应；缺乏有效的学习机构，对付新情况的能力有限；知识库的验证困难；对复杂的问题缺少好的分析和组织工具等。因此，在开发专家系统方面应注意专家系统的代价/效益分析方法问题，专家系统软件的有效性和试验问题、知识获取问题、专家系统与其他常规计算工具相结合等问题。

由于人工智能控制技术本身的优越性和当前的研究热潮，这一技术在21世纪的电力系统控制中必然会占有非常重要的地位。人工智能控制技术随认知科学、信息工程学、心理学、脑神经科学的发展将更加完善和有效，也将更广泛地渗透于交流输电技术、先进的能量管理系统技术、配电综合自动化技术中，共同支撑大电网技术的进一步发展。

第二节 电力系统稳定性研究

一、电力系统稳定性问题的出现

1875年，世界上第一台火力发电机组——法国巴黎北火车站的直流发电机组开始供电；1882年7月26日，中国第一座发电厂——上海乍浦路电灯厂开始供电，当时的输电系统简单，也没有专门的电力调度机构。简单的停送电操作，电厂在发电的同时就可以方便地完成。但随着工业的迅猛发展，电力需要激增，出于优化配置资源的考虑，之后的电厂都建在远离城市的地方，输电需要通过长距离输电线路；19世纪20～30年代开始，第一批发电厂开始并列运行，众多的发电厂、变电站和用电客户的瞬时平衡、保证电网安全稳定运行问题凸显，人们开始关注系统中电压节点和功率出现大幅度波动时，电力系统中各同步发电机间能否同步稳定运行。

例如，美国早期电力企业规模较小，一般仅以州的范围经营。20世纪初期，美国电力行业伴随经济快速增长。1920年—1930年，美国电力消费实现了翻倍，电力行业的快速发展促使电力企业开始呈现联合的趋势。美国大部分电网建于20世纪50年代，由于处于经济高速发展时期，片面追求经济效益，对变电站和输配电系统的维护和改造投入不足，造成高峰时线路负荷过重，20世纪70年代发生了多次停电大事故。20世纪70年代，我国在电网运行方面也曾有过惨痛的教训。由于调度制度不全，10年间，我国电网共发生210次稳定破坏事故。电力系统稳定性问题随着电网规模不断增大，日益突出。

二、典型电力系统稳定性事故

在20世纪70年代后，世界各地电力系统报告的系统不稳定的事故有多起。

1965年11月9日，美国纽约和东北部6个州及加拿大安大略省，包括25家美国电力公司和加拿大安大略水电局区域发生大范围停电事故。事故起因是线路保护定值整定有误，当水电多发，使线路潮流增大时，后备保护跳开了从安大略Beck水电厂至多伦多地区的5条230kV线路中的1条，并使得潮流重新分配过程中出现大幅改变，结果造成暂态稳定破坏，电压和功率大幅度波动，联络线和发电机组相继跳闸，从事故开始经过12min就扩大为美国东北部及加拿大安大略省大面积停电事故。事故造成的停电区域200000km^2，损失负荷21000MW，影响居民3000万人。在恢复供电过程中，由于缺乏备用电源，电厂的辅机需靠外来电源供电，恢复较慢，停电最长持续时间为13h。

1977年7月13日20:37，美国纽约发生了大面积停电事故。当日负荷高峰出现在15:00～16:00，到20:37～21:24时，大风暴横扫系统北部，一系列的故障导致6条345kV线路相继退出运行，从而使剩下的2条138kV线路也因严重过载而跳闸。爱迪生电气公司的供电区域与系统解列，形成孤岛，系统频率急剧下降，低频减载装置动作切除了部分负荷，但发电机组仍然由继电保护跳闸。21:34爱迪生供电系统全部停电。事故总计损失负荷约 6000MW，停电最长持续时间为 25h，900 万人受到影响。华尔街银行业在 7 月 14 日停业，影响到全美国的金融市场。

1986 年 5 月 19 日，纽约市一个配电站出现配电故障，导致断电 12h，影响 4 个街区的居民。1997 年 10 月 23 日，美国旧金山大片市区断电约 90min，影响大约 25 万人。联邦调查局称，这是有人故意所为。1998 年 12 月 8 日，建筑工人作业失误导致旧金山半岛大约 $125km^2$ 地区断电 7h，影响 94 万人。1999 年 7 月 6 日，持续 3 天创纪录高温导致纽约市电线变形，造成 19h 停电。

1996 年 7 月，马来西亚的马来半岛电力系统崩溃、大面积停电事故，其原因除网络结构薄弱外，当时电网运行机组中燃气轮机比重大，在系统大功率缺额情况下，这些机组因超出力而导致过热，从而引起大量跳闸停机，造成系统频率崩溃而全网停电。

2003 年美加大停电是北美历史上最大范围的停电，如图 9.1 所示。2003 年 8 月 14 日美国东北部部分地区，以及加拿大东部地区出现了大范围停电。估计受影响的人口，在加拿大有 1000 万(总人口的 1/3)，在美国有 4000 万。美国 8 个州及加拿大的安大略省的电力中断。事故最早出现于俄亥俄州北部克利夫兰地区一条 3.45×10^5V 的超高压输电线路。2003 年 8 月 14 日下午 3 时，这条输电线路突然出现过载现象。按照设计，这不是严重问题，但大量电流回流，导致输电线路温度急剧升高，并随高压电线急剧扩散，最终烧断。26min 后，接收过载电流的第二条 3.45×10^5V 超高压输电线路因温度过高，导致线路软化，落在树枝上，短路停电。2 条输电线路相继跳闸，导致克利夫兰地区剩余 3 条超高压输电线路工作负荷急剧增加，最终断电。此后短短 5min 内，从美国东部到加拿大五大湖区，庞大的电流在迂回数千千米的输电线和变压站之间乱窜。俄亥俄州的几座主要发电厂出于保护电机设备的需要，过载保护应急系统自动启动，率先关闭发电机组。此后，密歇根州、纽约及加拿大安大略省的发电机组也相继自动关闭，发达的美国电力系统竟没有办法阻止停电事态进一步扩散。2003 年 8 月 14 日下午 4 时 11 分，美加中东部近 5000 万人陷入一片黑暗之中。

图 9.1　2003 年北美大停电

(摘自传媒视线)

美加大停电两个星期后，伦敦大停电令世人瞩目。如图 9.2 所示为 2003 年伦敦大停电。这次停电的准确时间是 2003 年 8 月 28 日晚 18 时 26 分，英国国家电网在伦敦东南部的一个供电系统出现故障，几秒钟后又发生另一起故障，造成了此次停电。伦敦地铁完全依赖国家电网供电，此次停电造成伦敦地铁全面瘫痪。而停电时正是伦敦人下班后最拥挤的时候，伦敦地铁发言人随后出面证实说，整个伦敦地铁全部瘫痪，许多列车停在站与站之间

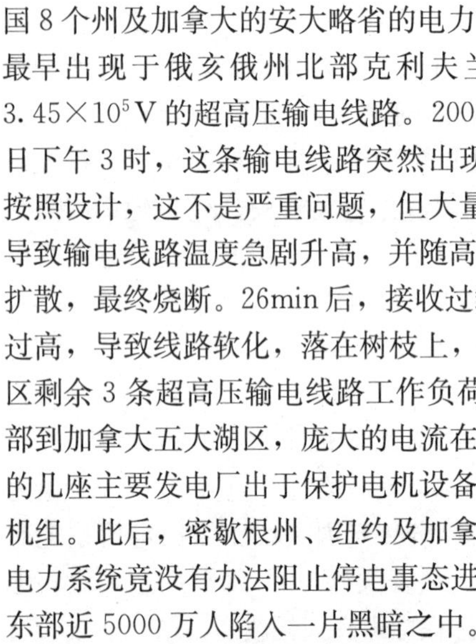

图 9.2　2003 年伦敦大停电

(摘自中国江西网)

的坑道内，伸手不见五指，地铁工作人员和地铁乘警打着手电把乘客们接出来，送出地铁站。根据地铁公司初步统计的结果，总计有25万乘客被困在地铁里。伦敦地面的情景混乱，伦敦干道上的270处交通信号灯全都“罢工”，伦敦以南70km外的城市铁路也全部停运，伦敦桥、维多利亚和滑铁卢车站全部关闭，400列伦敦地面列车停运，总计有25万乘客被困在地面的各种交通工具中。伦敦消防队先后接到了400个求助电话，先后救出了100多个被困在电梯里的人。这次大停电一直持续到晚19时15分，伦敦部分地区开始供电，地铁全面恢复运行则要到第二天凌晨。从初步调查的结果来看，停电造成伦敦2/3的地铁运营中断，部分列车停运，许多地区路灯和交通信号灯熄灭，路面交通混乱，但没有人员伤亡。

2004年7月12日，希腊首都雅典在距奥运会开幕仅一个月之时，雅典和该国南部部分地区中午发生大面积停电事故。7月雅典气温不断升高，居民使用空调的时间大幅度延长，使整个城区的供电系统处于超负荷运行状态。事故发生前，正在超负荷运行的供电系统内部电流出现异常波动，从而导致3座发电站停机，继而引发一系列连锁反应，使雅典城区近3/4的地区断电。停电发生时，雅典全城的火车、地铁系统和电梯瞬间停止运转，城内主要交通干线的交通信号灯突然熄灭。事后希腊政府官员曾向希腊公共电力公司(雅典奥运会赞助商)发出恳请：“千万别在奥运会期间停电，否则全世界都将看到雅典奥运会的笑话。”

2004年11月18日下午，西班牙首都马德里市中心及南部地区因一个变电站发生火灾导致大面积停电，25万名市民处于黑暗之中。

2005年1月8日，瑞典西南部飓风袭击后大停电，造成20多万个家庭停电。

图9.3　2005年莫斯科南部大停电

(摘自南方新闻网)

2005年5月25日，俄国莫斯科南部地区发生大面积停电事故，事故导致莫斯科市差不多一半地区的工业生产、商业活动和交通运输陷入瘫痪，给莫斯科市造成至少10亿美元损失，如图9.3所示。这次事故引起世界各国政府及业内人士的高度关注。

在我国，大范围的停电事故也有多起。1972年7月27日，我国湖北省发生大停电事故，国家经济命脉之一的武汉钢铁厂险些全部报废。周总理批示说：“一个世纪以来中国人民勒紧裤腰带建设起来的武钢几乎毁于一旦，这种事情不能再发生了。”1990年9月20日发生的广东省大面积停电，北部电网几乎崩溃。2005年9月26日凌晨1时，罕见强台风对海南全省电力设施造成严重破坏，导致系统全面瓦解，引发罕见的海南全省范围大面积停电，全岛一片漆黑。

全球和地区经济一体化的步伐加快，能源分布、经济发展的不平衡及电网互联运行的巨大效益，使大电网互联、跨国联网输电的趋势不断发展。东西欧联网，欧洲发输电联盟在1963年实现了西欧各成员国400kV交流联网，以后又通过直流同英国、瑞典实现非同期联网。西欧电网与东欧国家电网联网正在逐步实现。1995年9月原民主德国电网与西欧电网联网，1995年10月波兰、捷克、匈牙利3国电网与西欧电网同期互联。还有环波罗的海地区联网，环地中海地区联网，东南亚地区联网，环日本海地区联网，等等。地中海地区的突尼斯与隔海相望的西班牙已实现联网输电。我国与周边国家的联网也在考虑和规划之中。大电网互联和跨国联网将对电力系统稳定运行带来一系列的新问题。例如，波兰、捷克、匈牙利电网同期接入西欧电网之后，即观察到弱阻尼的甚至负阻尼的频率和功率振荡，当从东到西或从西到东联网传送的功率超过1000MW时，就有振荡产生。

这些事故和现象让我们认识到电能已经成为社会生活中不可或缺的基本要素。现代电力系统的实时性、与其复杂性伴生而至的脆弱性、电力事故后果的恶劣性，使得对电力系统可靠性、安全性的要求达到了一个空前的高度。寻求电网更为有效的控制措施，确保互联电力系统的安全稳定运行是我们面临的又一重要课题。

三、电力系统稳定性研究发展

1920年，电力系统稳定性作为一个重要研究方向第一次被提出。出生于德国的美籍电气工程师施泰因·梅茨(1865—1923)曾在1892年在提出了计算交流电机的磁滞损耗的公式，又于1893年创立了计算交流电路的实用方法——相量法，如图9.4所示。同年，他进入美国通用电气公司工作，负责为尼亚加拉瀑布电站建造发电机。梅茨设计了能产生10kA电流 、100kV高电压的发电机；研制成避雷器、高压电容器。梅茨晚年开发了人工雷电装置。他一生获近200项专利，涉及发电、输电、配电、电照明、电机、电化学等领域。梅茨在1901—1902年任美国电机工程师学会主席。1920年，梅茨发表了一篇重要论文“发电站的功率控制和稳定性”，这是电力系统稳定性问题首次被作为电力发展中的研究方向。随后一些小型系统稳定性实验不断进行，埃文斯和贝格沃尔在1924年根据小型系统稳定性实验研究成果发表了相关论文“稳定性和功率极限的实验分析”。论文阐述了一种检测电压和功率稳定极限的方法，并用于一段500英里的线路稳定性计算。

图9.4　施泰因·梅茨

(摘自 http：//chemlab. scu. edu. cn/article/detail/id/1742)

1925年，针对实际电力系统稳定性的现场实验开始。1926年1月 R. D. Evans 和 C. F. Wagner 发表论文“电力传输稳定性研究”，同年1月 R. Wilkins 发表论文“实际系统的系统稳定性”对实际系统的稳定性进行了阐述。在 R. Wilkins 的实验中他对现有的两条220kV线路进行了的实地测试。这在当时是第一个关于电力系统稳定性进行的系统实测，但由于当时缺乏适当的检测设备，系统中实测存在各种困难。但这次实测证实了一个重要结论：系统稳定性不能仅作为一个系统设计的问题来对待，与系统实际运行有紧密的关系。

20世纪20～30年代的电力系统稳定性理论研究是人们根据电力系统所发生稳定性现象所做的一些基础性研究。早期的研究认为电力系统稳定性主要取决于传输的距离。20世纪50年代电子模拟计算机被用于稳定性的分析，同时数字计算机也在研制中。1956年，电力系统稳定性的数字计算程序开始用于稳定性的分析计算。20世纪60年代人们开始关注暂态稳定性。

现在电力系统稳定性分类的方式主要分为两种：一种是根据扰动方式分类，一种是根据失稳类型分类。分类的具体方式体现了电力系统稳定分析的发展历程。

在20世纪60年代及以前，根据电力系统所受到扰动大小，习惯上将电力系统稳定性分为静态稳定性和动态稳定性。静态稳定性主要指系统受到小干扰后，保持所有运行参数接近正常值的能力。动态稳定性是指系统受到大扰动后，运行参数恢复到正常值的能力。后来，由于电力系统规模的扩展，出现高灵敏度的快速励磁系统，低频振荡现象成为不稳定现象的一种常见形式。1974年，北美学者将振荡形式失稳抽象出来，称之为动态不稳定性。美国学者拜尔利和金巴克将电力系统不稳定性分为以下3类。

(1) 静态不稳定性：系统内由于功角过大，使发电机间同步能力减弱，以致失步的现象，即主要是指滑差失步现象。

(2) 动态不稳定性：无论是小扰动还是大扰动，在第一摆中未失步，但在多摆振荡中，出现增幅振而引起失步，都可称为动态不稳定。

(3) 暂态不稳定性：主要指受到大扰动后，系统一摆失稳。它主要研究一摆失稳。

20世纪70年代，北美分类法把稳定性按失稳产生的原因分类，区分了失稳的原因和过程，促进了励磁控制新技术，出现了电力系统稳定器及暂态稳定控制得到了发展。1976年，国际大电网会议第32届委员会提议重新讨论电力系统稳定性的分类和定义。1981年，美国电子电气工程师学会对电力系统稳定性提出了新的分类及定义。

(1) 静态稳定/小干扰稳定：对于某个稳定运行状态，当系统受到小的干扰后，系统会达到与受干扰前相同或接近的运行状态。

(2) 暂态稳定/大干扰稳定：对于某个稳定运行状态，当系统受到大的干扰后，系统可以达到另一个可接受的稳态运行状态。

此次分类最大特点是将低频振荡形式的不稳定明确包含在小干扰稳定性中，小干扰或大干扰引起的振荡形式的不稳定分别归类到静态和暂态稳定性中。

20世纪80年代，电力系统规模不断扩大，虽然新的控制、保护技术不断应用于系统运行和控制中，但是实际系统仍发生了多次较大规模的停电事故，以区域间低频振荡、频率失稳和电压不稳定出现的现象增多。1982年，美国电力科学院把电压问题列为最主要的研究课题。国际电子电气工程师学会和国际大电网会议分别成立了专门工作组研究电压不稳定问题。在这样的背景下，电压稳定性问题成为国内外研究的热点，几乎使电压稳定问题成为了一个独立的研究领域。

1981年的分类法虽然将低频振荡形式的不稳定已明确包含在小干扰稳定性中，但并没有明确将频率稳定性和电压稳定性提出来。因此，2004年8月，国际电子电气工程师学会和国际大电网会议第38届委员会制定了最新的电力系统稳定性的定义及分类。

(1) 功角稳定性：表征着系统维持同步的能力。分析计算的时间在10～20s，所以又称短期稳定性。又可分为静态稳定性和暂态稳定性，或者称小干扰功角稳定和大干扰功角稳定。

(2) 电压稳定性：表征着系统受扰动后维持所有母线电压的能力。可再分为大干扰和小干扰下的电压稳定性。由于电压不稳定持续的时间可能是几秒到几十分钟，故又可分为短期电压稳定性和长期电压稳定性。

(3) 频率稳定性：指系统遭受到严重的故障造成出力与负荷出现较大的不平衡时，维持频率在可接受的范围内的能力。频率稳定性可分为短期稳定性和长期稳定性。新的分类以系统失去稳定的特征在 3 个运行变量上的表现，分为功角、电压、频率 3 种不同形式的稳定性，在每一种稳定性表述下又分小干扰稳定性和大干扰稳定性。

该分类突出了电力系统不稳定性中的主要特性和动态时间，有利于突显物理特性，抓住系统的关键问题进行分析与控制。

电力系统稳定是一个非常复杂的问题，对稳定分类的问题反映了人们对电力系统本质认识的深化，有助于人们对稳定问题的理解。

第三节　电力系统稳定控制措施研究

一、提高系统稳定的措施

提高系统稳定的措施可以分为两大类：加强网架结构和提高系统稳定性的控制并采用保护装置。

加强电网网架的原理基于线路输送功率能力与线路两端电压之积成正比，而与线路阻抗成反比。减少线路电抗和维持电压，均可增加输送能力，从而提高系统稳定性。因此可以通过增加输电线回路数、采用紧凑型线路等方式减少线路阻抗，但前者方式造价较高。另外，在线路上装设串联电容是一种经济有效地减少线路阻抗的方法。还可以在长线路中间装设静止无功补偿装置，能有效地保持线路中间电压水平，并快速调整系统无功，是提高系统稳定性的重要手段。

提高电力系统稳定性的控制考虑两方面：失去稳定前，采取措施提高系统的稳定性；失去稳定后，采取措施重新恢复新的稳定运行。

发电机励磁系统是电力系统正常运行必不可少的重要设备，在故障状态能快速调节发电机机端电压，促进电压、电磁功率摆动平息。因此，充分发挥其改善系统稳定的潜力是提高系统稳定性最经济的措施，并得到普遍重视。

电气制动及其控制装置，在系统发生故障瞬间，送端发电机输出电磁功率下降，而原动机功率不变，产生过剩功率，使发电机与系统间的功角加大，如不采取措施，发电机将失步。在短路瞬间投入与发电机并联的制动电阻，吸收剩余功率(即电气制动)，是一种有效的提高暂态稳定的措施。在系统发生故障时，另一种减少功率不平衡的措施是快关汽门，以减少发电机输入功率。用控制汽轮机的中间阀门实现快关汽门可有效提高暂态稳定性。此外还有在送端切机，同时在受端切负荷来提高整个系统的稳定性，以保证绝大多数用户的连续供电。

继电保护及重合闸装置是提高电力系统暂态稳定的重要的有效措施之一。对继电保护的要求是：无故障时保护装置不误动，发生故障时可靠动作。它的正确选择、快速切除故障可使电力系统尽快恢复正常运行状态。19 世纪的最后 25 年里，作为最早的继电保护装置，熔断器已开始应用。电力系统的发展，电网结构日趋复杂，短路容量不断增大，到 20

世纪初期产生了作用于断路器的电磁型继电保护装置。在1928年电子元器件开始被应用于保护装置，在20世纪50年代晶体管和其他固态元器件迅速发展之后电子型静态继电器的大量推广和生产。20世纪60年代中后期，在英国、澳大利亚和美国的一些学者的倡导下开始进行数字式继电保护的研究。1965年出现了应用计算机的数字式继电保护。大规模集成电路技术的飞速发展，微处理机和微型计算机的普遍应用，极大地推动了数字式继电保护技术的开发，目前微机数字保护正处于日新月异的研究试验阶段，并开始正式运行。

二、柔性交流输电

柔性交流输电是美国电力专家N. G. Hingorani于1986年提出的技术，他曾将柔性交流输电定义为“除了直流输电之外所有将电力电子技术用于输电的实际应用技术”。柔性交流输电技术是现代电力电子技术与传统的潮流控制相结合的产物。它采用可靠性高的大功率可控硅元器件代替机械式高压开关，使电力系统中影响潮流分布的3个主要电气参数(电压、线路阻抗及功率角)可按照系统的需要迅速调整，以期实现输送功率的合理分配，电压的合理控制，降低功率损耗和发电成本，大幅度提高系统稳定性、可靠性。柔性交流输电技术一经提出立即受到各国电力工作者的高度重视，国内外一些权威人士已经将灵活交流输电、综合自动化和能量管理系统技术一起预测将其确定为“未来输电系统新时代的3项支撑技术”。美国、日本等发达国家，以及我国都投入了大量的人力和物力对此进行开发研究，很多装置已经投入了实际运行，在电力系统中发挥着重要的作用。

ABB公司是世界范围内柔性交流输电系统领域的市场领导者，拥有柔性交流输电系统完整的产品系列。目前柔性交流输电在欧洲与南美洲、北美洲都有非常广泛的应用。特别是在2003年美国、加拿大发生大停电后，北美电网更是加大了柔性交流输电技术投入。美国已经成为柔性交流输电业务的最大市场。

1954年，世界上第一套400kV串补装置在瑞典诞生。

1989年，ABB投运世界上第一套800kV电压等级的串补装置。

2004年，我国国产第一套串补装置投运。

2007年，我国国产第一套500kV可控串补装置投运，如图9.5所示。

图9.5　首套国产化500kV可控串补装置——伊冯500kV可控串补装置

(摘自http：//www.epri.sgcc.com.cn/zdpr/gcjs/201004/t20100420_663050.html)

本章小结

电力系统的稳定性对于系统安全、稳定运行具有非常重要的意义。本章介绍了古典控制理论、现代控制理论、非线性控制理论和人工智能控制理论在电力系统中的应用，以及它们对电力系统稳定性的意义。对于电力系统稳定问题的出现和世界范围内发生的稳定性事故进行了举例，并对目前提高电力系统稳定性的措施进行了介绍。

推荐阅读

1. 佚名．影响电力系统事故发生和发展的因素．http：//www.sp.com.cn/kpzl/spd/200605/t20060510_29254.htm [2006-05-10].

2. 佚名．我国电网大停电事故情况．http：//www.people.com.cn/GB/jingji/1037/2098688.html [2003-09-20].

3. 刘取，倪以信．电力系统稳定性与控制综述．中国电机工程学报，1990(06)：1—2.

4. 张振川，盛四清．如何提高电力系统运行稳定性．科技资讯，2011(19).

5. [美] 安德森，[美] 福阿德．电力系统控制与稳定．2 版．王奔，译．北京：电子工业出版社，2012.

6. 时蕾，顾强．关于电力系统稳定性的研究．硅谷，2010(09)：53—53.

第 10 章

新型发电技术

内容提要

本章通过详细介绍太阳能、风能、生物质能等发电方式，对当前新能源发电做了简要的概括和总结，读者通过本章的学习应该能够了解新能源发电的特点、优势与问题、机遇与挑战。

名言警句

故阳燧见日，则燃而为火。

——《淮南子·天文训》

以蒸汽机为代表的工业革命将人类的文明程度迅速提高，短时间内人们的生活质量、生活方式都发生了翻天覆地的改变。然而支撑这一伟大变革的却是人类最为宝贵的地下矿产，短短 200 多年，人类对地球上数十亿年来以煤炭、石油、天然气等形式存储起来的太阳能进行疯狂掠夺，目前已经濒临殆尽。这些人类目前赖以生存的主要能源是不可再生的。根据相关数据我们发现：世界煤炭已探明可采储量约 10000 亿吨，可供开采近 200 年；世界石油已探明可采储量约 1567 亿吨，可供开采约 50 年；世界天然气已探明可采储量约 175.8 万亿立方米，可供开采约 70 年。这不能不让人们感到恐慌，因此，节约能源，延缓化石能源的枯竭，为新能源、可再生能源的开发利用留有充足时间已成为世界各国的共识。

可再生能源是指风能、太阳能、水能、生物质能、地热能、海洋能等非化石能源。为了促进可再生能源的开发利用，增加能源供应，改善能源结构，保障能源安全，保护环境，实现经济社会的可持续发展，2005 年 2 月 28 日，中华人民共和国第十届全国人民代表大会常务委员会第十次会议通过了《中华人民共和国可再生能源法》(以下简称《可再生能源法》)该法已经自 2006 年 1 月 1 日起施行。

自从《可再生能源法》于 2005 年审议通过后，各级政府部门出台了大量相关配套规定，风力发电、太阳能发电等各种可再生能源产业得到了迅猛发展：据统计，风力发电连续 4 年翻番，2008 年年底全国风电装机达到 1250 万千瓦；太阳能热利用、农村沼气及其他生物质能利用也取得长足进步。《可再生能源法》成为我国可再生能源发展的重要法律保障，为节能减排，减小温室效应做出积极贡献，表现出一个负责任大国的良好形象。

第一节　太阳能发电

万物生长依赖于太阳，不仅如此，我们今天使用的石油、煤、天然气等一次能源也来源于太阳。人类利用太阳能的历史十分悠久，早在2700年前的我国周朝，就有专门负责掌管阳燧的官员，《周礼·秋官司寇》说："司烜氏掌以夫燧取明火于日"。沈括在《梦溪笔谈》中，对阳燧的原理做了科学的论述："阳燧工作面洼，向日照之，光皆向内，离镜一、二寸，光聚为一点，大如麻菽，着物即发火，此则腰鼓最细处也"。很显然这就是我们现在所熟知的凹面镜。我国在河南一座西周晚期至春秋早期的古墓中出土过"阳燧"（图10.1）。

图10.1　阳燧

（摘自中国古董网）

几百年后，公元前215年左右，罗马舰队进攻西西里岛城市叙拉古的时候，伟大的古希腊科学家阿基米德曾经利用镜子聚焦反射太阳光，将罗马人的船只烧成了灰烬。尽管这个故事后来被一些学者质疑，认为它多半只是一个传说，但它留给后人的却是无尽的遐想。

受到这个传说的启发，清朝光绪年间，西方列强凭借坚船利炮，频频侵略我国多年，国人饱受欺凌。当时，四川省洪雅县的一个名为肖开泰的人提出了一个大胆的想法，他建议利用太阳能制作"聚光镜"对付入侵之敌舰。肖开泰的新奇建议，具有科学根据，当时引起轰动，并传为美谈，被誉为"蜀中三绝"。如此异想天开的想法必然不会引起清朝政府的重视与采纳。令人深感欣慰的是，肖开泰并未因此而沮丧，他深信太阳能的威力，于是自筹资金，从国外买来仪器设备，制造出了一面小型聚光镜，这恐怕就是我国最早的现代太阳灶了，如图10.2所示。肖开泰在成都闹市里开了一家酒店，利用太阳能来烹、煮、烘、烤各种食物。为了进一步吸引顾客，晴天午时，他用聚光镜在店门口表演用太阳能制作烤鸭，围观者很多。由于使用太阳能制作出的烤鸭没有烟味，别有一番风味，人人称赞不已。远近食客纷至沓来，酒店生意十分兴隆。

图10.2　太阳灶

一、光热发电

以上对太阳能的利用其实是同一个原理，即将发散的阳光聚焦到一点，大大提高焦点温度，从而为人类所用。现在利用高温进行太阳能热发电的技术在受到全世界各国学者的广泛关注，而太阳能热发电技术从太阳光利用形式来看，可以主要分为以下3种。

1. 塔式发电

塔式发电是在很大面积的场地上装有许多台大型太阳能反射镜，通常称为定日镜，每台都各自配有跟踪机构，用以准确地将太阳光反射集中到一个高塔顶部的接收器上。接收器上的聚光倍率可超过1000倍。在这里把吸收的太阳光能转化成热能，再将热能传给工质，经过蓄热环节，再输入热动力机，膨胀做工，带动发电机，最后以电能的形式输出。它主要由聚光子系统、集热子系统、蓄热子系统、发电子系统等部分组成。其原理如图10.3所示。

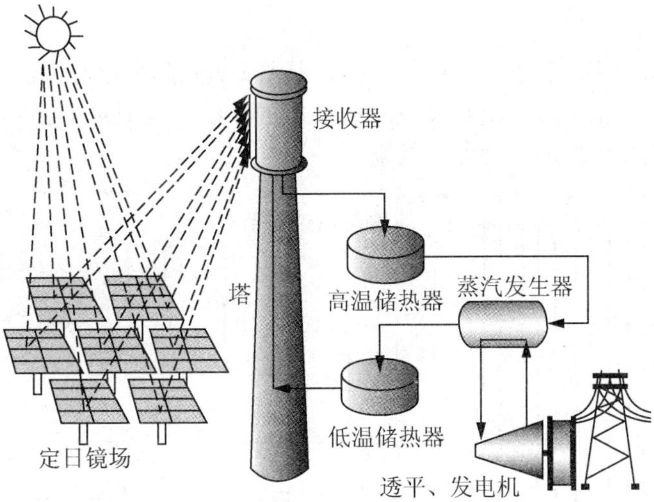

图10.3 塔式发电系统原理

说到塔式发电，不得不提西班牙的吉马太阳能电站，如图10.4所示。吉马太阳能电站位于塞维利亚市附近的吉马，由2650块镜面面板构成，总共占地面积达185公顷(约合185万平方米)。众所周知，太阳能电站的致命缺点在于连续运转，一旦遇到阴雨天气，将难以工作，更不用说夜晚了。但是与传统太阳能电站不同，吉马电站可以在没有阳光，甚至夜间继续工作超过15h。这是怎么回事呢？原来吉马太阳能电站采用了一种被称为“熔盐蓄热”的技术：在太阳能电站中，日光反射装置聚焦所获得的能量可以将熔盐池加热到900多摄氏度的高温，从而产生蒸汽为汽轮机提供动力。不过，与其他所有太阳能电站不同的是，存储于这些熔盐池中的热量持续释放的时间可以超过15h，从而在整个夜间或没有阳光的情况下也可以保证电站正常发电。

西班牙南部充足的光照意味着吉马太阳能电站可以在大多数夜间通宵运转，保证每年最少有270天都能够全天候发电，这比其他可再生能源的效率要高出3倍以上。图10.5所示为塔式太阳能电站。

图10.4 西班牙的吉马太阳能电站

(摘自互动百科)

图10.5 塔式太阳能电站

(摘自互动百科)

尽管如此，塔式发电还是有其致命的缺点：当所有的关系聚焦到同一点的同时，也就意味着一旦这一点出现问题，必将导致系统停止工作，于是供电中断不可避免。同时，过高的温度对材料等也提出了很高的要求，为了将风险分散，科学家发明了槽式发电。

2. 槽式发电

槽式发电是指利用槽型抛物面反射镜将太阳光聚焦到集热器对传热工质进行加热，在换热器内产生蒸汽，推动汽轮机带动发电机发电的系统。其原理如图 10.6 所示。它是太阳能热发电中最适宜推广的一种发电系统。

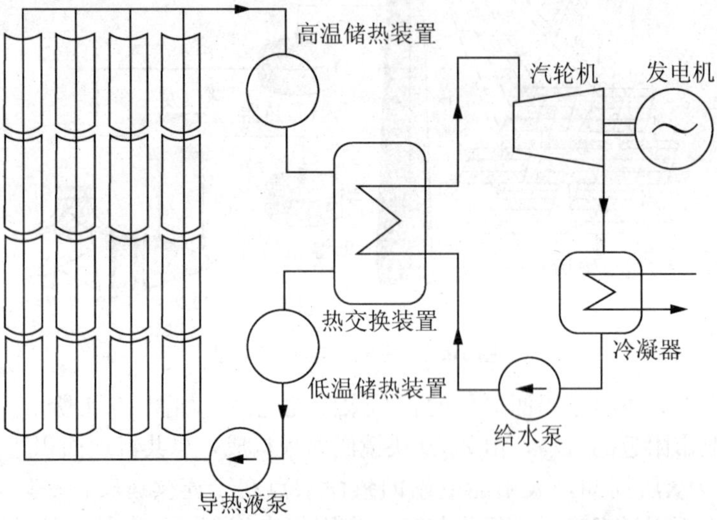

图 10.6　槽式发电原理

（摘自互动百科）

槽式太阳能热发电系统中的聚光器是具有高精度和高反射率的抛物面，用于收集太阳能并将其聚焦到吸收器上。槽式系统太阳能吸收器通常采用玻璃金属太阳能集热管。这种集热管是一种高效、耐用的太阳能吸收器，其生产制造技术主要掌握在德国和以色列等国的个别公司中，目前在中国还处于开发阶段。

除了可以应用于大规模发电外，以槽式集热为基础的太阳能利用系统可以很方便地生产出 100～350℃的蒸汽或热水，从而广泛适用于采暖、空调、纺织、印染、造纸、橡胶、海水淡化、食品加工、木材烘干、花卉蔬菜及其他工农业生产与生活领域。

3. 碟式发电

太阳能碟式发电（图 10.7）也称盘式系统。采用盘状抛物面聚光集热器，外形类似于大型抛物面雷达天线。由于盘状抛物面镜是一种点聚焦集热器，其聚光比可以高达数百到数千倍，因此可产生非常高的温度，一般发电功率在 20kW 左右，非常适合于在国家电网未能触及的偏远地区使用。

二、光伏发电

利用太阳能制热的发电技术顺应自然规律，对环境影响小，非常适合大面积推广。但是由于存在热交换环节，这种发电方式很难做成便携式的移动电源，光伏发电技术弥补了这一技术的不足。光伏发电的核心器件是太阳能电池，它主要由半导体硅制成，如图10.8所示。当阳光照射到半导体上时，由于其吸收光能会激发出电子和空穴(正电荷)，从而半导体中有电流流过，这可称为“光发电效应”，简称“光伏效应”。掺有磷杂质的硅含有多余电子，称为N型半导体；掺有硼杂质的硅含有多余正电荷，称为P型半导体。若将两者结合，则称为PN结，这就是半导体元器件的最基本结构。在PN结中，P型半导体的电子受到拉力，N型半导体的正电荷受到拉力，在结合处形成正负抵消的区域，形成阻挡层。此时，若有光照射，则激发电子自由运动流向N型半导体，正电荷集结于P型半导体，从而产生了电位势。可见，光伏发电过程是与光热发电过程截然不同的两种方式，它更简便，没有繁杂的热交换系统，也不需要有发电机系统，通过这种物理过程，光能可直接转换成电能。正因为如此，光伏发电在军事、工农业生产、日常生活中都得到了广泛应用。

图10.7 碟式发电
(摘自互动百科)

图10.8 光伏发电

三、太空太阳能发电

日出日落、阴雨风雪等自然因素都会影响太阳能发电的实际应用效果。实际上，环绕地球的大气层吸收了绝大部分的太阳光，从而使得地球上的生物免受阳光的炙烤。而在大气层外的外太空间，那里没有黑夜，没有阴雨，每时每刻阳光普照。于是，有人想到了到太空去建立发电站。太空太阳能有望成为一种具有利用价值的新能源。科学家设想，通过向太空发射带有能量收集装置的卫星，并将其收集的能量转化为微波传送回地球，再转化为直流电，从而为人类提供“廉价、清洁、安全、可靠、可持续”的能源。太阳1h释放的能量，可供人类使用1万至10万年，而通常太阳辐射到地球上的全部能量约为18万兆瓦，相当于每年燃烧90兆吨优质煤的热量。

美国和日本的科学家已经就太空太阳能发电的各项关键技术进行了深入研究和试验，相信在不久的将来，人类将会使用到永不枯竭的、清洁的、高效的、持续不断的、稳定的太阳能电力。

第二节 风能发电

风能，从本质上来讲，也是一种太阳能。由于太阳光的作用，地球表面会因为各种原因受热不均，从而形成温差，因此产生气流，大量空气流动即形成风。人类对风能的利用历史悠久，可以追溯到公元前。公元前几世纪我国劳动人民就利用风力提水、灌溉、磨面、舂米，用风帆推动船舶前进。宋代更是我国人民应用风车的全盛时代，当时流行的垂直轴风车，一直沿用至今。在世界范围内，公元前2世纪，古波斯人就利用垂直轴风车碾米，公元10世纪伊斯兰人用风车(图10.9)提水，11世纪风车在中东地区已获得广泛应用，13世纪风车传至欧洲，14世纪已成为欧洲不可缺少的原动机。享誉全球的荷兰风车被用于莱茵河三角洲湖地和低湿地的汲水，以后又用于榨油和锯木。

图10.9　风车

(摘自百度百科)

后来，由于蒸汽机的出现，风能技术的发展几乎陷于停滞，直到近几十年，由于能源危机，人们又重新将目光投到风能上，风能技术获得了巨大发展，带给人类无限的希望。据估计，到达地球的太阳能中虽然只有大约2%转化为风能，但其总量却十分可观，约为2.74×10^9MW，其中可利用的风能为2×10^7MW，比地球上可开发利用的水能总量还要高10倍。而风能在开发利用的整个过程中，包括投产运行后，对环境的污染几乎为零，目前仍难以有证据表明利用风能会对环境、生态产生任何负面效应。

目前全世界每年燃烧煤所获得的能量，只有风力在一年内所提供能量的1/3。因此，国内外都很重视利用风力来发电，开发新能源。在我国的很多地方，都能看到一排排壮观美丽的风力发电机组，这些机组是怎么工作的呢？

一台典型的风力发电机组如图10.10所示，其中各部分的功能分别介绍如下。

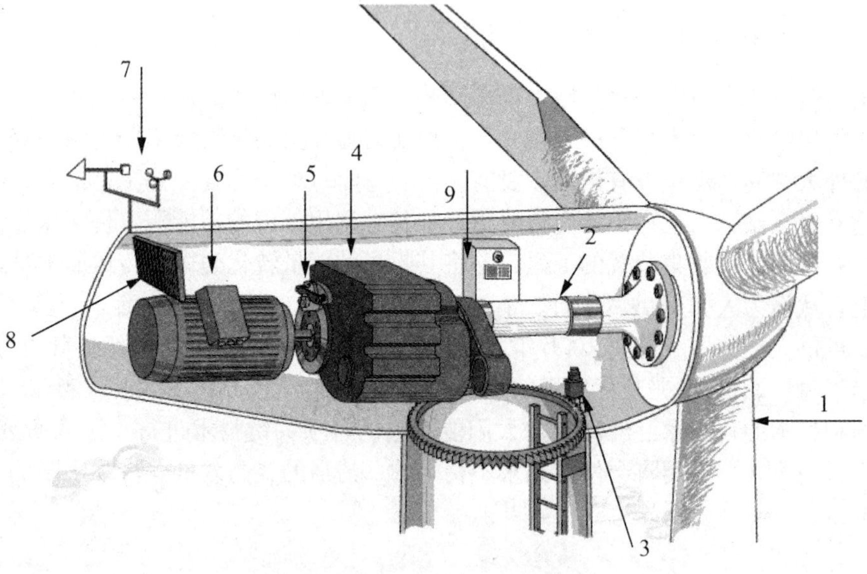

图10.10　风力发电机结构

1—叶轮；2—主轴；3—偏航电动机；4—齿轮箱；5—机械刹车；
6—发电机；7—风速仪与风向标；8—散热器；9—控制器

1. 叶轮

它是用来吸收风能的，叶轮被固定在主轴(2)上，叶轮有各种形状，其中以三叶叶轮最为常见。

2. 主轴

叶轮被固定在主轴上，通过主轴连接到齿轮箱(4)，一般由于叶轮非常大，如大的叶轮叶片长度有几十米，因此当叶轮旋转的时候，离心力非常大，这就要求主轴必须要有足够的强度。

3. 偏航电动机

叶轮必须面对风向，才能旋转做功。而风向并不完全恒定，所以必须要让叶轮动态地跟随风向转动。

4. 齿轮箱

大型风机叶轮直径很大，旋转速度不能很高，大约为 27r/min，相对于一般发电机上千转的额定转速来讲，相差太大，不能直接驱动发电机发电。所以需要有一套变速装置来将低转速升高。齿轮箱就是利用大齿带小齿的原理来增速的。

5. 机械刹车

水电站有闸门可以控制水流，火电厂有锅炉可以控制蒸汽，风力发电的风却不是人可以控制的，当需要维修风机时，就要求风机停止旋转，一个简单有效的办法就是使用刹车装置。

6. 发电机

它是风力发电的枢纽，完成将机械风能转化为电能的任务，风力发电机可以是直流发电机、同步发电机，也可以是异步发电机。目前使用较多的是异步发电机。

7. 风速仪与风向标

既然是风力发电，就必须要检测风的状况，如风向、顿风速，采集到这些信息才可以知道风机应该面向何方、如何调节叶片角度等。

8. 散热器

发电机在工作的过程中因为机械的、电气的原因会产生热量。这些热量必须经过散热器及时带走，否则就会使得设备发热最终导致损坏。

9. 控制器

风机控制柜里是一台能控制风机各个部件的计算机，计算机使机舱偏航对准风向，同时根据风速，控制风机转速，以保证风机高效、稳定、安全运行。

随着世界能源危机的影响，风力发电近年来得到了迅猛发展：根据世界风能协会统计，1996 年世界风电总装机容量为 607 万千瓦，2007 年为 9385 万千瓦，2008 年达到 1.2 亿千瓦。2008 年世界风电装机为 2705 万千瓦，增速达到 28.8%。2008 年世界风力发电机组市场规模达到 475 亿美元。

2007 年中国气象局风能太阳能研究中心提供的最新测算数据，中国可开发利用风力资源约为：陆上 8 亿千瓦，近海 1.5 亿千瓦。主要分布在东南沿海及附近岛屿，内蒙古、新疆和甘肃河西走廊，以及华北和青藏高原的部分地区。

我国风电增长速度已连续 3 年超过 100%。2008 年我国新增风电装机容量 624.6 万千瓦，累计装机容量为 1215.2 万千瓦，现规模已位居世界第四，风电占全国电力装机总容量的 1.5%。风机制造业快速发展，主机生产企业已有 70 余家，国产化风机的装机数量所占比例也在逐年增加，2008 年已达到 72%。根据国家能源局最新规划，2020 年全国风力发电装机将达到 1 亿千瓦。从 2009—2020 年国内新增风电装机容量平均每年将达到740 万千瓦，投入风电场的资金将达到 660 亿～740 亿元，其中风机设备将达到 444 亿元。

国家能源局已规划将在 6 个地区建设千万千瓦级的风电场：甘肃酒泉(1100 万千瓦)、新疆哈密(2000 万千瓦)、内蒙古西部(2000 万千瓦)、内蒙古东部(3000 万千瓦)、河北(1000 万千瓦)、江苏(1000 万千瓦，含 700 万海上风场)。

尽管风电有着巨大的蕴藏量，同时具有清洁、无污染、可再生等巨大优点。但其本身依赖天气的特点决定了它也有许多不足。

(1) 风电发力具有随机性、间歇性，波动幅度大，波动频率也无规律性。

(2) 受气象因素影响，风电出力日间可能波动很大。极端情况下，风电出力可能在 0～100%范围内变化。

(3) 风电年利用小时数偏低，根据我国部分省区 2007 年风电年利用小时数统计，风电场年利用小时数参差不齐，一般在 2000h 左右。

(4) 风电功率调节能力差，风机功率特性决定风机出力随风力变化而变化，风机在采用不弃风方式下，只能提供系统故障状况下的有限功率调节。机组本身的运行特性和风资源的不确定性，使得风电机组不具备常规火电机组的功率调节能力。

(5) 风力发电机的输出功率也极不稳定。风力发电机发出的电能一般是不能直接用在电器上的，先要存储起来。目前风力发电机用的蓄电池多为铅酸蓄电池。

第三节 生物质发电

石油会枯竭，煤炭会耗尽，百年过后天然气也将不复存在，太阳能、风能又依赖于天气。当世界正为能源危机忧心忡忡的时候，却不曾想，人类的远祖早已深谙可再生能源之道。实际上，对于人类来讲，靠燃烧乔木、秸秆，几十万年以来，从未出现过能源不足的问题。

众所周知，生物质其实质上仍然是太阳能，它是陆地上的植物通过光合作用生成的有机物，包括植物、动物排泄物、垃圾及有机废水等。是生物质能的载体，与太阳能、风能不同，它是唯一一种可存储和可运输的可再生能源。从化学的角度上看，生物质的组成是碳氢化合物，它与常规的矿物能源如石油、煤等(煤和石油都是生物质经过长期转换而来的)是同类，所以它的特性和利用方式与矿物燃料有很大的相似性。据统计，在世界能源消耗中，生物质能占总能耗的 14%，但在发展中国家占 40%以上。广义的生物质能包括一切以生物质为载体的能量，具有可再生性。全球每年水、陆生物质产量的热当量为 3×10^{12}J 左右，是全球目前总能耗量的 10 倍。

我国是一个农业大国，生物质能资源相当丰富，仅各类农业废弃物的资源量每年就有3.08亿吨标煤，薪柴资源量为1.3亿吨标煤，加上粪便、城市垃圾等，资源总量估计可达6.5亿吨标煤以上。如何利用现代的科学技术，将这座能源宝库高效、廉价地开发利用起来，对于我国建立持续发展的能源系统，促进社会经济的发展和生态环境的改善具有十分重大的意义。

在过去的很长一段时间里，由于天然气的开发，煤炭的广泛利用，在很多地区，人们开始放弃将生物质能作为常规燃料，如每年农作物收割后剩余的大量秸秆成了令农民头痛的问题，直接将秸秆在农田焚烧最为简便，但是由此产生的烟雾可谓“壮观之极”，空气质量恶化，天空中漂浮着秸秆燃烧后的灰烬，航班因此延误，造成的损失难以估量，如图10.11所示。

图10.11　成都郊区秸秆焚烧现场

为什么这些秸秆不能得到有效利用呢？问题出在什么地方？其实道理很简单，包产到户后，每户人家所拥有的土地十分有限，秸秆量自然不多，没有一定量的秸秆其用处也就不大，如果没有相关企业统一收购（即便是收购，区区几堆秸秆又能卖多少钱?），那么农民唯一简单有效的处理方法就是将其在田间焚烧，这样一来，一方面少了运输费，另一方面增加了土壤肥力。于是，焚烧秸秆就成了首选方案。

实际上，目前关于秸秆问题的研究可以说是硕果累累，秸秆作为农产品废料，长期以来在不同地区扮演不同角色。总的来讲，可以分为两类，即作为燃料或者肥料，而这两种方式的利用率都十分低下，对环境的危害也是显而易见的。

作为燃料，秸秆气化炉的出现彻底改变了秸秆的历史地位，从低效、烦琐、不卫生一跃成为高效、简便、清洁的能源。

秸秆作为燃料，在缺氧的状态下，不完全燃烧，经过干燥、干馏、氧化、还原等阶段，生成含有一定量的一氧化碳、氢气及甲烷等可燃气体，靠小型风机产生的压力将可燃气体由气化炉上方压出，所产燃气经集水过滤、除尘、除焦油装置并通过输气管道与灶具相连，即可用于燃烧。

而关于肥料问题，目前最优的解决方案应该首推沼气。沼气是将人畜粪便、庄稼秸秆等有机物在隔绝空气（还原条件），适宜的温度、湿度下，经过微生物的发酵作用产生的一种可燃烧气体。图10.12所示即为建设中的沼气池。沼气的主要成分是甲烷，约占所产生的各种气体的60%～80%。甲烷是一种理想的气体燃料，它无色无味，与适量空气混合后即可燃烧。每立方米纯甲烷的发热约为34000J，每立方米沼气的发热量约为20800～23600J，即1立方米沼气完全

图10.12　建设中的沼气池

燃烧后，能产生相当于0.7kg无烟煤提供的热量。将厌氧池密闭，收集沼气，然后配一台沼气发电机就可以利用这种可燃气体发电，这就是沼气发电。沼气燃烧发电是随着大型沼气池建设和沼气综合利用的不断发展而出现的一项沼气利用技术，它将厌氧发酵处理产生的沼气用于发动机，并安装有综合发电装置，以产生电能和热能。沼气发电具有创效、节能、安全和环保等特点，是一种分布广泛且价廉的分布式能源。

我国政府历来都十分重视沼气的利用，近年来，为了改善农村生活条件，投入了巨额资金用于补贴、鼓励农村地区的沼气建设。在很多地区，政府承担全部的设备、器材费用。农民只需要出力就可以建一口家用的沼气池。这项政策显然是一项民心工程，对农民朋友来讲是有百利而无一害的。以川南自贡、内江一带居住在盆地丘陵地区的广大地区为例，这里地少人多，天然气没有普及到农村地区，人们日常的生活用热主要靠焚烧秸秆，需要的量大，不卫生，效率十分低下。同时，猪羊鸡鸭等畜禽的粪便得不到有效处理，要么直接露天堆放，要么直接排入一口粪坑供农作物施肥用。这同样会滋生病菌，恶化环境，得不到有效利用。而沼气的出现，将大大改变这一现状。

根据科学试验和各地的实践，一般要求平均按一头猪的粪便量(约5kg)入池发酵，即规划建造1立方米的有效容积估算。池容积可根据当地的气温、发酵原料来源等情况具体规划。北方地区冬季寒冷，产气量比南方低，一般家用池选择8立方米或10立方米；南方地区，家用池选择6立方米左右。按照这个标准修建的沼气池，管理得好，春、夏、秋三季所产生的沼气，除供煮饭、烧水、照明外还可有余；冬季气温下降，产气减少，仍可保证煮饭的需要。在农村，按每人每天平均用气量0.3～0.4立方米计算，一个4口之家，每天煮饭、点灯需用沼气1.5立方米左右。如果使用质量好的沼气灯和沼气灶，耗气量还可以减少。

如此好的技术，必然应受到广大人民群众的热烈欢迎。而据了解，实际情况并非如此，推广工作还需要更好结合农村的实际情况。

第四节　其他发电方式

除了太阳能、风能、生物能发电之外，还有许多新型发电方式受到人们的广泛关注，并且也在一定范围内得到了应用。

一、垃圾发电

随着社会的不断发展，垃圾问题成为一项难题，以成都市为例，据资料显示，目前成都市每天产生生活垃圾5000余吨，在垃圾焚烧厂建立之前，这些生活垃圾大部分被送去距离成都市区33km处的固体废弃物处置场进行处置，不但占用了宝贵的土地资源，而且如果处理不到位，还会带来恶臭飘散、滋生苍蝇等环保问题，造成二次污染。面对垃圾泛滥成灾的状况，世界各国的专家们已不仅限于控制和销毁垃圾这种被动“防守”，而是积极采取有力措施，进行科学合理地综合处理及利用垃圾。我国有丰富的垃圾资源，其中存在极大的潜在效益。现在，全国城市每年因垃圾造成的损失近300亿元(运输费、处理费等），而将其综合利用能创造 2500 亿元的效益。垃圾发电就在这样的背景下问世了，如图 10.13 所示。

图 10.13　垃圾发电

（摘自百度百科）

垃圾发电是把各种垃圾收集后，进行分类处理。其中：一是对燃烧值较高的进行高温焚烧(同时彻底消灭了病源性生物和腐蚀性有机要物)，在高温焚烧(产生的烟雾经过处理)中产生的热能转化为高温蒸汽，推动涡轮机转动，使发电机产生电能；二是对不能燃烧的有机物进行发酵、厌氧处理，最后干燥脱硫，产生甲烷，即沼气，再经燃烧，把热能转化为蒸汽，推动涡轮机转动，带动发电机产生电能。

垃圾发电也有许多难题需要解决，最引人注目的就是发电厂焚烧垃圾会产生大量的附属物二噁英。二噁英是国际上公认的剧毒物质，对人体和周边环境的严重影响和危害是致命的。其次就是发电厂周边会有较强的臭味，尤其是在夏季，还会滋生病菌、苍蝇、蚊虫等。正因为如此，垃圾发电厂总是受到建设地居民的强烈抵制。

尽管如此，我们坚信，任何问题都是可以寻求到解决办法的，垃圾处理势在必行。简单的掩埋显然是头痛医头脚痛医脚，不能从根本上解决问题，用垃圾来发电，从理论上来讲是可行的，具有积极意义的，科学家们经过努力一定能够找到办法解决目前所面临的问题。

二、细菌发电

1910 年，英国植物学家马克·皮特首先发现有几种细菌的培养液能够产生电流。于是他以铂作为电极，放进大肠杆菌或普通酵母菌的培养液里，成功地制造出世界上第一个细菌电池。1984 年，美国科学家设计出一种太空飞船使用的细菌电池，其电极的活性物质是宇航员的尿液和活细菌。但是，那时的细菌电池放电效率较低。20 世纪 80 年代末，细菌发电有了重大突破，英国化学家彼得·彭托在细菌发电研究方面取得了重大进展。他让细菌在电池组里分解分子，以释放出电子向阳极运动产生电能。在糖液中他还添加了某些诸如染料之类的芳香族化合物作为稀释剂，来提高生物系统中输送电力的能力。2012 年 1 月，美国宇航局向海军研究实验室航天器工程学部门的格雷戈里·斯科特颁发了一笔研究经费，帮助其进行用于微型行星探索机器人的细菌供电技术的初步研究。如果取得成功，未来的微型机器人行星探险家将采用有效而可靠的微生物燃料电池，无须科学家进行干预。

三、海洋发电

海洋发电除了大家所熟知的潮汐发电外，近些年还有许多新型的发电形式，下面简单介绍两种。

1. 波浪发电

波浪发电是将波浪动能转换为电力的技术。波浪能的转换一般有 3 级：第一级为波浪能的收集，通常采用聚波和共振的方法把分散的波浪能聚集起来；第二级为中间转换，即能量的传递过程，包括机械传动、低压水力传动、高压液压传动、气动传动，使波浪能转换为有用的机械能；第三级转换又称最终转换，即由机械能通过发电机转换为电能。波浪发电要求输入的能量稳定，必须有一系列稳速、稳压和蓄能等技术来确保，它同常规发电相比有着特殊的要求。利用波浪发电，必须在海上建造浮体，并解决海底输电问题；在海岸处需要建造特殊的水工建筑物，以便收集海浪和安装发电设备。波浪电站与海水相关，各种装置均应考虑海水腐蚀、海生物附着和抗御海上风暴等工程问题，以适应海洋环境。波浪发电始于20世纪70年代，以日、美、英、挪威等国为代表，研究了各式集波装置，进行规模不同的波浪发电，其中有点头鸭式、波面筏式、环礁式、整流器式、海蚌式、软袋式、振荡水柱式、收缩水道式等。1978年，日本开始试验“海明号”消波发电船。1985年，挪威在奥伊加登岛建成500kW的岸式振荡水柱波浪发电站和350kW收缩水道水库式波浪电站向海岛供电。中国于1990年在珠江口大万山岛安装的3kW岸式波浪发电机试发电成功。

2. 洋流发电

洋流发电依靠海流的冲击力使水轮机旋转，然后再带动发电机发电。目前，海流发电站通常浮在海面上，用钢索和锚加以固定。有一种浮在海面上的海流发电站看上去像花环，被称为花环式海流发电站。这种发电站是由一串螺旋桨组成的，它的两端固定在浮筒上，浮筒里装有发电机。整个电站迎着海流的方向漂浮在海面上，就像献给客人的花环一样。这种发电站之所以用一串螺旋桨组成，主要是因为海流的速度较低，单位体积内所具有的能量小。它的发电能力通常较小，一般只能为灯塔和灯船提供电力，至多不过为潜水艇上的蓄电池充电而已。驳船式海流发电站是由美国设计的，这种发电站实际上是一艘船，所以被称为发电船更合适些。船舷两侧装着巨大的水轮，在海流推动下不断地转动，进而带动发电机发电。这种发电船的发电能力约为50000kW，发出的电力通过海底电缆送到岸上。当有狂风巨浪袭击时，它可以驶到附近港口避风，以保证发电设备的安全。

20世纪70年代末期，一种设计新颖的伞式海流发电站诞生了。这种电站也是建在船上的。这是将50个降落伞串在一根长154m的绳子上，用来集聚海流能量。绳子的两端相连，形成一个环形，然后将绳子套在锚泊于海流中的船尾两个轮子上，置于海流中串联起来的50个降落伞由强大的海流推动着。在环形绳子的一侧，海流就像风一样把伞吹胀撑开，顺着海流方向运动。在环形绳子的另一侧，绳子牵引着伞顶向船运动，伞不张开。于是，拴着降落伞的绳子在海流的作用下周而复始的运动，带动船上两个轮子旋转，连接着轮子的发电机也就跟着转动而发电。

本章小结

本章简要介绍了太阳能、风能、生物质能等目前最为常见的几种新能源发电技术，从各种发电技术的历史、发展概况、现状、存在的技术问题等多个方面进行阐述，力图让读者对新能源发电技术有一个较为完整的认识，从而激发读者珍惜能源、研究能源、开发能源的热情。

推荐阅读

1. 朱永强．新能源与分布式发电技术．北京：北京大学出版社，2010.

2. 徐青山．分布式发电与微电网技术．北京：人民邮电出版社，2011.

3.[美]马斯特斯．高效可再生分布式发电系统．王宾等译．北京：机械工业出版社，2010.

下篇

电气信息学科概论

第 11 章 电气工程及其自动化专业概论

内容提要

中国电气高等教育已走过100多年的光辉历程。100年来，电气工程学科已成为国民经济建设中具有重大影响的基础学科之一，是众多新兴学科的源头和发祥地。电气工程及其自动化专业经历了3次专业目录大调整，大大拓宽了专业口径和业务范围，增强了专业人才的适应性，在人才培养目标、人才培养方案、课程体系、实践教学体系等方面，更加体现出行业特点和专业特色。本章首先简要回顾中国电气工程高等教育发展史，然后重点介绍电气工程及其自动化专业的人才培养目标和基本要求、课程体系和课程设置，以及电气工程及其自动化专业的专业方向和研究方向等。

名言警句

欲成第一等学问、事业、人才，必先砥砺第一等品行。

——唐文治

第一节　中国电气工程高等教育发展简史

19世纪上半叶，安培发现电流的磁效应、法拉第发现电磁感应定律。19世纪下半叶，电磁理论集大成者麦克斯韦的理论为电气工程的出现奠定了理论基础。19世纪末到20世纪初，西方国家的大学陆续设置了电气工程专业。

1882年，上海电灯公司12kW蒸汽发电机组供电，标志着中国电力工业开始起步。1908年，邮传部上海高等实业学堂(后改为交通部上海工业专门学校，今上海交通大学和西安交通大学前身，图11.1)开办了我国第一个电机专修科，标志着我国开始自己培养电气工程人才，掀开了中国电气工程教育事业的新篇章。教育家唐文治(1865—1954，图11.2)先生是学堂首任监督(校长)。他在校任职14年，精心擘划，成绩卓著。在学校50周年校庆时，校友和师生募捐修建了大礼堂，命名为“文治堂”，以资纪念。唐文治先生在教学上，提出“厚植基础，博览专精”的原则，主张教古籍原书，使学生掌握古典文献的基本知识；在学习方法上，强调学生自学，学校一天只上4节课，其余时间让学生就自己的爱好进行自学。唐文治先生根据社会发展的需要，大胆对系科设置进行了调整，先后增设了铁路专科、电机专科，学制为3年，从此拉开了中国电气类专业高等教育事业的序幕。其后，我国早期的一些大学纷纷设立了电机科，如1912年的同济医工学堂(今同济大学)机电科、1920年的求是学院(今浙江大学)电机科、1923年的东南大学电机工程系、1932年的清华大学电机系、1933年的北洋大学(今天津大学)电机工程系等。20世纪20年代，“唯有电工事业勃兴，才能辅助其他工业发展”的观点已成为共识。

图11.1 邮传部上海高等实业学堂

(摘自中国大学生在线)

图11.2 唐文治

(摘自互动百科)

在旧中国，从1917年起的30余年里，电气工程高等教育事业所取得的成就和进步十分有限，与国外同期差距很大。但这一阶段积累了很多有益的经验，培养出一大批在国内外享有盛名的专家教授，如开创中国无线电学科的张廷金、中国电机工程师摇篮的创建者之一的钟兆琳、开拓中国自动化技术的张钟俊、电机大师章名涛等。

“开篇”中已介绍了我国电类专业的划分。电子信息专业是对电磁现象和以电为信息载体进行研究的专业，它们的母体是电气工程专业。电子信息和电气工程专业统称为电类专业。在1998年国家颁布的普通高等学校本科专业目录中称之为“电气信息类”(简称电类)专业。

1953年，随着中央对全国高校有计划地进行全国范围内的院系调整，不少高等院校设置了无线电系或电讯专业(即后来的电子信息专业)，我国电类专业的两大分支(电气工程和电子信息专业)基本形成，并在更广阔的领域里齐头并进。这次全国院系调整主要参考苏联的经验和模式，成立单科性的专门院校和精细划分工科专业门类。该模式的优点是增强了教学的系统性和针对性，使学生知识的专门化程度和实际动手能力有了一定的提高，一定程度上适应了当时工业和科技发展的需要。但该模式的弊端是客观上割断了学科之间的内在联系，违背了学科上综合交叉发展的规律，专业设置上分工过细，专业培养面过窄。1961年，教育主管部门对电类高等教育专业设置进行了第二次调整和撤并，专业设置口径有所拓宽，专业布局有所收缩。

20世纪60年代末到70年代初，电类专业高等教育发展停滞。直到1977年恢复高考制度后，大部分高校的“电机工程系”陆续改为“电气工程系”，之后有部分学校将其改为“电气工程学院”。改革开放后，我国在1984年、1993年和1998年先后对专业目录进行了3次大调整。在1993年颁布的专业目录工学门类中，电类专业分为电工类和电子信息类两个大类，其中电工类包括5个专业(电机电器及其控制、电力系统及其自动化、高电压与绝缘技术、工业自动化、电气技术)，而电子信息类包括14个专业。在

1998年颁布的专业目录中，电工类与电子信息类合并为电气信息类，以前两类共19个专业变为7个专业(电气工程及其自动化、自动化、电子信息工程、通信工程、计算机科学与技术、电子科学与技术、生物医学工程)，其中电气工程及其自动化专业由原电工类的前4个专业合并而成，同时国家还公布了工科引导性专业目录，将电气工程及其自动化专业由电气工程及其自动化专业和自动化专业(部分)合并而成，相当于原来电工类的5个专业。

从电类专业人才培养模式来看，20世纪50年代以前，培养模式接近美国的“通才教育”，要求学生有扎实的基础和较宽的知识面，而专业课的设置相对较少。20世纪50年代以后，学习苏联模式，专业设置越分越细，要求学生学的专业课越来越多。近十几年来，人们逐渐认识到，学生在大学里所学知识不可能享用一生，需要打好基础，因此将原先的专业课大多变为选修课，同时加强教学实践环节，强调专业间的交叉和融合，强调复合型人才的培养。电气工程专业学生要学习更多的自动化技术、信息科学、计算机科学方面的知识；电子信息专业学生要学习电机、电器方面的知识；这两个专业都要学习经济管理和人文科学的知识。

从电类专业的专业口径来看，我国的电类专业传统上分为强电和弱电专业，一般把电气工程专业看作强电专业，以强电为主，主要学习和研究电能的产生、传输和利用，而把电子技术、通信工程等专业看作弱电专业，甚至把计算机专业也看作弱电专业的一种。相比之下，国外发达国家大学的电气工程则以弱电为主，主要学习和研究电子和通信方面的内容，电力的内容则退居次要地位，其专业口径大体和我国的电气信息类(除计算机和生物医学工程以外)类似。他们以为，电子技术飞速发展，信息工程的重要性不断增加，而电力工程则相对成熟，发展减缓。因此，我国电气工程专业的专业范围仍比发达国家的要窄，进一步拓宽专业口径是必要的，以利于国际接轨和教学改革的需要。

第二节　电气工程及其自动化专业的人才培养目标

电力行业是国民经济发展的支柱行业之一，有其行业特殊性，同时电气工程及其自动化专业又有其鲜明的人才培养特色，即强弱电结合、电工技术与电子技术相结合、软件与硬件相结合、元器件与系统相结合。基于此，高校在制定人才培养方案时应遵循的原则是既培养学生的系统观念、具有宽厚的基础知识、较强的工程实践能力和创新能力，又培养学生具有高尚的道德品格和人文精神及具备良好的心理素质和较强的社会适应能力。培养学生既成人又成才，成为电力行业及地区经济社会发展的未来骨干与中坚力量。

国内各高校都有其自身的办学传统、办学理念和办学特色，学科建设、专业建设目标和定位不同，决定人才培养目标不尽相同。目前国内电气工程及其自动化专业在人才培养目标上主要体现在要培养能够从事电气工程领域工作的复合式应用型人才。总体来说，各高校人才培养目标的制定基本包括以下几点。

(1) 适应社会主义现代化建设需要，培养德、智、体全面发展，具有良好的人文社会科学素养。工科院校普遍重视培养学生面向企业的特色和动手能力的加强，以使学生受到企业的欢迎和好评。现代社会已进入一个工程时代，国际现代工程教育的趋势是科学技术的应用化、工程化。但21世纪的工程师面临的许多巨大挑战都源于非工程因素。无论从社会发展还是从人类发展的角度来看，人文素质教育都应是工程教育的重要组成部分，体现工程教育中专业教育的价值导向。工程教育从来就不是单纯的技术教育，工程教育中的专业教育所培养的应当是具有人文精神、能综合运用专业技术知识为社会服务的技术人才，专业教育与人文素质教育相互结合、相互渗透、相互制约、共生共存，才是完整的工程教育。合格的电气工程师应掌握马列主义、毛泽东思想、邓小平理论和“三个代表”重要思想的基本原理，树立马克思主义的世界观、人生观和价值观，具有良好的人文素养，具有健康的体魄、健全的人格。

(2) 具备一定管理科学基础知识。电气工程师要学习一定经济知识，要有经济头脑和经济管理的能力。电气工程技术工作是为电气建设服务的，评价一项技术工作的成果首先要看项目的经济效益。所以在工业生产和建设中，技术和经济有密切联系。以电站设计为例，如果工程师不顾分析生产成本和工程造价，不预测电力市场趋势，就无法进行合格的设计。

(3) 具有扎实的数理基础知识、计算机知识。电气工程及其自动化专业的专业课程偏难，课程类别的跨度广，如《电机学》、《电磁场》等。对于工科类专业，理和工是相结合的，对数学和物理的要求较高，几乎每一门专业课都要有较好的数学基础。电气工程及其自动化专业中很多课程和物理的联系相对较多，如《电磁场》就是高中物理和大学物理关于磁场方面理论的深入研究，专业基础课《电路分析》也与高中物理中电方面的内容有较多联系。同时学习本专业还需要有较强的计算机能力，如《微机原理》、《计算机控制技术》等。因此，电气工程及其自动化专业的专业课程需要学生具备较宽的自然科学基础。

(4) 掌握一门外语，具有较强的听、说、读、写能力，能阅读本专业的外文资料。外语能力对电气工程及其自动化专业尤其重要，众多最新的科研成果和新型设备的说明一般都以外文形式呈现。

(5) 掌握本专业领域必需的较宽的基础理论知识，主要包括电工技术、电子技术、电气传动与控制技术、计算机应用技术、工业控制网络技术、控制理论、信息获取与处理、电网技术等方面的基本理论和基本知识。电气工程是一门强弱电结合、机电结合、软硬件结合，注重实践，综合性较强的学科，可以说，所有与电相关的专业、课程都可以涵盖在其中。

因此，电气工程及其自动化专业培养要使毕业生在电气工程、自动化与计算机技术应用相关领域，具有科学研究、技术开发、系统运行、设备管理与维修、工程技术管理等能力，同时要具备健全人格、思维活跃、视野开阔，较强综合素质和一定的创新精神，成为宽口径复合型高级工程技术人才。

不同的大学在培养方案上都有各自的侧重点。例如，华中科技大学电气工程及其自动化专业跨电气工程、计算机科学与技术、控制科学与工程3个学科；武汉大学电气本科生培养向电气信息大类拓展；华北电力大学是一所具有鲜明电力行业特色的重点大学，立足电力，服务全国，面向世界；浙江大学电气工程及其自动化专业以其师资雄厚，基础扎实，办学条件一流而著称，培养具有知识创新能力的宽口径、复合型高级工程技术人才和管理人才，具有求是创新精神和国际竞争力的未来领导者；西安交通大学电气工程学科专业是我国高校电工学科创建最早的，在我国高等工程教育史上占有重要的地位，其重要特色是专业方向齐全；重庆大学电气工程与自动化专业面向电能生产、传输、分配、应用和信息技术等领域培养人才；四川大学侧重发输电领域，“发电厂电气部分”、“发电厂变电站综合自动化”、“电力市场运营系统”等是必不可少的课程；西南交通大学侧重轨道交通领域，设置的课程主要面向铁路用电，如“牵引供电系统分析”、“牵引供电变技术”、“电气化铁路接触网”等。

电气工程及其自动化专业培养的基本要求是具有从事电气工程领域工作所需的较为扎实的数学、物理等自然科学知识及一定的经济管理知识；系统掌握本专业领域必需的技术基础理论与基本知识，主要包括电工技术、电子技术、信号与系统、电机学、电力电子技术、自动控制理论、计算机软硬件、电气工程基础等；获得较好的工程实践训练，具有熟练的计算机应用能力，具有综合运用所学学科理论与技术手段分析并解决工程实际问题的能力；了解电气工程学科领域的理论前沿、应用和最新发展动态，具有该专业领域内一个专业方向的基本专业知识与实际操作技能技能；具有较强的创新意识和创新能力，自我获取知识的能力，适应社会的能力，人际交往能力和团队协作精神；具有一定的科学研究、技术开发和组织管理的实际工作能力；熟练掌握一门外国语，有较强阅读本专业英文技术文献的能力，并具有较好的英语口语交流能力；具有良好的思想品德、文化素养和身心素质。

第三节　电气工程及其自动化专业课程体系

课程体系是指一个专业的课程模块相互间的分工与配合所构成的知识框架，教学计划必须围绕这个框架进行而构成的体系。高等学校课程体系包括理论课程体系和实践课程体系，主要反映在基础课与专业课、理论课与实践课、必修课与选修课之间的比例关系上。课程内容应充分反映电气工程领域的新技术、新设备及新的电力市场运营机制等；实践课程要融合专业理论知识体系和实践能力培养要素。课程体系是否合理直接关系到人才培养质量。因此，我们应努力将课程体系构建成以“高素质、强能力、应用型”为目标，“宽口径”与“适应性”有机结合，“素质教育”与“创新教育”协调统一，优化理论课程、强化实践环节，培养符合社会需求的高素质应用型人才。

电气工程及其自动化专业是1998年教育部在新的普通高等学校本科专业目录中，把原专业目录中的电力系统及其自动化、电机电器及其控制、高电压与绝缘技术和电气技术4个专业合并组成的，新专业体现了“宽口径、厚基础、强能力、高素质”的人才培养原则。

电气工程及其自动化专业的特点是强电与弱电相结合、软件与硬件相结合、元器件与系统相结合、信息与能量相结，具有交叉学科的性质，是电力、电子、控制、计算机多学科综合，使毕业生具有较强的适应能力，是“宽口径”专业。据不完全统计全国有200多所院校设有电气工程及其自动化专业。由于电气工程及其自动化专业涉及电工技术、电子技术、电力技术、电器技术、自动控制技术、计算机及其应用技术等诸多学科和技术领域，新专业目录颁布后，各高校都根据自己的历史沿革和办学现状及条件，在同一专业名称和目录下，围绕各自的专业方向和培养目标，制定体现出各自学校的办学特色的课程体系。有的学校侧重于强电，有的学校侧重于弱电；有的学校偏于电力系统及其自动化，有的学校偏于电机与电气。因此，如何基于本校的实际条件，构建系统性的、特色鲜明的课程体系，是电气工程及其自动化专业培养合格电气工程技术人才的关键，也是一个值得深入研究的课题，迄今仍无标准方案。

目前电气工程(一级学科)为国家重点学科的高校有清华大学、浙江大学、华中科技大学、重庆大学、西安交通大学。电机与电器(二级学科)为国家重点学科的高校有河北工业大学、沈阳工业大学、哈尔滨工业大学。电力系统及其自动化(二级学科)为国家重点学科的高校有天津大学、华北电力大学、西南交通大学、海军工程大学。高电压与绝缘技术(二级学科)为国家重点学科的高校有哈尔滨理工大学。电力电子与电力传动(二级学科)为国家重点学科的高校有中国矿业大学、合肥工业大学。国家重点(培育)学科的高校有上海交通大学、山东大学(电力系统及其自动化)、南京航空航天大学、西南交通大学(电力电子与电力传动)、湖南大学(电工理论与新技术)。本节通过对多所国内电气工程及其自动化专业传统强校的课程体系的比较分析，将电气工程及其自动化专业课程体系的共性和特色展现如下。通过介绍，让大家对电气专业课程体系能有清楚的认识，有助于本专业的学习，并且能更好地把握专业方向。

一、课程体系基本架构

电气工程及其自动化专业课程体系包括理论课程体系和实践课程体系。在理论课程体系方面，从课程类别上划分，分为通识教育基础课程、学科基础课程、专业课程，专业课程一般又分为专业基础和专业选修课程。图 11.3 为部分高校电气工程及其自动化专业平均课时分布比例图。这些课程构成了本专业大学生由基础到专业、由点到面、由共性到个性的知识体系。

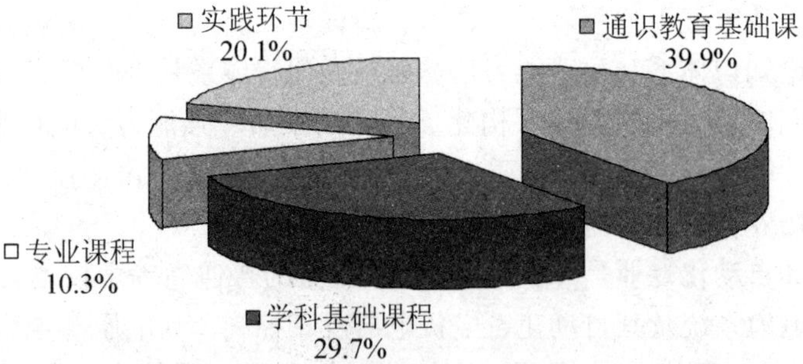

图 11.3　部分高校电气工程及其自动化专业平均课时分布比例图

(摘自《电气工程概论》)

通识教育基础课程属于基础性的自然科学与社会科学知识，主要培养大学生的综合素质，引导学生完成由中学阶段的被动式学习向大学阶段自主式学习的转变，为即将涉足专业知识奠定理论与精神基础。主要课程有人文社会科学类课程，包括政治、经济、管理、英语；自然科学基础类课程，包括数学、物理、化学等。

学科基础课程为电气工程学科不同专业方向的学生共有的专业知识体系，既形成某一专业方向的基础，又形成不同专业方向转换的桥梁。主要课程有电路原理、电子技术、电磁场、自动控制原理、信号与系统、微机原理与应用、计算机程序设计基础等。

专业课程构成了电气专业领域内系统的知识体系，呈现出电气工程及其自动化专业不同的专业方向，体现了本专业的专业特色，提高本专业学生在某一专业领域的知识层次。在专业课程设置方面，有的学校主要以与电气工程相关的电力系统、电力系统及其自动化、电机、电器、高压与绝缘技术等为主干，电气工程方面特色体现得非常明显；有的学校基本上按过去的工业电气自动化专业的培养方向和目标设置专业课程，主要以电力拖动及其控制为主干，强、弱电结合，较少涉及电力系统，电气传动与控制为基础的工业自动化方面的特色比较明显；有的学校则以强电为特色，以电力系统的分析与运行为主干，涉及高电压、电力系统继电保护和绝缘材料，辅之以电力拖动与控制，基本上体现了电气工程及其自动化专业的内涵；有的建筑类院校则以建筑电气为特色，以建筑供配电为主干，建筑强弱电结合，涉及建筑供配电、照明、弱电系统和建筑设备控制；也有的学校以本校的学科优势为基础，侧重于电子技术和计算机技术的应用，以弱电计算机控制为特色。

实践课程体系着重实现理论与实际的联系，提高学生的实践工作能力与实际动手能力。实践包括课程实验和集中实践环节。按照学生学习过程中的认知规律和实践教学自身的客观规律，各高校研究建立了从低年级到高年级循序渐进、由浅入深，从认识性实践，到验证性、设计性、综合性及创新实践的实践教学体系。电气工程及其自动化专业实践课程体系如图 11.4 所示。

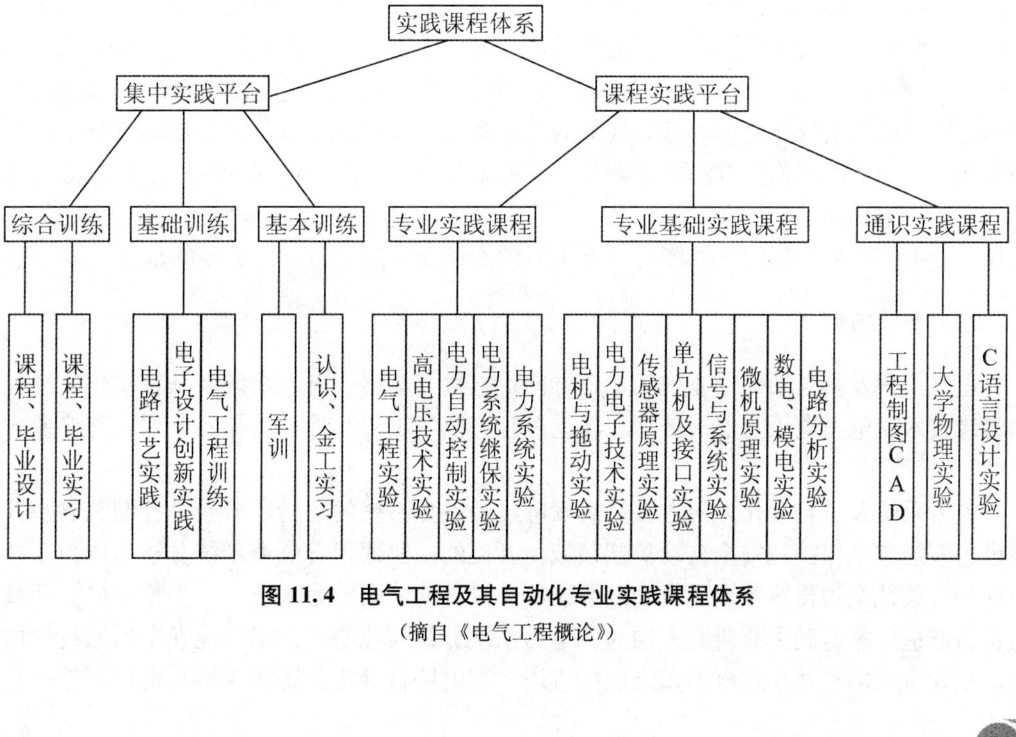

图 11.4 电气工程及其自动化专业实践课程体系

(摘自《电气工程概论》)

二、电气工程及其自动化专业的主干课程

电气工程及其自动化专业主干课程包括电气工程、计算机科学与技术、控制科学与工程。主干课程有电路分析、电磁场与电磁波、电子技术基础、计算机技术、信号与系统、自动控制原理、电机学、电力系统分析、电力电子技术技术、电气工程基础等。

“电路分析”是电类及相关专业开设的一门重要的专业技术基础课程之一。通过学习使学生掌握集中参数、线性、时不变电路的基本理论和基本分析方法，进行实验的基本技能，并为后续课程准备必要的电路知识。本课程理论严密，逻辑性强，对培养学生的辩证思维能力，分析计算能力，实验研究能力有着重要的作用。

“电子技术基础”分模拟电路和数字电路两门电类专业重要的专业技术基础课。通过学习使学生获得模拟电子技术和数字电子技术方面的基本理论、基本知识和基本技能，比较系统地掌握一些常用电子元器件和基本电子电路及数字电路与系统的工作原理和分析设计方法。本课程是实践性很强的课程，培养学生分析和解决问题的能力，为后续有关课程的学习奠定基础。

“自动控制原理”是电气工程及其自动化专业的一门重要的专业基础课程。通过学习使学生不但要掌握经典控制理论的基本概念、系统数学模型，同时要掌握分析和设计线性控制系统的时域分析法、根轨迹法、频率特性法及非线性控制系统的相平面法和描述函数法，为以后的现代控制理论、过程控制工程及其他高等控制理论打下坚实的基础和良好的知识准备。

“电机学”是电气工程及其自动化专业的一门重要的专业基础课程。从应用的角度出发，分析变压器、直流电机、异步电机和同步电机 4 类主要电机的基本结构、工作原理、电磁关系和运行特性。通过该课程的学习使学生掌握电机的基本理论和基本分析方法，为掌握本专业和学习后续课程打下理论基础，并为今后工作中解决工程实际问题做好准备。

“电力系统分析”是电气工程及其自动化专业的一门重要的专业基础课程。通过学习，让学生掌握电力系统在稳态运行条件下的基本概念，潮流计算以及有功功率与频率、无功功率与电压调节的理论和方法；掌握各种故障条件下的电流、电压计算；掌握电力系统受扰后发生稳定性问题的概念和分析方法，从而形成对电力系统较全面的认识，掌握分析、处理电力系统一般运行问题的能力，并为后续专业课程的学习建立必要的基础。

三、专业方向

电气工程及其自动化专业包括几个方向：电机与电器、电力系统及其自动化、高电压与绝缘技术、电力电子与电气传动、新能源等。电气工程及其自动化专业课程与专业方向如图 11.5 所示。

电力系统及其自动化方向主要针对发电厂及电力系统的运行、分析、控制和管理，以及电力系统继电保护和安全自动控制领域。开设的主要课程有电力系统分析、电力系统继电保护、柔性电力传输系统、供配电系统等。该方向面向电力系统、大中型工矿企业及电力设备制造厂家。其主要研究方向为：电力系统分析与控制、人工智能在电力系统中的应用、现代电力电子技术在电力系统中的应用、配电网自动化、智能保护与变电站综合自动

化、电力系统故障分析与诊断、电能质量分析与监测、电力系统调度自动化、FACTS及直流输电、电力系统安全防御与恢复控制等。

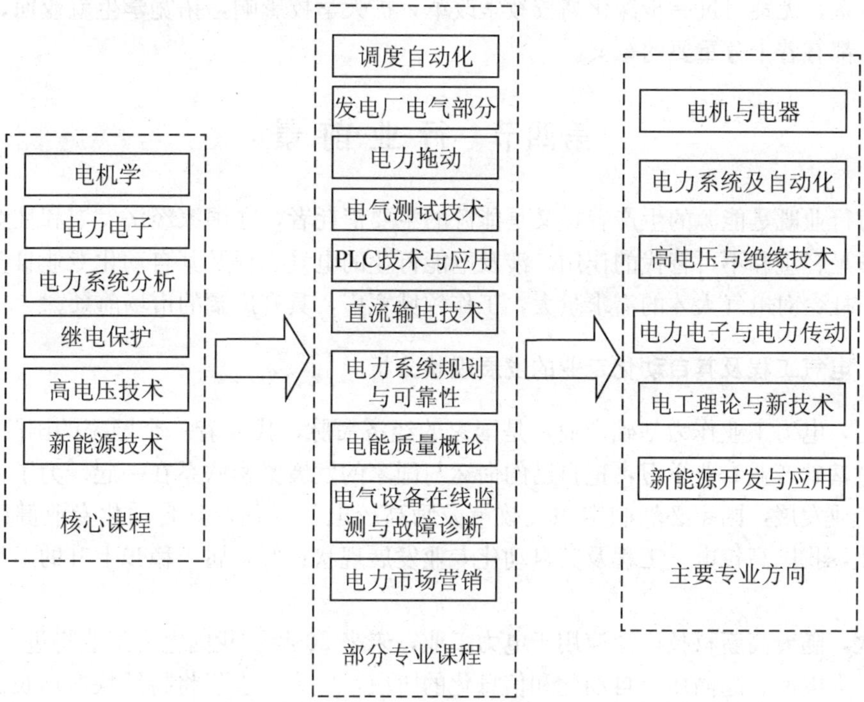

图 11.5　电气工程及其自动化专业课程与专业方向

（摘自《电气工程概论》）

电机与电器方向广泛应用于电力系统、电气传动系统、国防、交通运输、工矿企业和日常生活的各个方面，适应性强。开设的主要课程有电力电子装置及应用、可编程控制器系统、电机控制技术等。

高电压与绝缘技术的主要研究方向有电力系统过电压与绝缘配合、电力系统接地技术、电力设备绝缘技术与绝缘材料、气体放电理论及其应用、电力设备在线监测与状态维修、高电压新技术(脉冲功率技术、等离子体应用等)。

新能源开发与应用方向主要针对可再生能源发电及并网的控制、运行与管理。开设有新能源及分布式发电技术、风力发电技术、发电系统的组网与并网技术等课程。该方向围绕电力系统中的能源与环境可持续发展问题，涵盖可再生能源转换、利用与节能减排技术，是当今电力系统关注的重点和发展方向。

电力电子与电气传动主要研究新型电力电子元器件、电能的变换与控制、功率源、电力传动及其自动化等理论技术和应用。开设的主要课程包括现代电力电子技术、电机拖动、交直流调速、自动控制理论、MATLAB、微机原理、单片机等课程，是直流输电、电机节能控制、电机变频调速、感应加热、运动控制等研究方向的重要理论基础，在现实生活和工业生产中占有重要的地位。

电气工程及其自动化专业具有很强的学科交叉和融合能力，各个高校设置各具特色的电气专业培养方案和课程体系，均为适应当前电气信息产业快速发展。实践证明，构建真正的、有效的、持续健康发展的完善的课程体系，是我们培养高素质电气人才的保证。电气工程及其自动化专业未来将有较大的发展前景，专业范围扩大，制定面向社会需求的专业课程体系，无疑对进一步深化高校教学改革，扩大学校影响，拓宽学生就业面，提高教学质量，都有着十分重要的意义。

第四节　行 业 前 景

电力行业既是能源的生产者，又是能源的主要消耗者，在国家经济发展和社会进步中发挥着举足轻重和不可替代的作用。涉及电能行业的电气工程及其自动化专业日益成为热门专业，社会对电气人才的需求量大，工作领域宽广，具有广阔的市场前景。

一、电气工程及其自动化专业的发展现状分析

首先，电力工业作为基础产业，是国家的经济命脉，代表着一个国家的国际竞争力。进入国家基础产业专业学习，把自己的命运与国家的发展紧密联系在一起。为了保证国家的基础产业发展，国家必然制定相关政策鼓励高校电气工程及其自动化专业健康快速发展。由此，我国高校电气工程及其自动化专业发展现状良好，属于稳步上升的新型技术行业专业。

其次，随着高新科技广泛应用于电力工业，未来 20 年，我国电力工业将进入大机组、大电厂、大电网、超高压、自动化和信息化的阶段，电力需求仍将持续快速增长。我国电力工业的高速发展，以及社会上各行各业对电气工程专业技术人员的大量需求，为电气工程专业的毕业生施展才华提供了广阔的舞台，也提供了大量的就业机会及就业岗位。但同时我们也应该看到，中国电力工业的发展正在趋于成熟。当前，培养出一批又一批电气工程及其自动化专业高端精英人才是当前各大高校的重要发展课题。

二、电气工程及其自动化专业的就业形势

电气工程及其自动化专业的培养目标是由原来的电力系统及其自动化专业、电机与电器专业、高电压与绝缘技术专业、信息工程专业整合而成的新专业。该专业的特点是强弱电结合、电力与电子技术相结合、软件与硬件设备结合的特点，旨在培养德、智、体、美全面发展，知识、能力、素质协调发展，能独立分析和解决问题，具有创新意识，适应电气信息工程领域各项工作的复合型高级人才。

因此，电气工程及其自动化专业触角已经伸向了各行各业中，小到一个开关的设计，大到宇航飞机的研究，都有它的身影。电气专业毕业生能够从事与电气工程有关的系统运行、自动化控制系统、电力电子技术、信息处理、试验技术、研制开发、经济管理及电子与计算机技术应用等领域的工作，是宽口径、复合型高级工程技术人才。该领域对高水平人才的需求很大。

电气工程及其自动化专业毕业生具体就业方向有电力系统、国防、科研院所、航空航天、电子、交通、建筑、机械、能源、信息工程、汽车工业、仪器仪表、家用电器等领域，以及高校、厂矿企事业和公司等单位工作。电力系统单位主要包括发电企业、电网企

业和电气设备制造公司三大类。除此之外还含有电力设计院、电力规划院、电力建设、电力科研开发等部门。我国现有的国有大型发电集团有中国华能集团、中国大唐集团、中国华电集团、中国国电集团和中国电力投资集团；电网公司有国家电网公司和南方电网公司；电气设备制造企业有上海电气电站、新疆特变电工等，一些毕业生也选择到跨国公司等外企工作，比较典型的有 SIEMENS、ABB、SCHNEIDER 等。

近年来，电气工程及其自动化专业的毕业生的供求比例一直都保持在 1∶10 左右，这种状况在今后的几年内不会有太大变化。但随着我国电力工业的不断发展，可以肯定的是，电力企业对人才的需求度将趋于饱和，对人才的需求已开始着眼于复合型、专业化和高学历的毕业生，电力部门对人员素质的要求逐年提高。就供电企业而言，在 2003 年，电气工程及其自动化专业的本科毕业生很大一部分都在省会或市级供电局工作；但 2008 年的该专业的本科毕业生更多的是在县级供电局任职。所以，现在越来越多的本科生会在本科毕业时选择考研。

现代社会的高速发展，考研也成为大势所趋。对于电气工程及其自动化专业的本科生也未能例外。作为电力企业，尤其是层次比较高的用人单位，一般都会有选择地到一些特定院校挑选优秀毕业生，如清华大学、华北电力大学、西安交通大学、北京交通大学、武汉大学、重庆大学、天津大学、浙江大学、长沙理工大学、东北电力大学等。

无论是本科毕业生选择直接就业，还是继续深造，在整体行业发展中起到的作用都同等重要。丰富的经验积累，使得我们从工作中锻炼自己的沟通能力，培养自己的领导素质；完善的知识结构，使得我们在更深的层面上提高自己的才能。

本章小结

本章从专业角度提出了电气工程及其自动化专业人才培养目标和基本要求、课程体系和课程设置，以及电气工程及其自动化专业的专业方向和研究方向等。

推荐阅读

1. 王娟，郑红梅．电气工程及其自动化的历史与发展现状．技术与市场，2012(07)：P110.

2. 陈颖．电气工程及其自动化专业应用型人才培养方案改革——以湖南工业大学电气与信息工程学院为例．科技信息，2012(31)：P54－P55.

3. 卢峥，陈居现．电气学科专业建设探索与实践．中国电力教育，2011(10)：P165－P166.

4. 杨占苍．100％科研经历带来 100％就业．中国教育报，2009，3(10).

5. 张安安，王洪诚，李红伟．创新型特色电气工程专业建设的探索与实践．中国电力教育，2010(12)：P34－P35.

6. 周震，汤勉刚．电气工程及其自动化专业学生实践能力培养模式初探．高教论坛，2006(08)：P87－P88.

第12章 自动化专业概论

内容提要

中国的自动化专业最早源于1952年全国高等院系调整时首批设立的专业之一——工业企业电气化，第一次正式被称为“自动化专业”是在1995年国家教育委员会(简称国家教委)颁布的工科本科引导性专业目录中，发展到目前为止，全国设有自动化专业的高等院校已有400余所。虽然我国自动化专业的名称多次改变、专业内容不断调整，但是在专业培养目标上，一直坚持宽口径“通才”的培养模式，即重基础，重创新，重实践。培养的学生基础扎实、知识面广。本章首先简要回顾中国自动化专业高等教育发展简史，然后重点介绍自动化专业人才培养目标，最后以部分著名高校自动化专业课程体系和课程设置的基本情况，阐述自动化专业在人才培养的基本特点和就业方向。

名言警句

高等学校的学习是打基础的时期，应该强调学好基础课程。

——钱学森

正确的结果是从大量错误中得出来的；没有大量错误做台阶，也就登不上最后正确结果的高座。

——钱学森

第一节　中国的自动化专业高等教育发展简史

自动化科学(或称控制科学)是以控制论为理论基础，并与系统论、信息论密切相关的一门技术科学，属于应用基础科学的范畴。自动化科学与技术是指建立各种类型自动化系统的相关理论与实现技术的综合，是在与自然科学、技术科学和管理科学等多个领域渗透和交叉中发展起来的。下面简单回顾一下中国的自动化专业高等教育的发展过程。

工业革命有力地推动了各类机械系统的自动化，使人类社会进入了机械化时代。1935—1936年，麻省理工学院教授诺伯特·维纳(1894—1964，图12.1)作为客座教授任职清华大学电机系和数学系期间，在与清华大学电机系李郁荣教授对电网络的合作研究中设计出了很好的滤波器，成为他1948年发表《控制论》的基础之一。维纳后来在名为《我是一个数学家》的著作中说："我宁愿选择我在清华大学担任客座教授的1935年作为创立控制论的起点。"维纳《控制论》的发表，宣告了这门新兴学科的诞生。

图12.1　诺伯特·维纳

（摘自百度图片）

1954年，钱学森(1911—2009，图12.2)的著作《工程控制论》英文版在美国问世，并于1958年由戴汝为和何善堉译为中文出版。从此，以信息和控制为特征的自动化正式进入了科学技术的舞台。

自动化学科专业高等教育始于20世纪40年代。美国、西欧和苏联的一些大学率先开设伺服机构和自动调节的课程。20世纪40年代中期，张钟俊教授在重庆九龙坡交通大学讲授"伺服机构原理"课程；1948年，张钟俊教授又在上海交通大学为大学生和研究生讲授"伺服机构原理"课程，浙江大学等也在1951年以后开设此类课程。1952年，哈尔滨工业大学在苏联专家帮助下创办"工业企业电气化"专业。此后，一些高等院校的电机工程系相继设置"工业企业电气化"专业，即我国现今自动化专业的前身。当时，苏联援助我国兴建156个大型工业企业，急需电气自动化方面的工程技术人才，而培养这类专业技术人才，很符合当时及随后我国工业建设的需要。

1955年，基于国家对自动化人才的急需，从清华大学电机系高年级抽调两届优秀学生，从全国各重点高等学校相近专业高年级抽调287名优秀学生，由钱学森和郎世俊教授主持在清华大学举办全国自动化学习班，为我国培养出第一代自动化人才。1956年起，在清华大学、西安交通大学等一批重点高等院校相继建立自动控制专业，开始时称为"自动学与远动学"专业，由于专业面向国防，当时不少学校的"自动控制"专业属于保密专业。哈尔滨工业大学除"工业企业电气化"外，还建立了"自动学、远动学与量测仪表"专业，侧重于培养"仪器仪表制造"方面人才。1958年，清华大学等一批重点高等院校先后建立自动控制系或行业性自动控制系(如航空自动控制系)等。同时，中国科学技术大学在1958年率先成立自动化系。

图12.2　钱学森

（摘自百度图片）

到了20世纪60年代，专业名称改为"工业电气化及自动化"，20世纪70年代末恢复招生时又改为"工业电气自动化"。这不只是专业名称上的变化，而是有其深刻内涵的。它反映了我国工业从"电气化"一步一步向"自动化"迈进的真实历史与发展趋势，反映了我国自动化专业如何急国家所急、为国家经济建设服务的真实历史与发展总方向。1993年，在历经4年之久的全国第3次本科专业目录修订工作完成后，国家教委颁布了称之为"体系完整、比较科学合理、统一规范"的"普通高等学校本科专业目录"，将"工业电气自动化"和"生产过程自动化"两个专业合并成立属于电工类的"工业自动化"专业，并由当时的机械工业部(今工业和信息化部)归口管理成立高等学校工业自动化教学指导分委员会，负责全国"工业自动化"专业的教学指导工作；与此同时，“自动控制”专业则被归属到电子信息类，并由当时的电子工业部(1998年被撤销，其原有职能由信息产业部执行)归口管理成立高等学校自动控制教学指导分委员会，负责全国“自动控制”专业的教学指导工作。经过这次专业调整，进一步明确了“工业自动化”专业与“自动控制”专业的“强弱电并重、软硬件兼顾、控制理论和实际系统相结合，面向运动控制、过程控制和其他对象控制”的共同特点与培养目标，也基本确定了“工业自动化”专业偏重强电、偏重应用，“自动控制”专业偏重弱电、偏重理论的专业特点与分工格局。

1995年，国家教委颁布了“(高等学校)工科本科引导性专业目录”，将电工类的“工业自动化”专业与原电子信息类的“自动控制”专业合并为新电子信息类的“自动化”专业。由于这是引导性专业目录，不属于强制执行，再加上将“工业自动化”这一强弱电并重的专业“并入”属于弱电专业类的电子信息类不利于专业的发展，因而许多学校仍然保持“工业自动化”专业与“自动控制”专业并存的局面。1996年，国家教育部再次委托当时的机械工业部与电子工业部分别成立新的一届(即第二届)归口管理的高等学校教学指导分委员会，使得这一引导性专业并未得到有效的实行。1998年，为适应国家经济建设对宽口径人才培养的需要，进一步合并专业，与国际“通才”教育接轨，国家教育部公布了经第4次修订的最新“普通高等学校本科专业目录”。在沿用至今的该目录中，专业总数从第3次修订后的504种大幅度地减少到了249种，将原目录中属于强电专业类的电工类与属于弱电专业类的电子信息类合并为强弱电合一的电气信息类，同时将原属于电工类的“工业自动化”专业与属于电子信息类的“自动控制”专业正式合并，再加上“液压传动与控制”专业(部分)、“电气技术”专业(部分)与“飞行器制导与控制”专业(部分)，组成新的(强制执行的)属于电气信息类的“自动化”专业。

第二节　自动化专业的人才培养目标

根据社会对自动化人才在不同时期的要求不同，不同历史时期高等院校、科研院所对自动化人才的培养目标将会不同：从专业培养目标来看，我国经历了面向行业的自动化专才逐步向拓宽口径专业转变，再发展到现行的跨行业、宽口径“通才”的培养目标。

根据我国高等教育的体系结构，结合我国仍是发展中国家的实际国情，对自动化学科专业培养目标一般按研究主导型、工程研究应用型、应用技术主导型、技术技能型4类人才进行培养。其中，研究主导型自动化本科专业人才的培养目标是，为培养一流高水平的自动化研究、工程应用、应用技术及其复合人才奠定基础，这一类型的相当一部分本科毕业生将进入高一层次的学位教育；工程研究应用型自动化本科专业人才的培养目标是，为培养具有实际工程能力的自动化应用研究与开发、应用技术及其复合型人才奠定基础，这一类型的部分本科毕业生将进入高一层次的学位教育；应用技术主导型自动化本科专业人才的培养目标是，培养具有解决实际问题能力的自动化应用技术及其复合型专门人才，这一类型的绝大多数本科毕业生将直接进入社会并能很好地适应社会的要求；技术技能型人才主要培养在生产、实验、试验一线从事自动化生产技术和管理的技术型、技术与技能复合型人才及高级自动化控制系统岗位的操作、调试和维护的智力技能人才。

具体而言，国内各高校有都其自身的办学传统、办学理念和办学特色，学科建设、专业建设目标和定位不同，决定人才培养目标不尽相同。下面将介绍几所国内大学自动化专业在人才培养目标上的特点。

(1) 清华大学自动化系本科生培养目标：通过各种教育教学活动，培养学生具有健全人格，以及高素质、高层次、创造型人才所应具备的人文精神，人文和社科方面的背景知识，国际化视角和创新精神，提出并解决带有挑战性问题的能力，进行有效的交流与团队合作的能力，跟踪和发展自动化新理论、新知识、新技术的能力；掌握自动化领域扎实的基础理论、专门知识和基本技能，并能运用所掌握的理论、知识和技能，在国民经济、国防和科研方面从事有关运动控制、过程控制、机器人智能控制、导航制导与控制、现代集成制造系统、模式识别与智能系统、生物信息学、人工智能及神经网络、系统工程理论与实践、新型传感器、电子与自动检测系统、复杂网络与计算机应用系统等某些方面的科学研究、技术开发、教学管理工作。

(2) 浙江大学自动化专业培养目标：具有电工技术、电子技术、控制理论和智能控制理论、计算机技术与应用、计算机网络技术、信息获取与处理技术、系统工程等较宽广领域的工程技术基础和专业知识，能在运动控制、工业过程控制、电力电子技术、检测与自动化仪表、计算机应用技术、信息处理、管理与决策等领域从事系统分析与集成、设计与运行、研究与开发、管理与决策等方面工作的高级工程技术人才。

(3) 上海交通大学自动化专业培养目标：经过系统的教育和教学活动，把学生培养成德、智、体全面发展，具有“宽厚、复合、开放、创新”的特征，掌握自动化和控制工程的先进技术的高级专门人才。

(4) 西安交通大学自动化专业培养目标：具有从事系统设计、分析、仿真、控制、优化和决策的知识和技能，能够从事自动化检测装置、工业过程控制与综合自动化、模式识别与智能机器人、导航与飞行器控制、系统设计与优化等领域的研究与应用，使之成为德、智、体全面发展的高素质、创造性的高级技术人才。本专业是一个适用于工业、农业、交通、能源、国防等众多领域的宽口径专业。

(5) 东南大学自动化学院前身为自动控制系，东南大学自动化专业的培养目标：学生应德、智、体全面提高，知识、能力、素质协调发展；具有扎实的数学、自然科学、人文社会科学和工程技术基础理论，系统宽厚的自动化专业知识和实践能力，具有在广泛领域从事自动化理论、技术与系统的科学研究、产品开发、工程设计和教学工作的能力；坚持贯彻创新教育、素质教育、终身教育理念，以培养具有扎实的自动化工程基础、“高层次、复合型、创新性、多样化”的高素质科学研究与工程技术人才。

(6) 天津大学自动化专业培养目标：本专业培养的学生要具备电工技术、电子技术、控制理论、自动检测技术与仪表、住处处理、系统工程、计算机技术与应用、网络技术等较宽广领域的工程技术基础和一定的专业知识，能在运动控制、工业过程控制、电力电子技术、检测与自动化仪表、电子与计算机技术、信息处理、管理与决策等领域从事系统分析、系统设计、系统运算、科技开发及研究等方面工作的高级工程技术人才。

(7) 中国科学技术大学自动化专业培养目标：本专业培养适应我国社会主义建设实际需要，德、智、体全面发展，具有坚实的数理基础和电子技术基础，系统掌握自动化的基础理论、基本知识、基本技能和基本方法，熟练掌握以计算机为核心的现代仪器与仪表技术，熟练掌握英语，能够顺利地阅读本专业的英文文献，受到严格的科学思维训练和全面的素质教育的专门人才。学生毕业后可到科研院所、高等院校、高新技术公司等企事业单位，从事自动化、计算机、智能仪器、通信等方面的研究、设计、开发、应用和教学工作。

第三节　自动化专业课程体系

本节所讨论的自动化专业课程体系主要指本科阶段。

自动化学科在信息技术的发展推动下，获得了全方位的大发展。控制学科作为自动化专业的学术核心，由单纯的工业企业控制科学发展到与管理相结合的，数字化、网络化、集成化、智能化信息化的控制科学。一方面，使得自动化学科成为一门真正的多学科交叉的新兴技术学科；另一方面，这也大大扩展了自动化科学技术研究领域和内容，控制对象逐渐扩展，如机器、设备、系统、过程乃至生物、经济、人口等，类型越来越多、规模越来越大和特性越来越复杂，同时涉及的领域和覆盖的内容越来越广。

自动化本科专业的设置不是为了某特定应用背景而设置的，培养模式不同于面向行业的知识专才模式，而是面向跨行业宽口径的通才知识结构模式，同时兼顾行业专业知识结构与技能的训练。培养创新人才的办学理念对本科生培养提出了较高的要求，除了需要具备扎实的专业基础理论和专业知识外，还要有较高的专业素质和综合技能，要具备专业延伸和拓宽、学科交叉和融合的能力；同时也要具备快速知识更新，跟踪前沿技术和创新创造的意识。正是基于上述目标，因此要求学生应获得以下几个方面的知识和能力。

(1) 具有较扎实的数学、物理等自然科学的基础知识，具有较好的人文社会科学、管理科学基础和外语综合能力；因此必须学好高等数学、概率论、复变函数、线性代数、大学物理、大学英语等基础课程。

(2) 系统地掌握本专业领域必需的较宽的技术基础理论知识，主要包括电路理论、电子技术、控制理论、电机与拖动、信息处理、计算机软硬件基础及应用等。

(3) 具有本专业领域内的专业知识与技能，了解本专业学科前沿和发展趋势。

(4) 获得较好的系统分析、系统集成、系统设计及系统开发方面的工程实践训练。

(5) 具有较强的工作适应能力，具备一定的科学研究、科技开发和组织管理能力。

在大平台教学培养理念下，自动化专业的知识结构进一步充实，建立了“以控制科学为核心，具备扎实的计算机应用技能，电子和通信学科基础知识，电气电力知识与应用技能的比较厚实的课程体系”。因此，自动化专业一直坚持宽口径“通才”培养模式，培养的学生基础扎实、知识面广，具体而言就是“重基础，重创新，重实践”。在课程设置上一般按照通识基础教育平台、文理基础教育平台(大类课程)、专业教育平台和实践教育平台4个模块进行划分。

一、自动化专业课程体系基本结构

自动化专业课程体系包括理论课程体系和实践课程体系。在理论课程体系方面，从课程类别上来划分，分为通识教育基础课程、学科基础课程、专业课程。其中，学科基础课程可进一步细分为大类基础课程和专业基础课程，专业课程也可细分为专业核心课程和专业方向课程(专业选修课程)。因此各大高校在课程设置的分类上不完全相同，但模块的划分上基本相似，图 12.3 所示为部分高校自动化专业课程体系学时分布基本结构(占整个课程的百分比)。

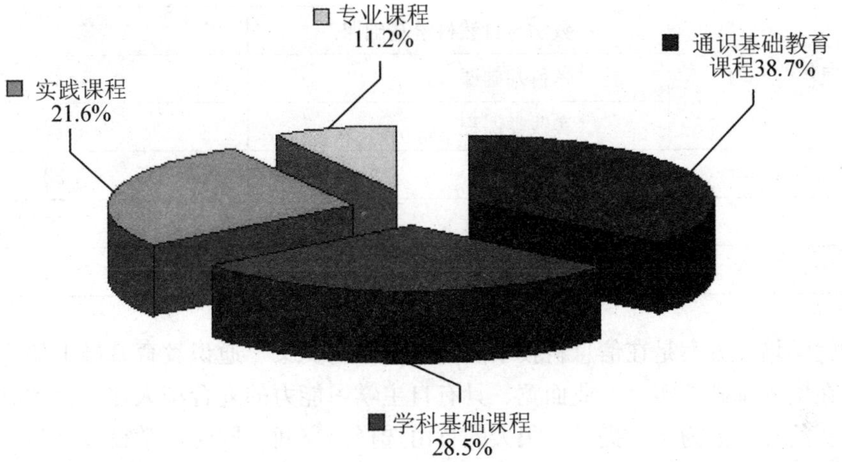

图 12.3 自动化专业课程体系学时分布基本结构(部分高校平均分布情况)

其中，通识基础教育课程主要包括必修课程(如马克思主义基本原理、毛泽东思想和中国特色社会主义理论体系概论、思想道德修养与法律基础、体育、外语、高等数学、大学物理等)和公共选修课程(包括面向全校师生开设的自然科学类选修课程和公共艺术类选修课程，面向理工经管类学生开设的人文社科类及面向人文类学生开设的工程技术类选修课程)。

学科基础课程主要包括机械制图、C 语言程序设计、电路原理、模拟电子技术、数字电子技术、微型计算机原理、单片机原理及应用、检测与转换技术、自动控制原理、信号与系统、电力电子技术、现代控制理论、计算机网络、电机及拖动基础等。

专业课程主要包括运动控制系统、过程控制技术、可编程控制器技术及应用、集散控制系统与组态软件、计算机控制系统、最优控制、模式识别等。

实践课程主要包括金工实习、电工电子实践、数字逻辑课程设计、计算机综合课程设计、PLC 原理及课程设计、MCU/DSP/嵌入式系统及课程设计、认识实习、生产实习、毕业设计等。

二、国内部分重点高校自动化专业课程体系结构分析和比较

不同高校自动化专业在课程体系的设置上都存在一定的差异。这是因为一方面各高校要考虑本校该专业的传统优势，另一方面要结合社会对该专业的应用需求来设置。因此无论是专业基础、专业课的选择和课时分布上都有所不同，下面以清华大学、浙江大学、东南大学、华中科技大学、西安交通大学 5 所学校自动化专业课程设置为例简单分析和比较其特点。

（1）清华大学将大学 4 年课程分为公共课程、平台课程、专业课程和综合论文训练课程 4 个大的模块。该校自动化专业的课程模块及学分设置见表 12－1。

表 12－1　课程模块及学分分布

课程模块		学分
公共课程		≥40
平台课程(≥88)	数学与自然科学基础课	≥41
	学科基础课	≥35
	实践类课程	≥12
专业课程		≥32
综合论文训练		≥15
总计		≥175

清华大学培养方案是在信息科技学院实行多学科交叉、通识教育基础上的宽口径专业教育，旨在培养基础扎实、专业面宽、具有自主学习能力的复合型人才。因此其在课程设置和选修课的开设上为学生提供了很大的自由选择的空间。同时，学校鼓励学生积极参与教学改革、科学研究、文化修养、社会服务等活动，提倡学生在参与中发现自己的能力和兴趣，支持学生勇敢面对挑战、不断探索、努力创造、追求卓越，养成独立工作的能力和终身学习的习惯。

（2）浙江大学自动化专业的课程设置分为通识课程、大类课程、专业课程、第二课堂课程 4 个模块，其分布见表 12－2。

表 12－2　课程模块及学分分布

课程模块		学分
通识课程		47.5＋5
大类课程	大类必修课程(自然科学类)	22.5
	大类选修课程(自然科学类)	4
	大类专业必修(工程技术类)	19.5
专业课程		66.5
第二课堂课程		4
总计		160＋5

浙江大学自动化专业的课程设置上非常重视学生个人能力的培养，开设有研究型课程、讨论型课程、创新实践课程，充分调动学生的学习热情，并通过不同的形式培养学生团队精神、协作精神。不同的课安排在每一学年的春、夏、秋、冬 4 个短学期里，课程紧凑，学习紧张、充实。另外，该校自动化专业进入了卓越工程师的培养计划之列，因此对整个自动化本科专业学习氛围有了进一步的提升。

(3) 东南大学自动化专业课程体系见表12-3。

表12-3 东南大学自动化专业课程体系

课程模块	学分	学时	学时比例
通识教育基础课	69.5	1328	55.89%
大类学科基础课	29	448	18.86%
专业主干课	16.5	264	11.11%
实验系列课程	5.5	88	3.70%
专业课、任选课	15.5	248	10.44%
集中实践环节	24		
总计	160	2376	100%
选修课程所占比例	45	720	30.30%

(4) 华中科技大学自动化专业课程体系及实践教学体系见表12-4、表12-5。

表12-4 课程体系

课程模块		课程性质	学时/学分	占课程体系学分比例(%)
通识教育基础课程		必修	1112/64.5	42
		选修	224/14	6
学科基础课程	学科大类基础课程	必修	696/43.5	26
	学科专业基础课程	必修	240/15	9
专业课程	专业核心课程	必修	88/5.5	3
		限选	240/15	9
	专业方向课程	任选	120/7.5	5
总计			2736/167	100

表12-5 集中性实践教学环节周数与学分

实践教学环节名称	课程性质	周数/学分	占实践教学环节学分比例(%)
军事训练	必修	2/2	6.25
金工实习	必修	1.5/1.5	4.7
电工实习	必修	2/2	6.25
生产实习(社会实践)	必修	2/2	6.25
课程设计	必修	8.5/8.5	26.6
毕业设计(论文)	必修	16/16	50
总计		32/32	100

华中科技大学自动化专业是非常朝气蓬勃的专业，其发展势头强劲，科研实力雄厚，是很多学生学习的目标。该专业重视学生基础能力的培养，同时也非常重视实践能力的锻炼，尤其值得一提的是，实验课根据自己的时间安排进行自由选择，按照教师的要求，独立完成整个实验过程，包括报告撰写和实验数据的处理等，大大提高了学生的思维能力、创新能力和动手能力。

(5) 西安交通大学自动化专业课程体系分为4个模块：公共基础、自然科学、工程科学和工程技术课程，见表12-6。

表12-6 自动化专业培养计划学分分布表

类型＼学期	1	2	3	4	5	6	7	8	合计
必修课学分	24	19.5	24	23.5	19.5	7.5	7.5		125.5
限选课学分		5							5
专业任选课学分									17.5+8
人文社科、艺术、管理及跨专业选修课学分									14
课程学分小计									170
实践环节(必修)	3	4	0.5	2.5	2	3		12	29(含“形势与政策”2学分)
实践环节(选修)		2	2	2	2	4	2		11
实践学分小计	3	6	2.5	4.5	4	7	2	12	40

总而言之，自动化专业是一个基础知识面宽、应用领域广阔的综合性科学技术专业。该专业在以信息化带动工业化，大力推进国民经济与社会信息化的过程中起到关键的桥梁作用。自动化专业培养的知识面非常广泛，不但对数学、物理、电子技术、计算机、信息处理等基础知识领域有很高的要求，而且着重培养传感器检测与信息融合、系统分析与综合、机器智能、系统优化等方面的专业知识与技能。此外，自动化专业坚持用控制科学与工程学科领域研究的最新成就不断更新专业教学内容，紧跟学科发展并保持其先进性。各高校十分重视教学与科研相结合，并注重培养学生的创新能力与实际动手能力，使学生掌握较多的专业知识和技能，具备较强的社会竞争能力，要求学生多思考、多动手、多实践，一定要把相对抽象的理论知识通过实际的训练进行融会贯通。

下面讨论一下自动化专业的划分和国家重点学科的分布情况。一般而言，高等教育可以分为研究生教育和本科教育；就其受教育的对象而言，可以分为博士研究生、硕士研究生、本科生、专科生4个层次，如图12.4所示。

自动化专业的国家重点学科的主要分布情况如下。

国家一级重点学科学校(控制理论和控制工程)：清华大学、北京协和医学院—清华大学医学部、北京航空航天大学、东北大学、哈尔滨工业大学、上海交通大学、浙江大学、华中科技大学、西安交通大学、国防科学技术大学。

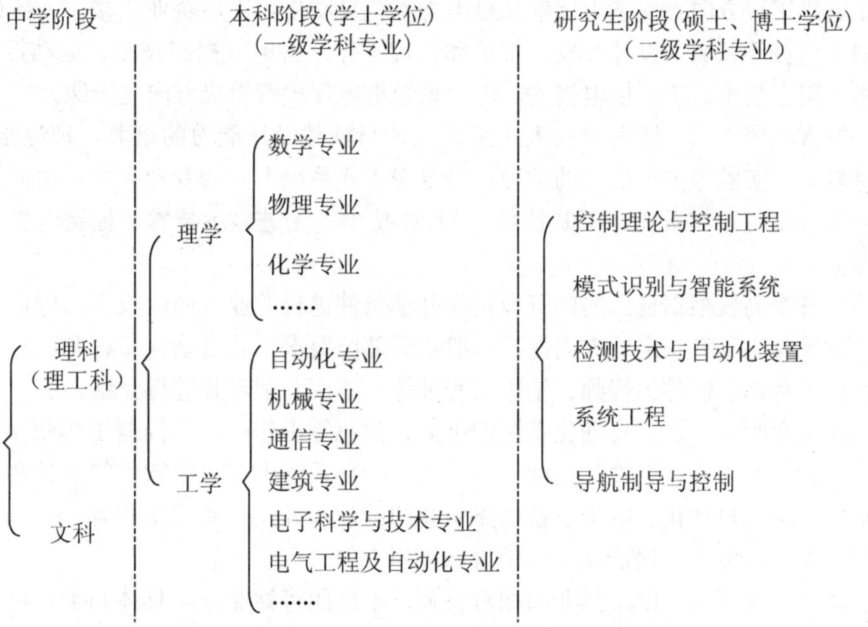

图 12.4　自动化技术不同阶段的专业名称及方向

(摘自百度)

国家二级重点学科学校(控制理论和控制工程)：北京理工大学、同济大学、华东理工大学、东南大学、山东大学、湖南大学、中南大学、西北工业大学。

国家二级重点学科学校(检测技术与自动化装置)：天津大学。

国家二级重点学科学校(模式识别与智能系统)：南京理工大学。

国家二级重点学科学校(导航、制导与控制)：哈尔滨工程大学、第二炮兵工程学院。

第四节　自动化专业的就业方向

由于自动化专业本身是一个宽口径的专业，因此自动化专业从事领域都是我国经济发展战略中的重要领域，所培养的各层次人才一直受到国内外科研部门、高新技术企业和大型工矿企业的青睐。由专业性质决定了这些专业的毕业生具有较强的工作适应性，可从事的技术领域包括微型计算机应用、仪器仪表、电子技术、信息技术、自动化技术和与之相关的各个领域，可从事的技术工作包括科学研究，产品开发，自动化装置生产、调试，设备成套，工程设计、维护、改造等多个方面。

当然，具体如何就业，就业方向如何选择，这涉及很多因素，如专业技术侧重方向、地域条件等。其中非常重要的一点就是该专业本身设置方向的侧重点是什么。一般而言，自动化专业在课程设置方面可以从 3 个方向进行安排。

(1) 工业过程控制方向：以自动控制、计算机技术为支撑，针对实际工业生产过程实现自动控制，由信号检测与变换、过程控制、计算机控制系统、智能控制和现场总路线控制技术等组成方向主干课。

(2) 电气工程方向：使学生能够从事电力系统自动化，工厂企业、楼宇系统的供电和电气控制、监控等领域的设计开发、维护和管理工作。由电气控制技术、运动控制、PLC控制技术、组态技术、工厂供电技术、电力系统继电保护等组成方向主干课。

(3) 嵌入系统方向：注重对嵌入式系统设计与软件设计能力的培养，理论结合实践，通过课堂教学、实验等多种形式的学习，培养嵌入式系统方向的专业人才；由嵌入式系统设计、嵌入式实时操作系统、DSP技术、ARM技术、先进显示技术、控制电机等组成方向主干课。

当然，各个高校根据自己的师资力量和办学条件进行专业方向的设置，因此毕业的学生所从事的工作也具有一定的方向性。一般招聘部门要求招聘自动化工程师、自动控制工程师、软件工程师、硬件工程师、销售工程师等。下面分别对其进行介绍。

自动化工程师——从事自动化系统的维护、优化等工作；自动控制工程师——从事自动化系统的设计和开发；软件工程师——处理自动化系统中相关的软件的设计和开发；硬件工程师——从事自动化、电子设备电路系统的设计和开发；销售工程师——从事与自动化技术相关设备、装置、仪器仪表的销售和策划工作。

对自动化专业而言，由于择业面相对较宽，不可能将就业方向具体归类；再加上自动化专业的前身是自动控制专业和工业自动化专业，二级学科下的方向也比较多，因此，目前招聘单位很多沿用以前的专业名词，或者有的以研究生的专业方向进行人才的招聘，尤其是大型的公司企业，如石油、化工、汽车、机械等单位，它们更多的是分专业招聘人才。为了更好地了解公司、企业对自动化人才的需求的特点，这里以2011年9月～2012年5月部分单位的需求来具体介绍。

第一类用人单位分专业进行招聘，如一汽富维汽车零部件股份有限公司、南车株洲电力机车研究所等单位。

一汽富维汽车零部件股份有限公司需求专业：

机械设计制造及其自动化、机械工程及自动化、材料成型与控制工程、高分子材料与工程、焊接技术与工程、金属材料工程、材料化学、化学工程与工艺、车辆工程、光学工程、计算机科学与技术、热能与动力工程、暖通工程、自动化、电气工程与自动化、工业工程、会计学、人力资源管理、理论力学等相关专业。

南车株洲电力机车研究所2012年招聘：

学历要求：全日制统招2012应届毕业生博士研究生、硕士研究生、本科。

电气类专业需求：电力电子与电力传动、电机与电气、自动控制、自动化、电力系统及自动化、电气工程及自动化、测控技术与仪器(电气)检测技术与自动化装置、铁道信号。

第二类用人单位分职位进行招聘，这对专业的限制不是那么强，但是对岗位的具体技术要求比较严格，即不管哪个专业毕业，只要能胜任岗位即可，如深圳市中电电力技术股份有限公司招聘信息如下。

招聘职位：

软件研发(工作地点：武汉研发中心、深圳)

工作岗位：C/C++软件研发、Andriod移动终端开发、软件测试。

专业要求：计算机、软件、电力、电子、通信、测控、自动化、网络等。

学历要求：博士、硕士、本科。

装置研发(工作地点：武汉研发中心、深圳)

工作岗位：智能装置嵌入式软件研发、智能装置电路设计、智能装置中试。

专业要求：电力、电子、通信、测控、自动化、计算机等。

学历要求：博士、硕士、本科。

国际业务(工作地点：深圳)

工作岗位：国际化软件研发、技术支持、项目经理、销售。

专业要求：计算机或电子信息、软件、电力电气、自动化相关专业。

学历要求：硕士、本科。

其他要求：英语六级以上，能熟练应用英语口语交流，具有一定的英语写作能力。

第三类是比较常见的一种招聘方式，以未来工程师的定位进行招聘，如先进科技(中国)有限公司的招聘信息如下。

自动控制工程师(5名)

工作范围：半导体装置设备运动动态分析，控制算法研究与实现。

要求：(1)自动控制、机械与电子工程、光机电系统自动化、应用数学专业硕士及以上学历(博士研究生优先考虑)。

(2)两年以上相关项目经验。

(3)良好的语言沟通与文字写作能力。

(4)在以下一个或多个领域具有实际工作经验与知识将得到优先考虑。

伺服控制与运动控制；机电系统动力学分析；振动分析，减震与控制；鲁棒控制，逆动力学，自适应控制，专家系统；针对伺服、运动控制系统的实时控制软件开发；嵌入式控制平台的开发；自动化设备检测；C/C++编程；汇编语言编程。

电子电气工程师(2名)

工作范围：用于半导体封装设备的光机电系统中的有关电子电气器件、模块的研究，设计与开发。

要求：(1)电子与电气工程/机械工程/计算机科学与技术/光机电系统自动化专业大学本科及以上学历。

(2)两年以上相关项目经验。

(3)良好的语言沟通与文字写作能力。

(4)在以下一个或多个领域具有实际工作经历与知识将得到优先考虑。

电气系统设计；功率激光器的应用，研究，设计与开发；新型驱动器的研究，设计与开发；微型高精度驱动机构的研究，设计与开发；新型传感器技术的研究，设计与开发。

由上可知，自动化专业的就业面是相对广泛的，同时自动化专业考研的专业选择性也很广，在其自身的一级学科下至少有5个相对成熟的二级学科硕士专业方向。同时自动化专业的学生所学基础知识相对广泛，因此考研也可报考相关专业，如电气工程及自动化、电子、通信等专业。此外，出国留学也是自动化专业学生毕业时的一种选择。

推荐阅读

1. 教育部高等学校自动化专业教学指导分委员会．自动化学科专业发展战略研究报告. 北京：高等教育出版社，2007.

2. 吴澄，王雄．积极探讨并推动自动化专业高质量创新型人才培养：高等学校自动化专业教学指导分委员会工作回顾．2007 年中国自动化教育学术年会，2007，3—10.

3. 李大宇，朱群雄，李宏光．自动化专业课程地图的建设分析．国家行政学院学报，2012(08)，38—42.

第13章 电子信息工程专业概论

内容提要

电子信息技术是随着电气技术的发展而逐步发展起来的，因此电子信息工程学科也是随着电气工程学科的发展而逐步发展起来的，相对于中国已走过100多年的电气工程学科来说还很年轻，而且基本上都是由最早的电气工程学科(电机科、电机系)派生出来的。随着中华人民共和国的成立，我国的电子信息工程学科也经历了不同的发展阶段。总的看来取得了可喜的成就，培养了大批电子信息人才，为国民经济建设和国防建设打下了坚实的基础。本章首先简要回顾中国电子信息工程高等教育发展简史，然后重点介绍电子信息工程专业人才培养目标和基本要求、课程体系和课程设置，以及电子信息工程专业的专业方向和研究方向等，最介绍科学家罗沛霖的事迹。

名言警句

现代社会是信息时代，而信息时代的前途是文化信息时代。不管会出现什么新因素，如生物工程、纳米工程等，文化信息总会统领社会、经济的发展。

——罗沛霖

第一节　中国电子信息工程高等教育发展简史

在一百多年甚至几十年前，人类还处在一个“通信基本靠吼、交通基本靠走”的原生时代，但随着电力电子理论和技术的不断发展和完善，尤其是电子计算机的出现，现代科学技术迎来了飞速发展的阶段。电子信息技术在20世纪发展最迅速，应用最广泛，成为近代科学技术发展的一个重要标志。

细心的读者可以留意到，十多年前港台电影中黑帮老大手里可以用来砸人的“大哥大”，早已变读者成纤细轻巧、色彩缤纷的手机，并且寻常百姓也买得起；从前只有数月飞鸽传书才能联系的国外亲友可以用简单方便快捷的E-mail互致问候，还可以即时聊天，甚至视频。人们可以足不出户享受电子商务带来的便利，可以安坐家中，通过电视、网络知晓天下事、欣赏丰富多彩的音视频节目等，这一切都应该归功于电子信息工程技术的迅猛发展。如果让科学家们选出近10年来发展速度最快的技术，恐怕非电子信息技术莫属。

下面来了解一下这个“年轻”而又略显“神奇”的专业吧。

电子信息工程专业起源于20世纪初几所初见现代意义的大学(交通大学、清华大学等)设立的电机专业电讯组，随着电路理论和电网络理论的发展和成熟，逐渐形成了独立的专业。到20世纪40年代～50年代初，我国高校此类课程基本上是采用欧美高校、特别是美国高校的教材。因此，在一定程度上可以说与欧美的教育水平是接轨的。当时英国牛津大学已认可武汉大学、清华大学、南开大学、中央大学、浙江大学等学校的文学士和理学士毕业生。

中华人民共和国成立前后，清华大学、上海交通大学、天津大学、西安电子科技大学等前后开始成立了无线电工程系或者类似专业。20世纪50年代初期进行全国院系调整，全面学习苏联，废除了过去大学教育是通才教育的模式，代之以培养专业人才的模式。在电子信息方面，将上海交通大学、南京工学院(现东南大学)、华南工学院(现华南理工大学)3所院校的电子信息类学科合并创建成都电讯工程学院(现电子科技大学)；将大连工学院电讯系、西南通信学校工程系并入中央人民政府革命军事委员会工程学校，升为解放军通信工程学院(现西安电子科技大学)。

图13.1　中央军委无线电学校瑞金洋溪村旧址

谈到中国的电子信息工程专业不得不提到罗沛霖院士。罗沛霖是天津市人，籍贯浙江山阴(今绍兴)。1935年，他毕业于国立交通大学(今上海交通大学和西安交通大学的前身)电机工程系，1952年获美国加州理工学院特荣誉级哲学博士学位，1994年选聘为中国工程院院士。在中国人民解放军军事电信工程学院(现西安电子科技大学，其前身是1931年中央军委无线电学校)创立了中国第一个电子信息工程专业。图13.1所示即为中央军委无线电学校瑞金洋溪村旧址。

清华大学无线电工程系建于1952年9月，是我国最早从事信息与电子科学技术教学和研究工作的单位之一，其前身是1932年建立的电机工程系电讯组和抗战期间西南联合大学(集中清华大学、北京大学、南开大学3校精英)的电机系电讯组。1952年全国进行院系调整，将清华大学电机系电讯组与北京大学工学院电机系电讯组合并建立清华大学无线电工程系。该系成为中国无线电电子学科的开创单位之一，1958年根据学科发展的需要，更名为无线电电子学系。到20世纪60年代初，全系已经形成数字通信、电视、微波技术、微波电子元器件、真空技术与半导体元器件等学科并恢复招收研究生。

20世纪80年代，随着以计算机技术、通信技术为标志的电子信息技术的迅猛发展，电子信息科学及相关技术在国民经济中的地位越来越突出。正是基于这一背景情况，从20世纪80年代末以来，原国家教育委员会、教育部先后对“普通高等学校本科专业目录”进行了前后3次修订，在1998颁布的“普通高等学校本科专业目录”中，将此前的电子工程(专业代码：080703)、应用电子技术(专业代码：080704)、信息工程(专业代码：080705)、电磁场与微波技术(专业代码：080706)、广播电视工程(专业代码：080715W)、电子信息工程(专业代码：080716W)、无线电技术与信息系统(专业代码：080720W)、电子与信息技术(专业代码：080723W)、摄影测量与遥感(部分)(专业代码：081003)、公共安全图像技术(专业代码：082009)等专业合并为电子信息工程(专业代码：080603)，于20世纪90年代末正式设立了电子信息工程专业，并将该专业的培养目标定位于培养具备电子技术和信息系统的宽口径基础知识，能从事各类电子设备和信息系统的研究、设计、制造、应用和开发的高等工程技术人才。

本专业排名靠前的学校有清华大学、西安电子科技大学、北京邮电大学、电子科技大学、华中科技大学等。

第二节　电子信息工程专业的人才培养目标

电子信息工程专业是前沿学科之一，现代社会的各个领域及人们日常生活等都与电子信息技术有着紧密的联系。全国各地从事电子技术产品的生产、开发、销售和应用的企事业单位很多，随着改革步伐的加快，这样的企事业单位会越来越多。为促进市场经济的发展，培养一大批具有较高层次，能综合运用所学知识和技能，适应现代电子技术发展的要求，从事企事业单位与本专业相关的产品及设备的生产、安装调试、运行维护、销售及售后服务、新产品技术开发等应用型技术人才和管理人才是社会发展和经济建设的客观需要，市场对该类人才的需求越来越大。

一、教学目标与要求

1. 教学目标

电子信息工程专业培养具备扎实的信息获取、处理、传输、应用以及电子技术和信息系统的基础知识，知识面广、思维活跃、工程能力强、基本素质好，能在信息领域及国民经济各部门从事各类电子设备和信息系统的研究、设计、开发、制造、集成、应用等工作，以及德、智、体、美全面发展的应用型高级工程技术人才。

2. 教学要求

电子信息工程专业是一个电子和信息工程方面的宽口径专业。本专业学生主要学习信号的获取与处理、电子设备与信息系统等方面的专业知识，受到电子与信息工程实践的基本训练，具备设计、开发、集成、应用、计算机模拟信息系统的基本能力。了解电子信息科学技术的发展趋势，掌握对信息获取、传输、调制、解调、处理与利用的基本概念与理论，并能运用相关专业知识在电子、通信、网络、广播、电视、信息家电等领域进行发展与创新。

毕业生应获得以下几方面的知识和能力。

(1) 具有较扎实的数理和外语基础。

(2) 较系统地掌握本专业领域宽广的技术基础理论知识，适应电子和信息工程领域广泛的工作范围。

(3) 掌握模拟和数字电路的基本理论及分析、设计和实验方法。

(4) 掌握信息获取、传输、处理的基本理论和应用的一般方法，具有设计、集成、应用的基本能力。

(5) 掌握计算机模拟信息系统的基本能力。

(6) 了解电子设备和信息系统的理论前沿及发展动态，具有研究、开发新系统的初步能力。

(7) 熟悉国家电子信息产业政策及国内外有关知识产权的法律法规。

(8) 熟悉社会主义市场经济、法律和信息产业的基本方针及企业管理的基本知识。

(9) 掌握文献检索、资料查询的基本方法，具有一定的科学研究和实际工作能力。

(10) 具有一定的人文、艺术素养。

二、专业介绍

电子信息工程专业适用面比较宽，以信息与通信工程(一级学科代码 0810，含信号与信息处理、通信与信息工程 2 个二级学科)学科为主，涉及电子科学与技术(一级学科代码 0800，含电路与系统、微电子学与固体电子学、电磁场与微波技术、物理电子学 4 个二级学科)、计算机科学与技术(一级学科代码 0812，含计算机系统结构、计算机软件与理论、计算机应用技术、信息安全 4 个二级学科)等相关学科，对理论、实践能力都有较高的要求。

电子信息工程理论上重电路系统、信号处理和计算机原理，包括模拟、数字电子线路，数字信号处理，EDA、微机原理、单片机、嵌入式等。另外，信息处理的基本理论和通信工程、生物医学工程重合，如信号与系统、信息论、数字信号处理、数字图像处理等；通信工程专业的计算机通信网、通信原理、移动通信、交换技术、电磁场、微波和计算机专业的关键课程(如操作系统、数据库)也有涉猎。

电子信息工程专业具有以下特点。

(1) 知识理论系统性较强。学习本课程需要有一定的基础理论、知识做铺垫且又是学习有关后续专业课程的基础。

(2) 基础理论比较成熟。虽然电子技术发展很快，新的元器件、电路日新月异，但其基本理论已经形成了相对稳定的体系。有限的学校教学不可能包罗万象、面面俱到，要把学习重点放在学习、掌握基本概念、基本分析、设计方法上。

(3) 实践应用综合性较强。它是一门实践性很强的技术基础课，讨论的许多电子电路都是实用电路，均可做成实际的装置。

第三节　电子信息工程专业课程体系及学分要求

一、课程体系

由于开设电子信息工程的学校众多，而各个学校对课程体系的理解和要求都略有区别，因此各个学校的课程体系及学分要求也会略有不同，但总的说来基本课程和要求都是按照 1998 年国家颁布的普通高等学校本科专业目录设置的，基本课程包含 5+1 单元："电路分析基础"、"模拟电子线路"、"数字电子技术"、"信号与系统"、"微机原理与接口电路"、"电磁场与电磁波"。

主要课程有电路理论系列课程、计算机技术系列课程、信息理论与编码、信号与系统、数字信号处理、电磁场理论、自动控制原理、感测技术等。

主要实践性教学环节包括课程实验、计算机上机训练、课程设计、生产实习、毕业设计等。

本专业需要学习的课程包括高等数学、英语、电路分析、电子技术基础、C语言、Java基础设计、电子CAD、高频电子技术、电子测量技术、通信技术、自动检测技术、网络与办公自动化技术、多媒体技术、单片机技术、电子系统设计工艺、电子设计自动化技术、数字信号处理技术、操作系统、微机原理等，见表13－1。

表13－1　本专业需要学习的课程

课程名称	说明
高等数学	(数学系的数学分析＋空间解析几何＋常微分方程)主要讲微积分，对学电路的人来说，微积分(一元、多元)、曲线曲面积分、级数、常微分方程、傅里叶变换、拉普拉斯变换在后续理论课中经常遇到
概率统计	凡是跟通信、信号处理有关的课程都要用到概率统计
数学物理方法	有些学校研究生才学习，有些学校分成复变函数(＋积分变换)和数学物理方程(偏微分方程)。学习电磁场、微波的数学基础。还可能会开设随机过程(需要概率做基础)乃至泛函分析
电路原理	基础课程
数字信号处理	离散信号与系统的分析、信号的数字变换、数字滤波器之类
通信原理	通信的数学理论
信息论	信息论的应用范围很广，但电子工程专业常把这门课讲成编码理论
电磁场与电磁波	基本上是物理系的电动力学的翻版，用数学去研究磁场(恒定电磁场、时变电磁场)
模拟电路	晶体管、运算放大器、电源、A/D、D/A
数字电路	门电路、触发器、组合电路、时序电路、可编程器件，数字电子系统的基础(包括计算机)
高频电路	无线电电路，放大、调制、解调、混频，比模拟电路难
微波技术	处理方法跟前面几种电路完全不同，需要电磁场理论做基础
微机原理	微型计算机软硬件工作原理
汇编语言	直接对应CPU指令的程序设计语言
单片机	CPU和控制电路做成一块集成电路，各种电器中都有，一般讲解51系列
C语言	与硬件相关的开发经常用到，很多新型的语言都衍生自C语言，如C＋＋，Java，C#，J#等 C语言是国内外广泛使用的计算机语言，是计算机应用人员应掌握的一种程序设计工具 C语言功能丰富，表达能力强，使用灵活方便，应用面广，目标程序效率高，可移植性好，既具有高级语言的优点，又具有低级语言的许多特点。因此，C语言特别适合于编写系统软件 C语言诞生后，许多原来用汇编语言编写的软件，现在可以用C语言编写
软件基础	(计算机专业的学生要学习数据结构＋算法＋操作系统＋数据库原理＋编译方法＋软件工程)也可能是几门课，讲软件的原理和怎么编写软件

二、主干课程及学分要求

电子信息工程专业的主干课程是电子信息工程专业学生必须熟练掌握的基本技能学科，见表 13-2。

表 13-2　电子信息工程专业的主干课程

课程名称	学时	预修课程	主要内容
模拟电路	68	高等数学、大学物理、电路分析	本课程是电子信息工程专业的一门技术基础课程，主要内容包括常用半导体器件、基本放大电路、多级放大电路、集成运算放大电路、放大电路的频率响应、放大电路中的反馈、信号的运算和处理、波形的发生和信号的变换、功率放大电路、直流电源和模拟电子电路读图
数字电路	68	高等数学、大学物理、电路分析、模拟电路	本课程是电子信息工程专业的一门技术基础课程，主要内容包括逻辑代数基础、门电路、触发器、时序逻辑电路、脉冲波形的产生和整形、半导体储存器、可编程逻辑器件(PLD)、数模和模数的相互转换
信号与系统	68	数理方法、电路分析基础、模拟电子技术基础	本课程是电子信息工程专业的重要的专业基础课，主要内容包括信号系统、连续系统的时域分析、频域分析、S域分析、离散系统的时域分析、Z域分析、系统函数和状态变量分析
微机原理与应用	68	C程序设计、计算机基础、模拟电路、数字电子技术	本课程是电子信息工程专业的基础课程，主要内容为预备知识、微型计算机概述、指令系统及汇编语言程序设计、存储器与存储器系统、输入和输出技术、常用输入/输出接口芯片、Pentium简介和系统设计与开发
高频电路	68	高等数学、大学物理、模拟电子技术、电路分析	本课程是电子信息工程专业的主干课程，主要内容为序论、选频网络、高频小信号放大器、非线性电路、时变参量电路和变频器、高频功率放大器、正弦波振荡器、振幅调制与解调及角度调制与解调
数字信号处理	68	数理方法、电路分析基础、模拟电路、数字电路、信号与系统	本课程是电子信息工程的主干课程，主要内容为序论、离散信号和系统的时域分析、离散信号和系统的频域分析、离散傅里叶变换(DFT)、快速傅里叶变换(FFT)、时域离散系统的基本网络结构与状态变量分析法、无限脉冲响应数字滤波器的设计、其他类型的数字滤波器和数字信号处理的实现
通信原理	68	高等数学、信号与系统、高频电子线路	本课程是电子信息工程专业的主干课程，主要内容为序论、模拟调幅调制(线性调制)、模拟角调制(非线性调制)、语音信号数字化传输、数字信号的基带传输和二进制数字调制系统

续表

课程名称	学时	预修课程	主要内容
自动控制原理	68	复变函数与积分变换、电路分析基础、模拟电子技术、信号与系统	本课程是电子信息工程的技术基础课程，主要内容包括自动控制系统的基本概念，线性控制系统的数学模型——微分模型、传递函数、动态结构图；时域分析法、根轨迹法、频域分析法及系统的设计校正、非线性控制系统的描述函数和相平面法、采样控制系统的脉冲传递函数、采样控制系统的分析方法。要求学生掌握制动控制系统的基本概念、基本理论及分析、计算和设计校正的方法
单片机原理	51	模拟电路、数字电子技术、微机原理与接口	本课程是电子信息工程的技术类课程，主要内容包括微型计算机基础、51 单片机的硬件结构和原理、51 单片机指令系统、汇编语言程序设计、51 单片机的中断系统、51 单片机的内部定时器/计数器及串行接口、单片机的系统的扩展与接口技术、单片机应用系统设计，单片机系统的抗干扰技术和其他单片机简介

三、部分院校的课程体系

1. 清华大学课程体系

(1) 公共课程(≥38 学分)。公共课程是清华大学要求学生在马克思主义理论课和思想品德课、军训、体育及外语等方面的必修课程和文化素质方面的选修课程，这些课程的学习一般贯穿于整个本科学习阶段。获得这些课程学分是达到通识教育最低要求所必需的，目的是通过这些课程的学习，使学生能够面向世界、面向未来，以历史的观点了解我们所处的时代；能够用科学的思想方法看待科技与社会的变化和发展。

(2) 平台课程 (≥82 学分)。平台课程是信息学院对所属各专业学生在数学及自然科学基础、学科基础、实践环节等方面的必修课程和学分的统一要求，这些课程和环节为学生提供在信息科学技术领域进行较为深入学习和研究所必需的基础理论和知识、科学方法、基本能力和技能培养。

这些课程一般安排在一、二年级学习，少部分安排在三、四年级学习，以便学生能够在院系指导下选择专业方向，从第 3 学年开始正式进入专业方向课程学习。这些课程又分为必修课程组、必修学分课程组和选修学分课程组，学生可以在院系指导下按学分要求选修同类的高档课程替代。

其中包括数学与自然科学基础课(不少于 40 学分)，学科基础课(不少于 33 学分)，实践环节(9 学分)。

(3) 专业课程(≥37 学分)。专业课程是电子信息工程专业对学生在相关学科专业基础方面必修课程的要求，学习这些课程可以使学生掌握信息科学技术某一专门领域所需要的相关基础理论和知识及相应的基本能力。信息学院为学生提供 5 个专业核心课组。这些课程一般安排在三、四年级学习。

(4) 综合论文训练(15 学分)。学生完成公共课程、平台课程、专业课程的学习并满足规定的学分要求之后，必须参加综合论文训练并达到合格要求方可申请本科毕业和学士学位。

综合论文训练要求学生在教师指导下完成一项工程设计(研究)任务，并独立完成一篇论文，是训练学生综合运用所学知识解决实际问题的基本能力、培养创新意识和能力的综合环节。

综合论文训练可由具有同等水平的项目训练成果或 SRT(Student Research Training，大学研究训练)计划项目及其他课外科技活动成果经认定后代替。

2. 中国科学技术大学课程体系

要求修读的课程分为 4 个层次，每个层次的课程设置及结构如下。

(1) 通修课：76 学分。

(2) 学科群基础课：32.5 学分。

(3) 专业课：≥45.5 学分。

(4) 高级课：17 学分。

本专业主干课程：信号与系统、数字信号处理、现代通信原理、电磁场理论、微波技术基础、非线性电子线路、电子系统设计。

3. 西安交通大学课程体系

1) 主干学科与相关学科

主干学科：信息与通信工程。

相关学科：计算机科学与技术、控制科学与工程、电子科学与技术、电气工程。

2) 核心课程

信息与通信工程专业概论、电路、模拟电子技术、电子技术实验、数字逻辑电路、信号与系统、电磁场与波、通信电子电路、现代通信原理、数字信号处理、数据结构与算法、微机原理与接口技术。

3) 主要实践环节

毕业设计(论文)、生产实习、工程实习、工程训练、社会实践、课程设计与专题实验。

第四节 科学家轶事

罗沛霖(1913—2011)原籍和出生地是天津市，祖籍浙江山阴，是中国科学和工业化前驱。北京师大一附小、天津南开中学、上海交大电机系学士，美国加州理工学院电机学博士，如图 13.2 所示。

图 13.2 罗沛霖

罗沛霖在 1930—1940 年代曾加入广西军工部门、中国无线电业公司、资源委员会无线电厂、中央无线电器材公司等中国早期电子行业任科研和管理职位。他 1938 年赴延安，在军委三局直属下，为我党我军最早的无线电产业的奠基人之一。延安撤退后，他受重庆地下党领导，化名罗容思，承担并资助党的地下活动和任务。1945 年，他在重庆出资资助创建并领导了掩护和供应地下党外围的 4 个前台企业，并在重庆参与组织了“青科技”、“中国建社”和“中国科学工作者协会”等。地下党身份暴露后受党组织派遣和资助，并取得学院奖学金赴美国留学。

他在35岁时进入加州理工学院电机系，并在2年内以优异成绩获得博士学位。朝鲜战争爆发时，他回国参加新中国建设，是王诤部长在建国初期启动的电子工业元老。他回国受任第一个国家重点经济建设项目，1951年赴德国各地考察和精选、组合创新设计了中国最早的电子产业集群，华北无线电联合厂(706、707、718、751、797、798工厂和第11研究所)。

罗沛霖倡导、创建、实施和完成了中国前沿电子科学和产业的里程碑项目。例如，1950年，他参加国家12年科学发展规划的主持班子，1950—1980年陆续并行地开创、主持和交接了中国电子技术战略项目的阶段工作。尤其是尖端雷达理论的创立；国家急需和市场消费产品技术的发展；国防电子系统项目；中国大、中、小型计算机技术、相关产品链和产业的规划和发展；中国电视机工业的兴起和元器件产品本土化落实等。

他创建的中国电子学会实现了中国电子行业与世界电气电子工程师协会的国际接轨。1990年，他执笔撰写、联名倡导、推动并成功创建了中国工程院。进入21世纪，他的院士倡议被采纳，成功启动了全国范围、调集千亿资金的半导体制造设备国家重大项目。1953年，他进入中央政府工业，他在机械工业部十局、第二机械工业部十局、第四机械工业部科技司、电子工业部科技委员会等国家电子科技管理部门历任副职。

罗沛霖是新中国的社会人物，他当选为第三、四届全国人大代表，第五、六、七届全国政协委员，是中国科学院资深院士、中国工程院创始人之一和中国工程院资深院士。

罗沛霖曾受聘为北京大学、南京大学、北京理工大学、云南大学、东南大学、国防科学技术大学、电子科技大学、西安电子科技大学、桂林电子工业学院等各院校教授和名誉教授等。他参与创建并任职于中国系统工程协会、中国电子工业标准化协会、中国计量与测试学会、中国电子学会等。他是第一季中美科学技术合作委员会委员，是数届国家自然科学奖励委员会委员，曾是中国无线电设计和制作运动的国家裁判。罗沛霖当选为美国Sigma-Xi荣誉会会员、电子电气工程师学会的终身特级会员及其北京分会的创始人和第一任会长、中国电子学会创始人和第一任常务秘书长、多个电子行业协会的创始人和领导，并被录入多种国际组织的世界科技名人和科学家名录或大全。

罗沛霖作为科学家、主持人和编辑，参与和主编了国家重要学科文献和出版物，曾任《中国科学》的副主编。他曾参与和编写了《中国12年科学发展规划大纲》、《中国大百科全书》、中国信息发展普及教育丛书等，并撰写了大量的科学和管理学文章发表于国内外刊物和会议。他主编了《中国电子科学技术评论》、《新产业革命与信息高速公路》和《科学概览——信息卷》等。罗沛霖90岁后开始提倡和推荐中国发明，身体力行地支持并无偿贡献内容给《前沿科学》杂志(科技部主管、中国科技论文统计源期刊)，发表了亲自研究和撰写的亚直接加法器的高速进位计算机运算逻辑的发明文章，并领导撰写了可重构VLIW多核数字信号处理器的中国创造FusionDSP的微处理器发明文章。

同时他还推荐并介绍了若干中国民间技术发明。尤其是1980年代起步的多思基于宏指令重构的中国最早原创微处理器发明(近年应用于国家商用密码运算、获得国家认证)。最近10年，他不懈支持和推荐了中国原创信息菌素靶向抗生药物的世界前沿重大发明，可能是当前唯一具有可控靶向性、无毒、无过敏、无耐药性的高效有机抗生素新药途径。

罗沛霖倡导组建了北京容思锐智科技公司和美国 Frontier Technologies Consortium，Ltd. 相关公司(www. ftc - global. net)，是在他灵感和影响下实现中国原创发明的国际化企业咨询平台。

罗沛霖博学广识，精通音乐、书法、诗词、昆曲、写作和无线电制作。他的父亲是中国早期通信业奠基人和著名书画家、收藏家罗朝汉，母亲是民间画家和诗人孙梦仙。罗沛霖与夫人杨敏如于 1980 年相识，一女两儿都攻读电子专业技术。

推荐阅读

1. 张肃文．我国电子信息工程类课程的发展历史．电气电子教学学报，2010(01)：6—9.

2. 姚远，董世龙，姜玲云，等．电子信息工程专业实习教学改革初探．高等理科教育，2007(01)：118—120.

3. 夏定元．电子信息工程专业实验室建设探讨．实验室研究与探索，2003(01)：131—132.

4. 熊庆国，陈和平，吴谨，等．电子信息工程专业建设探索与实践．武汉科技大学学报(社会科学版)，2008(02)，69—72.

5. 龙英，张跃勤，张文希．电子信息工程专业实践教学体系的构建与实施．长沙大学学报，2010(02)，84—86.

6. 邱丽芳，王皑，谭耀辉．电子信息工程技术专业建设及人才培养模式的研究．湖南工业职业技术学院学报，2008(06)：128—130.

7. 陈丽锋，孟瑞，冯希．电子信息工程专业介绍．电子技术，2011(05)：49—51.

8. 杨立东．电子信息工程专业教学改革的研究．教育教学论坛，2012(23)：2.

第14章

通信工程专业概论

内容提要

通信工程专业的前身是电机系的电机工程专业，通信工程的高等教育在我国已经发展了100多年。随着多媒体、互联网、光通信、移动通信技术的推广和应用，极大地推动了我国通信工程专业的发展。通信产业已经成为带动国民经济增长的、新的先导产业与支柱产业，是我国发展最快、最活跃，并已参与了国际竞争的产业。人才是竞争中最关键的因素，而高校通信工程专业是通信及相关行业各类人才的主要来源。本章首先介绍了我国高等教育通信工程专业的发展简史，然后介绍了通信工程专业人才培养目标和基本要求、课程体系和课程设置，以及我国学校通信工程专业国家重点学科的概况。

名言警句

军民结合、平战结合，积极为社会主义建设服务。

——王诤

第一节　中国通信工程高等教育发展简史

通信工程(也称电信工程，旧称远距离通信工程、弱电工程)是电子工程的一个重要分支，也是其中的一个基础学科。该学科关注的是通信过程中的信息传输和信号处理的原理和应用。通信工程专业分为两个学科：一个是偏向于传输的“通信与信息系统”学科，另一个是偏向于编解码的“信号与信息处理”学科。其中，“通信与信息系统”学科的前身是电机系，北京交通大学是中国通信与信息系统研究的发祥地；“信号与信息处理”学科的前身是信息论系，西安电子科技大学是中国信号与信息处理的发祥地。

我国通信工程专业起源于电机系电机工程专业，并由有线电、无线通信、电子技术、邮电通信等专业相互渗透、相互补充发展而来。北京交通大学(国立交通大学北京学校，图14.1)是中国电信工程的发祥地。1906年，清朝邮传部司员曾鲲化经过十余月的考察后，起草了《上邮传部创办铁路管理学堂书》，文中提倡路政、培育铁路管理人才，并极力主张创办铁路管理学校。同年，邮传部尚书徐世昌批准该意见，并于北京府右街创办了“铁路管理传习所”。次年，为加强邮电事业增设邮电班，学校更名为“交通传习所”。

1909年，北京交通大学首开“无线电”科，开创了中国培养通信人才的先河，后来又成立了电信系，这里走出了简水生院士等一大批知名学者。上海交通大学于1917年在电机工程专业内设立“无线电门”，于1921年设立“有线通信与无线通信门”。1952年，院系调整后，上海交通大学成立了“电信系”。20世纪30年代初，浙江大学在电机系中设立了一个学科分组——电信组(或称电信门)，它是浙江大学通信工程专业的最初形式。清华大学于1934年在电机系设立电讯组。1952年，清华大学、北京大学两校电机系的电讯组合并后成立了清华大学无线电工程系。这可以说是我国通信工程专业的雏形。1956年，在苏联的帮助下，清华大学无线电工程系，南京大学无线电系，上海交通大学、华南理工大学的相关院系部分师生搬迁到成都，组建了中国第一所电子类综合大学——成都电讯工程学院(电子科技大学前身)。这一时期较有影响的人物有任之慕、朱兰成、章名涛、叶楷、范绪筠、张钟俊等教授。建国初期，各有关学校分别在原有的电信工程、电机工程、无线电电子学专业的基础上，为通信工程技术人才的培养积蓄了雄厚的力量。这一时期分别有张恩虬、王守武、胡汉泉、吴鸿适、王迁等学者活跃在本专业的教学领域。

本 校 校 门

图 14.1 交通大学北京学校

(摘自百度图片)

中国电子通信行业的奠基人和开拓者、西安电子科技大学(图14.2)创始人兼首任校长王诤(图14.3)在无线电通信方面做出了开创性的贡献。他创建了我军无线电通信、无线电侦察和新闻广播、气象，以及中国电子工业和人民邮电等，在雷达、电子对抗等诸多方面做出了卓越贡献，是新中国电子工业、邮电事业的开拓者和领导人。王诤原名吴人鉴，1909年5月16日出生于江苏武进县，是黄埔军校第6期通信科学员，1930年参加革命，1934年加入中国共产党。他是毛泽东主席、朱德总司令亲自任命的我军第一个无线电台的队长，参加了举世闻名的两万五千里长征，1955年被授中将军衔。王诤是西安电子科技大学第一任校长，分别在土地革命战争、抗日战争、解放战争等时期先后3次担任该校校长。毛泽东同志曾亲切赞誉说：“王诤同志是有功的，是我军通信工作的开山鼻祖。”

图 14.2 西安电子科技大学

(摘自百度图片)

图 14.3 王诤

(摘自百度图片)

1952 年中国人民解放军军事电信工程学院(西安电子科技大学前身)首开“信息论系”和“雷达工程系”，开创了中国培养通信工程和信息处理人才的先河。1952 年中国科学院院士、电子专家毕德显和中国工程院院士、电子专家孙俊人一起在西安电子科技大学创建了中国第一个雷达工程系。中国知名通信系统工程专家陈太一创建了中国第一个信息论系。后来又成立了通信工程学院和电子工程学院，这里走出了王中林院士、国际 GSM 奖获得者李默芳等一大批知名学者。

1952 年，我国以苏联高等教育为基础，开始对院系进行调整，专业模式逐步定型。1957 年出版的《高等学校招生升学指导专业介绍》中虽然没有通信工程专业，但设置了通信类专业，包括电话电报通信、无线电通信及广播、邮电通信经济与组成 3 个专业。这时通信定义的范围较狭小，主要侧重于电话、电报及邮电方面。同时，将与通信工程专业相关的无线电技术和电子学专业隶属于电机制造和电气器材制造类。随着通信技术的发展，我国的通信工程专业的发展也在不断进步。1962 年，《高等学校招生专业介绍》在通信类中又增设了有线电设备的设计与制造专业，而且把与通信工程相关的无线电技术和电子学从电机制造和电气器材制造类分离开来，专门设立了无线电技术和电子学类，包括了无线电技术、无线电通讯设备、无线电测量设备、电视设备等 9 个专业，它们均为通信工程技术人才的培养做出了巨大的贡献。

20 世纪 60～70 年代，通信工程专业的变迁较大。例如，清华大学 1969 年电子工程系的大部分迁往四川绵阳，成立了清华大学绵阳分校。1978 年迁回北京，恢复为无线电电子学系建制，1989 年更名为电子工程系。电子工程系作为中国最早从事信息科学和电子学的教学和科学研究的单位之一，从建系以来，就不断突破传统领域，调整专业设置，更新教学内容，以适应世界科学技术发展和国家经济建设事业的需要。在电机系电讯组期间，任教的有任之恭、朱兰成、顾毓秀、章名涛、孟昭英、马大猷、叶楷、闵乃大、胡筠、范绪筠、常迥、张钟俊及 N. Wiener、K. L. Wildes 等教授，并开设了电讯原理、电报电话学、电讯网络、无线电原理、真空管等课程。1952 年建系时，设立了无线电技术专业。次年，增设了电真空技术专业。1955 年又增设了半导体物理、电子物理、无线电物理等专业。张恩虬、王守武、胡汉泉、吴鸿适、王迁等学者都先后来系兼职授课。20 世纪 60～70 年代，专业陆续有所调整增设，如激光专业等。1978 年恢复无线电电子学系建制后，为拓宽专业面向，适应科技发展需要，增设了无线电技术与信息系统、物理电子与光电子技术、微电子学共 3 个大学本科专业。这一时期涌现出一批杰出的学者，如吴佑寿院士和朱高峰院士。

吴佑寿院士作为电子学家和电子工程教育家，是我国数字通信领域的开拓者之一，长期从事数字通信与数据传输、数字信号处理与模式识别的研究工作，并早在 1958 年就成功研制出我国第一部 8 路脉码调制电话终端设备，1952 年成功研制的数传机被用于我国第一颗人造卫星的数据传输。

朱高峰院士长期从事电信系统的科研工作，从 20 世纪 50～70 年代，先后参与和主持了大量通信载波传输系统的总体设计与研制工作，取得了制造性成果，当时处于国内领先地位，并接近世界先进水平。特别是他负责总体设计的我国第一套中同轴电缆 1800 路载波通信系统是我国整个载波通信系统的主要组成部分，可同时传输电话、电报、传真、广播、数据等业务，是当时国外所采用的先进的传输手段之一。他在全国长途自动电话网的建设、网络经营方式、网络运行方式等方面做了大量卓有成效的工作，奠定了电信网络学科的独立地位。

到了20世纪80年代，信息革命为中国通信工程专业的发展增添了强劲的动力。1984年，教育部对高等学校本科专业进行了规范，正式颁布了“高等学校工科本科通用专业目录”，在工学中设置了通信工程(专业代码为工科1001，相近专业有无线通信、多路通信、计算机通信、移动通信、交换技术)。自此，通信工程被作为一个正式的专业名称确立下来。1986年，我国出版了《全国普通高等学校专业设置及毕业生使用方向介绍》，目录中通信类被单独设立为一个学科门类，原通信工程、电信工程、电力系统通信、通信系统工程、电讯技术、地面通信设备维修、数字通信、铁道数字通信、运动及通信、气象通信专业都被统一调整为通信工程专业。1997年4月，原国家教育委员会以教高［1997］13号文发出“关于进行普通高等学校本科专业目录修订工作”的通知，开始对普通高等学校本科专业目录进行全面修订。修订后的《普通高等学校本科专业目录和专业介绍》于1998年颁布。此时通信工程(080604)归属于电气信息类，1998年前的通信工程(080712)和计算机通信两个专业(080724W)都被统称为通信工程。2012年9月，教育部对1998年印发的普通高等学校本科专业目录进行了修订，形成了《普通高等学校本科专业目录(2012年)》，将通信工程(080703)归属于“电子信息类”。

近年来我国的通信工程专业教育高速发展，设有通信工程本科专业的院校在逐年增加，招生规模也在不断扩大。每个学校平均每年都以200～300的数量招生，有的学校甚至更多。学历层次从专科、本科到硕士、博士不等，有的学校还设有博士后流动站，形成了人才梯级培养的方式。由于信息高速公路的迅速兴起，通信技术在国家经济发展中的地位越来越重要，国家也加大了这方面的投资，各个高校都有此专业设置或者相近的专业课程，一大批实验室也纷纷建立，如西安电子科技大学的综合业务网理论及关键技术国家重点实验室、雷达信号处理国家重点实验室、天线与微波技术国防科技重点实验室；上海交通大学的区域光纤网与新型光通信系统国家重点实验室。另外，北京邮电大学、浙江大学、哈尔滨工业大学、北京理工大学、北京交通大学、北京航空航天大学、中国科学技术大学、东南大学、西安电子科技大学、电子科技大学、国防科学技术大学、解放军信息工程大学、南京大学、同济大学、复旦大学等一大批重点院校都为培养本专业的优秀人才做出了重要贡献。

通信业的发展正进入新时期，中国网络在新技术应用方面已走到世界前列，中国的移动电话数量已超过固定电话数量，宽带接入用户多于窄带，互联网业务量已取代电话成为主流，IP电话超过了固定电话加移动电话的总通话量，智能手机将成为主要的上网工具。同时，国家对新一代网络研究的重点投入，使得3G移动通信网络的建设和应用，光通信和多媒体通信终端得到大力发展，开拓了通信产业的发展空间，以通信SOC和通信IC、通信计算机、通信软件等为代表的通信IT也呈现出新的活力，正在高速发展。21世纪的通信技术革命，以及通信产品市场需求的增长，不仅在近几年使各重点高校通信工程专业毕业生的就业率一直稳定在95%以上，而且在未来两三年，通信工程专业毕业生的就业形势也会好于工科专业的平均水平，尤其是通信技术高层次人才的需求状况良好。面向新的世纪，通信工程专业将会迎来其发展的广阔天地。随着通信技术应用的日趋广泛，上至太空，下至海底，无不活跃着这一专业的技术人才。现在中国已经加入 WTO，这势必会给中国信息产业的发展带来更大的发展空间，而通信工程专业优秀人才的短缺成为中国参与国际间竞争的一个十分不利的因素。因此，在未来若干年，中国势必会更加重视本专业人才的培养，更加重视通信工程专业的教育，提高教育水平。

第二节　通信工程专业的人才培养目标

通信工程是电子工程的一个重要分支，也是其中的一个基础学科。该学科关注的是通信过程中的信息传输和信号处理的原理和应用。通信工程专业是信息科学技术发展迅速和极具活力的一个领域，尤其是移动通信、光纤通信、互联网通信使人们在传递信息和获得信息方面达到了前所未有的便捷程度。信息与通信工程学科是现代高新技术的主要组成部分，是信息社会的主要支柱，是国民经济高速发展的前提，对国民经济的发展和人类社会的进步都具有关键作用，是国家的神经系统和命脉。通信工程具有极广阔的发展前景，也是人才需求量较大的专业之一。通信工程专业是实践性、工程性较强的专业。通信工程专业跨电子、计算机专业，所修课程兼有两者的特点，还有与通信相关的专业课程，所学范围比较宽。需要学生具备较好的数学、物理基础，较强的逻辑思维能力和实践应用能力，特别适合那些理解力强、善于分析和动手能力强的学生。通信工程专业的学生主要学习通信技术、通信系统和通信网等方面的理论知识，学习通信系统和通信网的组成原理和设计方法，接受通信工程实践的基本训练，具备从事现代通信系统和网络的设计、开发、调测和工程应用的基本能力，能够在电信、移动运营企业、通信类企业、科研院所、金融系统、民航、铁路及政府和大专院校等部门就业。

通信工程专业的教学目的是培养具有良好素质和创新能力，德、智、体、美全面发展，系统地掌握通信技术、通信网络、通信系统和计算机技术的基本理论、方法和技能，能够在通信及相关领域从事研究、开发、设计、制造、运营和管理的现代化高级工程技术人才。要求学生掌握电路、信号与系统、模拟与数字电路的基本原理、分析方法和综合应用能力；掌握光波、无线、有线和多媒体通信技术和通信理论；掌握信息的采集与处理、传输与交换、存储与利用等基本方法、原理与技术；掌握通信系统、通信网及通信设备的组成和工作原理；具有对典型通信系统及通信网络进行分析、设计、开发、调测、应用、管理与维护的基本能力；了解信息与通信系统的理论前沿、技术发展和行业动态；具备利用现代手段进行文献检索、资料查询的能力，并能对英文专业文献进行翻译和阅读；具有良好的身体、心理和文化素质。

通信工程专业的培养目标是使学生掌握现代通信基本理论，具有较强的系统专业知识、计算机知识、外语应用能力和相关工程技术能力，能适应通信领域内网络、系统、设备及信息交换、传输、处理方面的工程设计及运行维护，具有独立工作能力；了解有关无线通信技术、光通信与光交换技术、计算机网络技术、数据通信技术、微电子技术等方面的基础知识，能在通信领域、信息领域从事通信系统的研究、设计、制造、分析和运行管理等方面具有创新精神与工程素养的高级工程技术专业人才。

不同的高校对通信工程专业的培养目标和定位有所不同，一般普通院校的定位和要求较低，重点院校的定位和要求较高。下面举例给出了定位较高的培养目标的具体要求。

例 1：培养具有电子科学技术专业理论知识扎实、知识面宽、实践能力强、综合素质高，适应 21 世纪信息高速公路建设需要的德智体全面发展的高层次、高质量、高水平的技术应用复合型高级人才。在国外知名跨国公司、合资企业和国内高新技术企业，从事无线通信、IC、智能仪器等方面的研究、设计、应用及技术引进与开发工作。

例 2：培养在通信工程领域从事科学研究、工程技术开发应用及管理等工作，具有学科交叉背景的复合型人才；培养严谨的科学态度、创新意识和团队合作精神。提高综合实践能力、科学创新能力和创业能力，培养面向国民经济和国防建设的领军和精英人才。突出 5 个创新：通过“创新内容、创新方法、创新手段”培养“创新素质”，造就“创新人才”。

第三节 通信工程专业课程体系

通信工程专业的主干学科是信息与通信工程、电子科学与技术、计算机科学与技术。

通信工程专业的主干课程包括电路理论与应用系列(电路分析、模拟电子技术、数字电子技术、高频电子电路)、计算机技术基础系列(计算机应用基础、微机原理与接口技术、单片机原理、C 语言程序设计)、信号与系统、电磁场与电磁波、信息论与编码、数字信号处理、随机信号分析、通信原理、移动通信、程控交换原理、微波技术与天线、计算机通信网、光纤通信和 SDH 原理等。

通信专业可以细分为数据通信、无线通信、移动通信、光通信、保密通信(也称信息安全)、多媒体通信等多个方向。通信工程专业的课程体系一般采取“平台＋模块”的形式构建。课程设置模块化，按模块化结构设置专业方向课程。

本着“厚基础、重应用、强能力”的课程体系建设原则，为了使学生具有扎实的基础，通信工程专业的课程体系分为 4 个平台：通识基础教育平台、学科基础教育平台、专业教育平台和实践教育平台。其中，专业教育平台由专业必修和专业选修两个板块组成，以适应社会对高级工程技术人才培养的需求。

在通信工程专业人才的培养计划中，分专业方向进行培养是合理的，也是必需的。在通信工程专业本科教育培养方案专业模块课程中，实行分专业方向培养，通过设置专业方向类课程，突出课程的应用性、技术性。模块课程以专业课程为主，在强调知识传授的同时，注重学生能力的培养。通过模块课程学习使学生在通信工程的某一领域具有较强的专业基础知识和解决工程问题的实践能力。

在课程体系的设立上，既遵从一般的教学规律，将课程在“纵”的方向分别划分为基础课、专业基础课、专业课(专业必修课、专业选修课)，又在“横”的方向上将专业基础课和专业课划分为“计算机类”、“电子类”、“信号类”、“通信类”等四大类课程，如图 14.4 所示。在专业方向上将专业课程分为“计算机通信”、“光纤通信”、“移动通信”等不同的方向，设置了各个方向的课程模块。“纵”的方向构成了学生知识体系的层次关系，“横”的方向奠定了学生的知识面。“计算机类”的课程主要有计算机基础、微机原理与应用、数据结构、C 语言程序设计、单片机原理、接口技术等；“电子类”的课程主要有电路分析、模拟电子技术、数字电子技术、电磁场与电磁波、高频电子电路、电子设计等；

“信号类”的课程主要有信号与系统、数字信号处理、随机信号分析、DSP技术及应用、信号检测与估计等；“通信类”的课程主要有信息论与编码、通信原理、光纤通信、计算机通信网、微波技术与天线、程控交换原理、移动通信、多媒体通信等。计算机通信方向课程模块包括计算机原理、计算机通信网、数据通信、TCP/IP协议、网络系统工程等课程。光纤通信方向课程模块包括信息理论与编码、通信原理、光纤通信、程控交换原理、光同步数字传输网等课程。移动通信方向课程模块包括电磁场与电磁波、微波技术与天线、移动通信、移动通信网络规划与优化、卫星通信等课程。通信工程专业课程、实践课程体系分别如图14.5、图14.6所示。

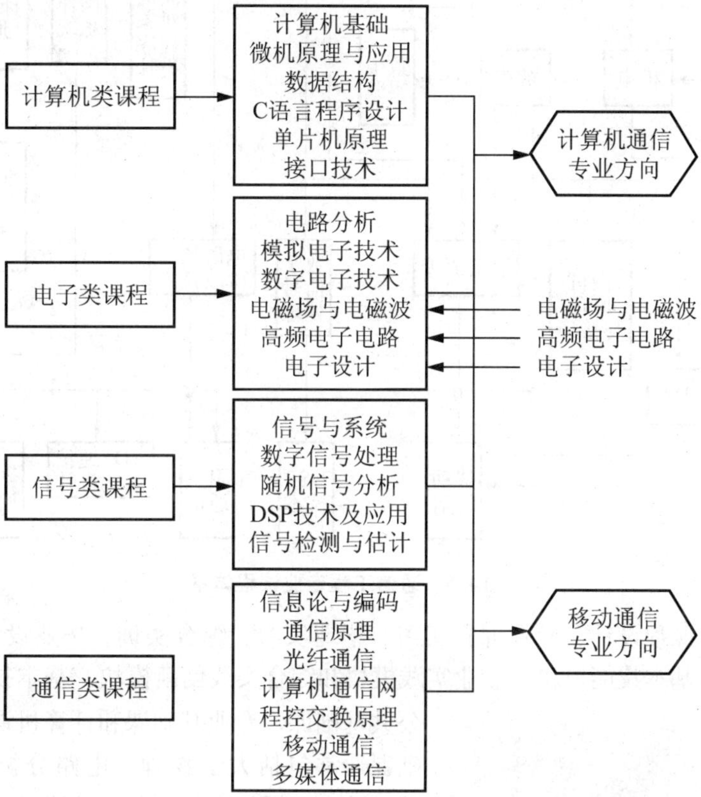

图14.4　通信工程专业课程及专业方向

在学分的分配上，通识基础教育平台占总学分的22%，学科基础教育平台占总学分的16%，专业教育平台占总学分的42%，实践教育平台占总学分的20%，如图14.7所示。在学时的分配上，通识基础教育课程占总学时的20%，学科基础教育课程占总学时的18%，专业教育课程占总学时的40%，实践教育课程占总学时的22%，保证了学生具有扎实的专业基础。

实践教育平台的构建，要充分体现通信工程专业方向的要求，与专业方向发展紧密相关，要以此原则组成层次分明、分工明确的实践教学体系。实践教育平台可以分为基础知识与技能训练平台、专业知识与技能训练平台、专业方向实践平台，从而形成科学的一体化的实践教学模式。为满足应用型人才培养的需要，通信工程专业的实践教学可采用

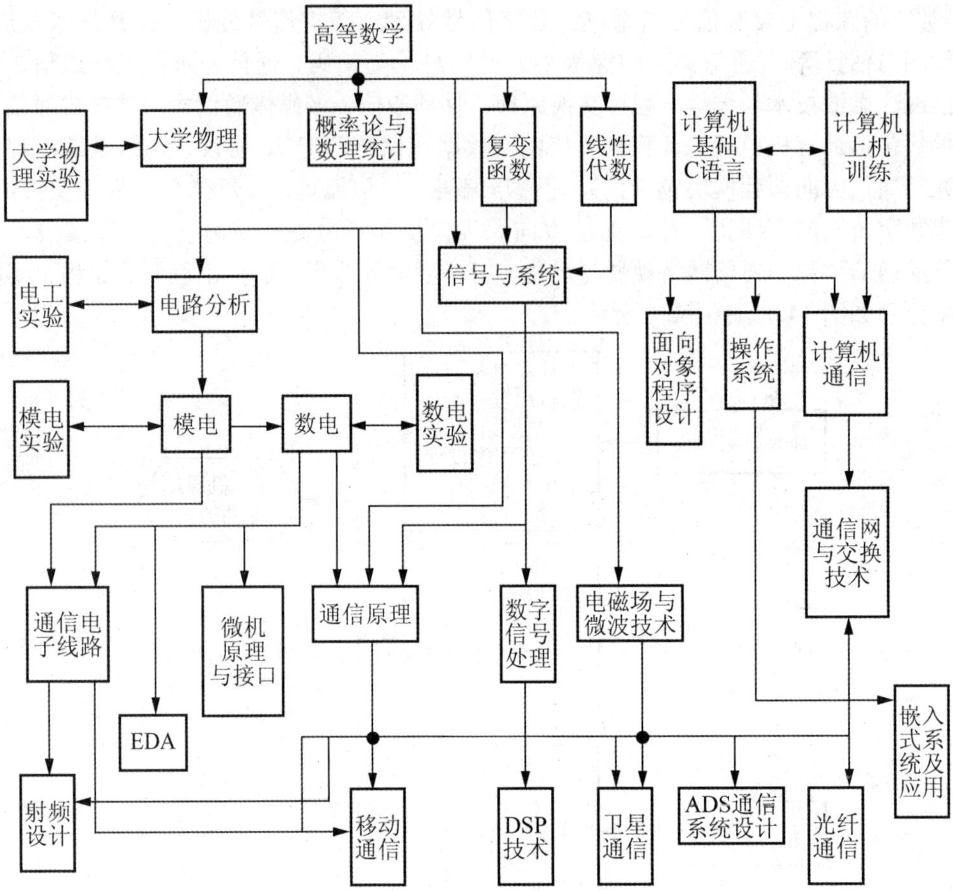

图 14.5　通信工程专业课程体系

课程实验、专业课程设计、专业课程实习、毕业实习、综合实训、毕业设计等多种形式。这些形式可分为基本技能模块、专业实践模块和综合实践创新模块。基本技能模块主要由公共基础课、专业基础课和计算机课构成。公共基础课通常包括大学物理、电路分析、模拟电子技术、数字电子技术等课程。计算机应用包括数据结构、C 语言、数据库技术等课程。专业基础课则有信号与系统、数字信号处理、通信原理等课程。这些课程的实验主要在学校内的实验室进行，培养学生的基本实验能力。专业实践模块由专业课及一些选修课组成，具体来说，就是由移动通信、光纤通信、程控交换、网络工程等课程组成。其实践教学可在校内或校外的实践教学基地进行，可采取实验、课程设计、实习、实训等多种形式。综合实践创新模块可根据学生的兴趣自主选择。科技创新活动可采取成立创新实验室，参加电子设计大赛、机

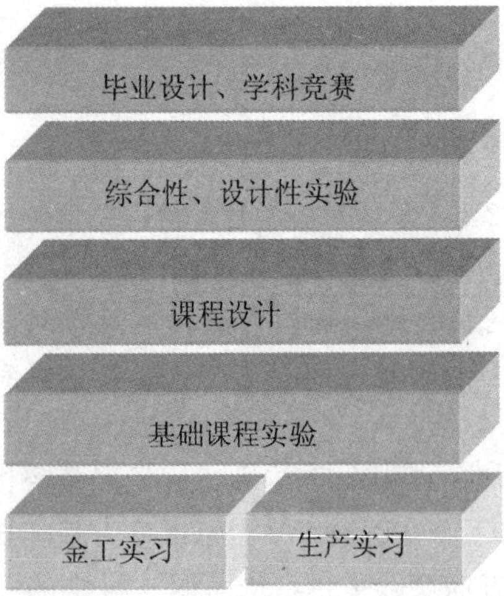

图 14.6　通信工程专业实践课程体系

器人设计大赛、大学生挑战杯等科技创新竞赛活动，吸引学生参加教师科研项目等方式培养学生的创新能力。

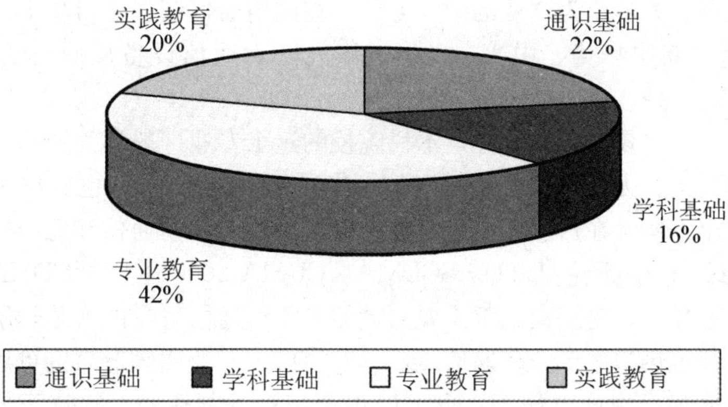

图 14.7　通信工程专业学分平均分布

国家一级重点学科(信息与通信工程)的学校有清华大学、北京交通大学、北京理工大学、北京邮电大学、东南大学、电子科技大学、西安电子科技大学、国防科学技术大学。

国家二级重点学科(通信与信息系统)的学校有北京大学、北京航空航天大学、天津大学、哈尔滨工业大学、上海交通大学、浙江大学、中国科学技术大学、华南理工大学、解放军信息工程大学、解放军理工大学。

第四节　通信工程专业的就业前景

一、就业前景

信息化是我国加快实现工业化和现代化的必然选择。近几年我国电信市场一直保持高速发展的势头，今后几年我国电信市场的规模还将继续稳步扩大。国民经济的稳步持续发展，社会信息化进程的不断推进，用户消费能力的提高，都将进一步刺激电信市场需求的增长。电信业正在以前所未有的速度，成为发展最快的行业之一。近几年随着电信体制改革不断推进，电信市场竞争格局初步形成，用户消费意识在电信市场的竞争中逐步形成并日益成熟。电信市场规模的扩大和用户消费心理的成熟既为电信企业进一步发展壮大提供了机遇，又对电信企业迅速提升竞争力提出了挑战。

通信业主要由通信服务业和通信制造业组成。通信服务业包括提供信息内容服务的信息提供业和提供通信网络服务的运营业。目前，在我国通信服务业中，信息提供业的主要企业是互联网信息提供商(ICP)。通信网络运营业可分为三大类：固定通信网络运营、移动通信网络运营和数据通信网络运营。通信制造业按制造产品的不同，分为通信设备制造和通信产品制造。其中，通信设备有交换设备、接入设备、传输设备、移动通信设备、数据通信设备、微波通信设备、卫星通信设备七大类；通信产品主要有固定通信终端和移动通信终端。通信运营业的飞速发展为我国通信制造业带来了巨大的市场需求，也推动着制造业的技术进步，为制造业的发展形成了良好的产业基础。通信业的高速发展造就了一批产业中坚企业，虽然摩托罗拉、诺基亚西门子、朗讯等跨国公司凭借先进的技术和管理在竞争中占据一定的优势，但一些勇于进取、积极创新的民族企业也在激烈的市场竞争中脱颖而出，迅速发展壮大，成为产业的中坚力量。在国内通信制造业市场上，各类产品的主要厂商日趋增多。其中华为、中兴、大唐、烽火四大通信设备厂商已成为四大通信制造商。

通信专业是一个比较笼统的称呼，本科院校的这个专业一般称为通信工程。通信专业可以细分为数据通信、无线通信、移动通信、光通信、保密通信(也有称作信息安全的)、多媒体通信等多个方向。在这些方向里目前比较热门的有移动通信和无线通信。现在通信业内最热门的词是3G。无论是TD－SCDMA，CDMA 2000还是WCDMA，也不管是运营商、设备商、芯片商、终端商，都需要大量的有无线通信背景的人才，所以移动通信在未来几年内都会是很热门的专业。通信就业方向很广，专业比较对口的可以去运营商，如中国移动、中国联通、中国电信等；也可以去通信设备制造商，比较著名的有华为、中兴、大唐、烽火、爱立信、诺基亚、西门子、思科等；还可以去计算机软件公司，著名的有微软、IBM、Google、Baidu等。当然，也有很多人转行做管理或者销售。

总的说来，通信专业的毕业生就业方向一般包括电信、通信信息产业、金融系统、计算机公司、通信设备生产企业、广播电视传输部门、企事业单位、大专院校，从事计算机通信网、数字通信设备的设计、操作、管理、维护、信息系统开发与研究工作；也可从事计算机网络、通信网络、程控交换等方面的工作和教育、行政管理工作。不考虑转行或个别公司的特殊分工，一般毕业后从事的工作可以分为研发和市场两方面，研发又可以细分为射频工程师、硬件工程师、软件工程师及测试工程师、技术支持、运营维护等；市场则包括咨询、销售、市场调查、方案策划、审计、业务拓展等，是需要一定专业背景而又偏文的工作。与其他多数专业的去向的共同点就是，学通信的不一定是做通信的，整个IT业基本都有通信专业的人的影子，甚至金融业也有不少通信专业的人做相关工作。通信业发展时间较长，而且技术仍然在发展，像移动通信(3G、4G)、NGN、嵌入式、流媒体、增值业务、IPv6、Linux、J2ME、压缩编码、网络安全等，都是找工作的方向，而且需求仍然旺盛，通信行业的前景大有可为。另外，也可向金融、管理、咨询等业务方向发展，所以就业的前景还是非常广阔的。

二、就业岗位

1) 通信技术研发人员

职业通路为研发员→研发工程师→高层市场或技术管理人员。

这类职位需具备知识的结构特征是：应具有扎实的理论基础、系统的专业知识和相关知识，掌握工程技术的应用方法和实验技能，工程实践能力强，综合素质高，同时在新产品、新工艺的研究、开发、设计方面有较大的潜力与后劲。

通信工程专业可以从事研发的职业大致有射频工程师、硬件工程师、软件工程师、技术支持工程师、测试工程师。

(1) 射频工程师。射频一般分为无源和有源两种。射频工程师的主要工作是做和通信相关的模拟电路设计与调试。作为射频工程师，最重要的一门学科是模拟电路和射频技术。射频工程师一般很难精通整个射频领域，一般工作3～4年都只能精通一个或几个部分，如锁相环、模拟滤波器、功放、低噪放等。射频是一门比较难学也难精的学科，而射频工程师也是比较稀缺的人才，待遇相对其他几个职业最好。

必修课程：电路原理、模拟电路、高频电子电路、电磁场与电磁波、射频技术等。

(2) 硬件工程师。硬件工程师主要做硬件原理图、PCB图设计和硬件电路的调试，主要是数字电路方面的设计。应该说硬件工程师对整个系统的了解应该更全面更具体一些。由于现在半导体行业的蓬勃发展，很多模拟电路和数字电路都被集成在芯片中，因此工程师只需看看芯片的数据表，按照上面的经典电路连接好线即可。好的硬件工程师不应该只了解芯片的功能，而应该钻研原理性的东西。

必修课程：电路原理、模拟电路、数字电路、单片机技术等。

(3) 软件工程师。软件工程师就是编写软件代码的工程师，俗称程序员。软件行业编程语言比较常见的有C/C＋＋、Delphi、Java、C＃等。语言种类虽繁多，编程语法各不相同，但编程的原理和精髓是相通的。在这些编程语言中，C/C＋＋是最基本，也是最精髓的语言。一般的软件工程师都会精通1或2门语言。除了有语言的分类外，还可以通过软件编程内容分工进行分类，如应用程序编程、数据库编程、网络编程、驱动程序编程。根据应用软件平台的不同分为：Windows软件编程和UNIX/Linux软件编程。由于嵌入式产品的高速发展，近几年又诞生了嵌入式软件工程师职业。

必修课程：C语言程序设计、数据结构、操作系统、软件工程等。

(4) 测试工程师。测试工程师的工作是用不同的手段和方法找到产品的问题。在测试领域有其一套成熟的理论基础和方法论。不经过严格的测试阶段，产品可靠性所带来的损失和后期维护成本会远远超过前期测试成本。测试也分很多种，有软件测试、系统测试等。软件测试必须会软件编程，因为需要用它做测试用例。此外，还要学会使用各种测试工具。

必修课程：程序设计、软件测试原理等。

(5) 技术支持工程师。技术支持工程师需要在客户有问题时解答或上门解决。技术支持工程师要对产品熟悉，从原理、操作、常见故障、疑难问题解决等方面都要很了解。技术支持工程师可以细分为企业对内技术支持和企业对外技术支持，在对外技术支持中又可以分为售前与售后两大类。售后技术支持工程师是一个资深的技术专家，必须掌握产品从开发到设计及最后实施的全过程。售前技术支持工程师的薪资和其在该产品和项目中扮演的角色有关，售前技术工程师年薪一般要高于售后技术工程师。

2) 通信产品销售人员

职业通路：销售助理→销售工程师→销售(市场)经理→销售总经理。

这类职位需具备的知识特征是：专业知识掌握比较全面，熟悉通信技术及其解决方案，出色的人际沟通与商务谈判能力，喜欢具有挑战性的工作并有强烈的成功愿望，英语口语及书面表达能力较强。此外，销售人员还应该掌握相应的法学、政治经济学、公共关系学和文学艺术等相关文化知识。

通信产品销售人员需求量大，对专业功底要求不是特别深，职业道路会比做技术开阔很多，可以转行做别的产品或服务的销售，职业发展空间较大。销售主要是负责建立和发展客户关系，推广产品，拓展销售渠道，为客户提供服务并取得订单，完成订单跟进；在公司的营销目标下制定销售策略，收集项目信息、客户信息、竞争对手信息等并进行初步分析，并向上级领导汇报。某些工作与技术支持是相同的，但技术支持一般来说没有销售指标压力，技术支持更多的是面向介绍技术。销售人员需要注意的是沟通能力、营销能力、策划能力的培养。

3）电信运营商工作人员

职业通路：职员→主管→中高层管理人员。

这类职位需具备的知识特征是：对通信知识有一定基础，具备一般软件设计和软件工程知识；掌握一般调试工具、调试手段、测试方法；能够熟练阅读和理解英文资料，具备良好的沟通能力。在运营商做设备维护，一种是在运营商的机房工作，另外一种是在维护代理公司做设备的维护工作。这类人员需要熟悉通信网络和系统的原理和技术，掌握各系统的运营维护指标，熟练使用各种命令修改相应的用户数据，对网络进行管理，能够迅速处理通信系统的各种紧急故障，并能提供技术支持。

由于运营商中的服务类职位进入门槛较低，因此在有的地区移动、联通、电信等公司的人才趋近饱和。近年来由于网络宽带综合业务的兴起，给疲软的就业市场带来了大量的就业机会。相对来说，运营商需求最大的还是服务类职位，如客户经理、市场开发等。在运营商做销售或市场或客户服务，所需要的素质和普通的业务员差不多，首先必须具备良好的沟通能力，然后要具备良好的学习能力。虽然说这一类职位招聘一般不会需要专业背景，但无论如何，在同样条件下，通信专业的应聘者和别的专业的应聘者相比具有较大的优势。

推荐阅读

1. 孙云山、刘婷、张立毅．我国通信工程专业的发展与现状．太原理工大学学报(社会科学版)，2006，24(z1)：85—87.

2. 中国科学技术协会．中国科学技术专家传略(工学篇)：电子电工卷．北京：中国科学技术出版社，1998.

3. 张毅，郭亚利．通信工程(专业)概论．武汉：武汉理工大学出版社，2007.

4. 赵峰、王少华．从通信工程就业前景谈其教学改革．怀化学院学报，2008，27(11)：143—144.

5. 焦炳连，浦江，于民莲．通信工程专业理论课程与实践教学体系研究．彭城职业大学学报，2004，19(12)：62—64.

6. 赵树平．通信工程专业教学内容及课程体系改革探索．大连教育学院学报，2004，23(02)：22—23.

7. 单树民，龙鹏飞．通信工程专业培养方案的研究与实践．中国教育技术装备，2007(10)：34—36.

参考文献

1. 解世雄．物理文化与教育[M]. 北京：科学出版社，2009.

2. 厚宇德．物理文化与物理学史[M]. 成都：西南交通大学出版社，2004.

3. 戴念祖．中国物理学史大系：电和磁的历史[M]. 长沙：湖南教育出版社，2002.

4. 阿伽西．科学与文化[M]. 邬晓燕译．北京：中国人民大学出版社，2006.

5. 吴景彦．物理学史上的科学家[M]. 北京：劳动人事出版社，1988.

6. 吴宗汉，周雨青．物理学史与物理学思想方法论[M]. 北京：清华大学出版社，2007.

7. 王斌．西方的科技文化与中国的马克思主义政治文化[J]. 学术论坛，2009(02).

8. 中国电气工程高等教育 100 周年纪念委员会．百年回眸：中国电气高等教育 100 周年[M]. 西安：西安交通大学出版社，2008.

9. 肖登明．电气工程概论[M]. 北京：中国电力出版社，2005.

10. 雷银照．"电气"词源考[J]. 电工技术学报，2007，22(4)：1-7.

11. 黄文力，苗满香．电气工程及其自动化专业课程体系的改革[J]. 郑州航空工业管理学院学报：社会科学版，2011，30(4)：164-167.

12. 张凤阁，马少华．电气工程及其自动化专业培养方案改革探讨[J]. 电气电子教学学报，2008，30(1)：16-18.

13. 高心，黄勤珍．电气工程及其自动化专业课程体系探讨[J]. 西南民族大学学报：自然科学版，2003，29(6)：103-106.

14. 戴庆忠．电机史话(三)[J]. 东方电机，1998，(4)：63-90.

15. 戴庆忠，电机史话(十一)[J]. 东方电机，2000，(4)：107-120.

参考文献

[illegible]

北京大学出版社本科计算机系列实用规划教材

序号	标准书号	书　　名	主　编	定价	序号	标准书号	书　　名	主　编	定价
1	7-301-10511-5	离散数学	段禅伦	28	38	7-301-13684-3	单片机原理及应用	王新颖	25
2	7-301-10457-X	线性代数	陈付贵	20	39	7-301-14505-0	Visual C++程序设计案例教程	张荣梅	30
3	7-301-10510-X	概率论与数理统计	陈荣江	26	40	7-301-14259-2	多媒体技术应用案例教程	李　建	30
4	7-301-10503-0	Visual Basic 程序设计	闵联营	22	41	7-301-14503-6	ASP .NET 动态网页设计案例教程(Visual Basic .NET 版)	江　红	35
5	7-301-21752-8	多媒体技术及其应用(第 2 版)	张　明	39	42	7-301-14504-3	C++面向对象与 Visual C++程序设计案例教程	黄贤英	35
6	7-301-10466-8	C++程序设计	刘天印	33	43	7-301-14506-7	Photoshop CS3 案例教程	李建芳	34
7	7-301-10467-5	C++程序设计实验指导与习题解答	李　兰	20	44	7-301-14510-4	C++程序设计基础案例教程	于永彦	33
8	7-301-10505-4	Visual C++程序设计教程与上机指导	高志伟	25	45	7-301-14942-3	ASP .NET 网络应用案例教程(C# .NET 版)	张登辉	33
9	7-301-10462-0	XML 实用教程	丁跃潮	26	46	7-301-12377-5	计算机硬件技术基础	石　磊	26
10	7-301-10463-7	计算机网络系统集成	斯桃枝	22	47	7-301-15208-9	计算机组成原理	娄国焕	24
11	7-301-10465-1	单片机原理及应用教程	范立南	30	48	7-301-15463-2	网页设计与制作案例教程	房爱莲	36
12	7-5038-4421-3	ASP .NET 网络编程实用教程(C#版)	崔良海	31	49	7-301-04852-8	线性代数	姚喜妍	22
13	7-5038-4427-2	C 语言程序设计	赵建锋	25	50	7-301-15461-8	计算机网络技术	陈代武	33
14	7-5038-4420-5	Delphi 程序设计基础教程	张世明	37	51	7-301-15697-1	计算机辅助设计二次开发案例教程	谢安俊	26
15	7-5038-4417-5	SQL Server 数据库设计与管理	姜　力	31	52	7-301-15740-4	Visual C# 程序开发案例教程	韩朝阳	30
16	7-5038-4424-9	大学计算机基础	贾丽娟	34	53	7-301-16597-3	Visual C++程序设计实用案例教程	于永彦	32
17	7-5038-4430-0	计算机科学与技术导论	王昆仑	30	54	7-301-16850-9	Java 程序设计案例教程	胡巧多	32
18	7-5038-4418-3	计算机网络应用实例教程	魏　峥	25	55	7-301-16842-4	数据库原理与应用(SQL Server 版)	毛一梅	36
19	7-5038-4415-9	面向对象程序设计	冷英男	28	56	7-301-16910-0	计算机网络技术基础与应用	马秀峰	33
20	7-5038-4429-4	软件工程	赵春刚	22	57	7-301-15063-4	计算机网络基础与应用	刘远生	32
21	7-5038-4431-0	数据结构(C++版)	秦　锋	28	58	7-301-15250-8	汇编语言程序设计	张光长	28
22	7-5038-4423-2	微机应用基础	吕晓燕	33	59	7-301-15064-1	网络安全技术	骆耀祖	30
23	7-5038-4426-4	微型计算机原理与接口技术	刘彦文	26	60	7-301-15584-4	数据结构与算法	佟伟光	32
24	7-5038-4425-6	办公自动化教程	钱　俊	30	61	7-301-17087-8	操作系统实用教程	范立南	36
25	7-5038-4419-1	Java 语言程序设计实用教程	董迎红	33	62	7-301-16631-4	Visual Basic 2008 程序设计教程	隋晓红	34
26	7-5038-4428-0	计算机图形技术	龚声蓉	28	63	7-301-17537-8	C 语言基础案例教程	汪新民	31
27	7-301-11501-5	计算机软件技术基础	高　巍	25	64	7-301-17397-8	C++程序设计基础教程	郗亚辉	30
28	7-301-11500-8	计算机组装与维护实用教程	崔明远	33	65	7-301-17578-1	图论算法理论、实现及应用	王桂平	54
29	7-301-12174-0	Visual FoxPro 实用教程	马秀峰	29	66	7-301-17964-2	PHP 动态网页设计与制作案例教程	房爱莲	42
30	7-301-11500-8	管理信息系统实用教程	杨月江	27	67	7-301-18514-8	多媒体开发与编程	于永彦	35
31	7-301-11445-2	Photoshop CS 实用教程	张　瑾	28	68	7-301-18538-4	实用计算方法	徐亚平	24
32	7-301-12378-2	ASP .NET 课程设计指导	潘志红	35	69	7-301-18539-1	Visual FoxPro 数据库设计案例教程	谭红杨	35
33	7-301-12394-2	C# .NET 课程设计指导	龚自霞	32	70	7-301-19313-6	Java 程序设计案例教程与实训	董迎红	45
34	7-301-13259-3	VisualBasic .NET 课程设计指导	潘志红	30	71	7-301-19389-1	Visual FoxPro 实用教程与上机指导（第 2 版）	马秀峰	40
35	7-301-12371-3	网络工程实用教程	汪新民	34	72	7-301-19435-5	计算方法	尹景本	28
36	7-301-14132-8	J2EE 课程设计指导	王立丰	32	73	7-301-19388-4	Java 程序设计教程	张剑飞	35
37	7-301-21088-8	计算机专业英语(第 2 版)	张　勇	42	74	7-301-19386-0	计算机图形技术(第 2 版)	许承东	44

序号	标准书号	书　名	主　编	定价	序号	标准书号	书　名	主　编	定价
75	7-301-15689-6	Photoshop CS5 案例教程(第 2 版)	李建芳	39	84	7-301-16824-0	软件测试案例教程	丁宋涛	28
76	7-301-18395-3	概率论与数理统计	姚喜妍	29	85	7-301-20328-6	ASP. NET 动态网页案例教程(C#.NET 版)	江　红	45
77	7-301-19980-0	3ds Max 2011 案例教程	李建芳	44	86	7-301-16528-7	C#程序设计	胡艳菊	40
78	7-301-20052-0	数据结构与算法应用实践教程	李文书	36	87	7-301-21271-4	C#面向对象程序设计及实践教程	唐　燕	45
79	7-301-12375-1	汇编语言程序设计	张宝剑	36	88	7-301-21295-0	计算机专业英语	吴丽君	34
80	7-301-20523-5	Visual C++程序设计教程与上机指导(第 2 版)	牛江川	40	89	7-301-21341-4	计算机组成与结构教程	姚玉霞	42
81	7-301-20630-0	C#程序开发案例教程	李挥剑	39	90	7-301-21367-4	计算机组成与结构实验实训教程	姚玉霞	22
82	7-301-20898-4	SQL Server 2008 数据库应用案例教程	钱哨	38	91	7-301-22119-8	UML 实用基础教程	赵春刚	36
83	7-301-21052-9	ASP.NET 程序设计与开发	张绍兵	39					

北京大学出版社电气信息类教材书目(已出版)

欢迎选订

序号	标准书号	书　名	主　编	定价	序号	标准书号	书　名	主　编	定价
1	7-301-10759-1	DSP 技术及应用	吴冬梅	26	38	7-5038-4400-3	工厂供配电	王玉华	34
2	7-301-10760-7	单片机原理与应用技术	魏立峰	25	39	7-5038-4410-2	控制系统仿真	郑恩让	26
3	7-301-10765-2	电工学	蒋　中	29	40	7-5038-4398-3	数字电子技术	李　元	27
4	7-301-19183-5	电工与电子技术(上册)(第2版)	吴舒辞	30	41	7-5038-4412-6	现代控制理论	刘永信	22
5	7-301-19229-0	电工与电子技术(下册)(第2版)	徐卓农	32	42	7-5038-4401-0	自动化仪表	齐志才	27
6	7-301-10699-0	电子工艺实习	周春阳	19	43	7-5038-4408-9	自动化专业英语	李国厚	32
7	7-301-10744-7	电子工艺学教程	张立毅	32	44	7-5038-4406-5	集散控制系统	刘翠玲	25
8	7-301-10915-6	电子线路 CAD	吕建平	34	45	7-301-19174-3	传感器基础(第 2 版)	赵玉刚	30
9	7-301-10764-1	数据通信技术教程	吴延海	29	46	7-5038-4396-9	自动控制原理	潘　丰	32
10	7-301-18784-5	数字信号处理(第 2 版)	阎　毅	32	47	7-301-10512-2	现代控制理论基础(国家级十一五规划教材)	侯媛彬	20
11	7-301-18889-7	现代交换技术(第 2 版)	姚　军	36	48	7-301-11151-2	电路基础学习指导与典型题解	公茂法	32
12	7-301-10761-4	信号与系统	华　容	33	49	7-301-12326-3	过程控制与自动化仪表	张井岗	36
13	7-301-19318-1	信息与通信工程专业英语（第 2 版）	韩定定	32	50	7-301-12327-0	计算机控制系统	徐文尚	28
14	7-301-10757-7	自动控制原理	袁德成	29	51	7-5038-4414-0	微机原理及接口技术	赵志诚	38
15	7-301-16520-1	高频电子线路(第 2 版)	宋树祥	35	52	7-301-10465-1	单片机原理及应用教程	范立南	30
16	7-301-11507-7	微机原理与接口技术	陈光军	34	53	7-5038-4426-4	微型计算机原理与接口技术	刘彦文	26
17	7-301-11442-1	MATLAB 基础及其应用教程	周开利	24	54	7-301-12562-5	嵌入式基础实践教程	杨　刚	30
18	7-301-11508-4	计算机网络	郭银景	31	55	7-301-12530-4	嵌入式 ARM 系统原理与实例开发	杨宗德	25
19	7-301-12178-8	通信原理	隋晓红	32	56	7-301-13676-8	单片机原理与应用及 C51 程序设计	唐　颖	30
20	7-301-12175-7	电子系统综合设计	郭　勇	25	57	7-301-13577-8	电力电子技术及应用	张润和	38
21	7-301-11503-9	EDA 技术基础	赵明富	22	58	7-301-20508-2	电磁场与电磁波（第 2 版）	邬春明	30
22	7-301-12176-4	数字图像处理	曹茂永	23	59	7-301-12179-5	电路分析	王艳红	38
23	7-301-12177-1	现代通信系统	李白萍	27	60	7-301-12380-5	电子测量与传感技术	杨　雷	35
24	7-301-12340-9	模拟电子技术	陆秀令	28	61	7-301-14461-9	高电压技术	马永翔	28
25	7-301-13121-3	模拟电子技术实验教程	谭海曙	24	62	7-301-14472-5	生物医学数据分析及其 MATLAB 实现	尚志刚	25
26	7-301-11502-2	移动通信	郭俊强	22	63	7-301-14460-2	电力系统分析	曹　娜	35
27	7-301-11504-6	数字电子技术	梅开乡	30	64	7-301-14459-6	DSP 技术与应用基础	俞一彪	34
28	7-301-18860-6	运筹学(第 2 版)	吴亚丽	28	65	7-301-14994-2	综合布线系统基础教程	吴达金	24
29	7-5038-4407-2	传感器与检测技术	祝诗平	30	66	7-301-15168-6	信号处理 MATLAB 实验教程	李　杰	20
30	7-5038-4413-3	单片机原理及应用	刘　刚	24	67	7-301-15440-3	电工电子实验教程	魏　伟	26
31	7-5038-4409-6	电机与拖动	杨天明	27	68	7-301-15445-8	检测与控制实验教程	魏　伟	24
32	7-5038-4411-9	电力电子技术	樊立萍	25	69	7-301-04595-4	电路与模拟电子技术	张绪光	35
33	7-5038-4399-0	电力市场原理与实践	邹　斌	24	70	7-301-15458-8	信号、系统与控制理论(上、下册)	邱德润	70
34	7-5038-4405-8	电力系统继电保护	马永翔	27	71	7-301-15786-2	通信网的信令系统	张云麟	24
35	7-5038-4397-6	电力系统自动化	孟祥忠	25	72	7-301-16493-8	发电厂变电所电气部分	马永翔	35
36	7-5038-4404-1	电气控制技术	韩顺杰	22	73	7-301-16076-3	数字信号处理	王震宇	32
37	7-5038-4403-4	电器与 PLC 控制技术	陈志新	38	74	7-301-16931-5	微机原理及接口技术	肖洪兵	32

序号	标准书号	书　　名	主　编	定价	序号	标准书号	书　　名	主　编	定价
75	7-301-16932-2	数字电子技术	刘金华	30	104	7-301-20339-2	数字图像处理	李云红	36
76	7-301-16933-9	自动控制原理	丁　红	32	105	7-301-20340-8	信号与系统	李云红	29
77	7-301-17540-8	单片机原理及应用教程	周广兴	40	106	7-301-20505-1	电路分析基础	吴舒辞	38
78	7-301-17614-6	微机原理及接口技术实验指导书	李干林	22	107	7-301-20506-8	编码调制技术	黄　平	26
79	7-301-12379-9	光纤通信	卢志茂	28	108	7-301-20763-5	网络工程与管理	谢　慧	39
80	7-301-17382-4	离散信息论基础	范九伦	25	109	7-301-20845-8	单片机原理与接口技术实验与课程设计	徐懂理	26
81	7-301-17677-1	新能源与分布式发电技术	朱永强	32	110	301-20725-3	模拟电子线路	宋树祥	38
82	7-301-17683-2	光纤通信	李丽君	26	111	7-301-21058-1	单片机原理与应用及其实验指导书	邵发森	44
83	7-301-17700-6	模拟电子技术	张绪光	36	112	7-301-20918-9	Mathcad 在信号与系统中的应用	郭仁春	30
84	7-301-17318-3	ARM 嵌入式系统基础与开发教程	丁文龙	36	113	7-301-20327-9	电工学实验教程	王士军	34
85	7-301-17797-6	PLC 原理及应用	缪志农	26	114	7-301-16367-2	供配电技术	王玉华	49
86	7-301-17986-4	数字信号处理	王玉德	32	115	7-301-20351-4	电路与模拟电子技术实验指导书	唐　颖	26
87	7-301-18131-7	集散控制系统	周荣富	36	116	7-301-21247-9	MATLAB 基础与应用教程	王月明	32
88	7-301-18285-7	电子线路 CAD	周荣富	41	117	7-301-21235-6	集成电路版图设计	陆学斌	36
89	7-301-16739-7	MATLAB 基础及应用	李国朝	39	118	7-301-21304-9	数字电子技术	秦长海	49
90	7-301-18352-6	信息论与编码	隋晓红	24	119	7-301-21366-7	电力系统继电保护(第 2 版)	马永翔	42
91	7-301-18260-4	控制电机与特种电机及其控制系统	孙冠群	42	120	7-301-21450-3	模拟电子与数字逻辑	邬春明	39
92	7-301-18493-6	电工技术	张　莉	26	121	7-301-21439-8	物联网概论	王金甫	42
93	7-301-18496-7	现代电子系统设计教程	宋晓梅	36	122	7-301-21849-5	微波技术基础及其应用	李泽民	49
94	7-301-18672-5	太阳能电池原理与应用	靳瑞敏	25	123	7-301-21688-0	电子信息与通信工程专业英语	孙桂芝	36
95	7-301-18314-4	通信电子线路及仿真设计	王鲜芳	29	124	7-301-22110-5	传感器技术及应用电路项目化教程	钱裕禄	30
96	7-301-19175-0	单片机原理与接口技术	李　升	46	125	7-301-21672-9	单片机系统设计与实例开发（MSP430）	顾　涛	44
97	7-301-19320-4	移动通信	刘维超	39	126	7-301-22112-9	自动控制原理	许丽佳	30
98	7-301-19447-8	电气信息类专业英语	缪志农	40	127	7-301-22109-9	DSP 技术及应用	董　胜	39
99	7-301-19451-5	嵌入式系统设计及应用	邢吉生	44	128	7-301-21607-1	数字图像处理算法及应用	李文书	48
100	7-301-19452-2	电子信息类专业 MATLAB 实验教程	李明明	42	129	7-301-22111-2	平板显示技术基础	王丽娟	52
101	7-301-16914-8	物理光学理论与应用	宋贵才	32	130	7-301-22448-9	自动控制原理	谭功全	44
102	7-301-16598-0	综合布线系统管理教程	吴达金	39	131	7-301-22474-8	电子电路基础实验与课程设计	武　林	36
103	7-301-20394-1	物联网基础与应用	李蔚田	44	132	7-301-22484-7	电文化——电气信息学科概论	高　心	30

相关教学资源如电子课件、电子教材、习题答案等可以登录 www.pup6.com 下载或在线阅读。

扑六知识网(www.pup6.com)有海量的相关教学资源和电子教材供阅读及下载(包括北京大学出版社第六事业部的相关资源)，同时欢迎您将教学课件、视频、教案、素材、习题、试卷、辅导材料、课改成果、设计作品、论文等教学资源上传到 pup6.com，与全国高校师生分享您的教学成就与经验，并可自由设定价格，知识也能创造财富。具体情况请登录网站查询。

如您需要免费纸质样书用于教学，欢迎登陆第六事业部门户网(www.pup6.com)填表申请，并欢迎在线登记选题以到北京大学出版社来出版您的大作，也可下载相关表格填写后发到我们的邮箱，我们将及时与您取得联系并做好全方位的服务。

扑六知识网将打造成全国最大的教育资源共享平台，欢迎您的加入——让知识有价值，让教学无界限，让学习更轻松。

联系方式：010-62750667，pup6_czq@163.com，szheng_pup6@163.com，linzhangbo@126.com，欢迎来电来信咨询。